图 3-12　8 位加法器实例

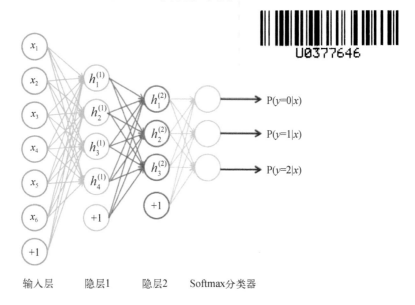

图 6-5　栈式自编码器网络

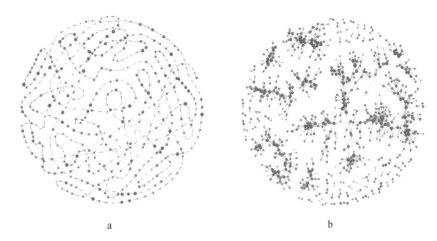

a   b

图 9-6　Digg 网站的单个用户流动（a）和集体用户流动（b）

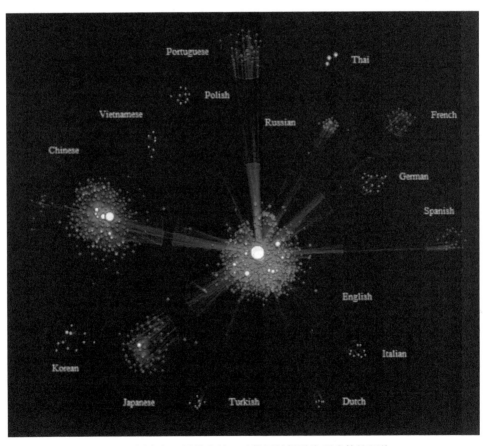

图 9-7　用户在世界排名前一千的网站间游走形成的流网络

图 10-7   主题模型在微博关键词中的应用

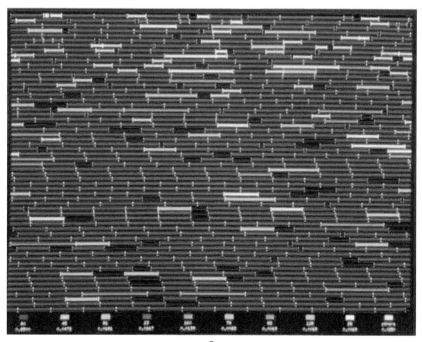

a

图 11-11   Tierra 程序

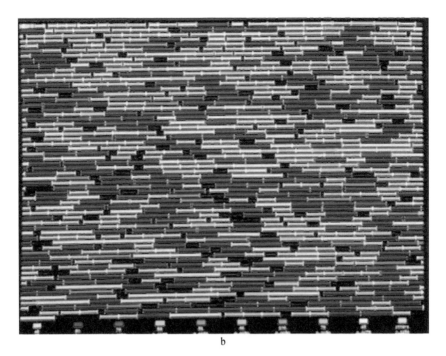

b

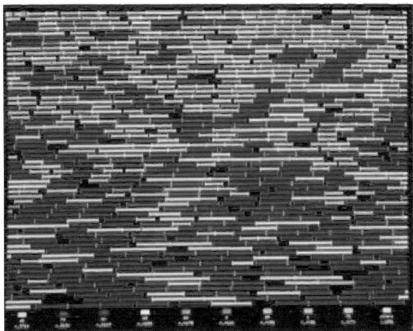

c

图 11-11（续）

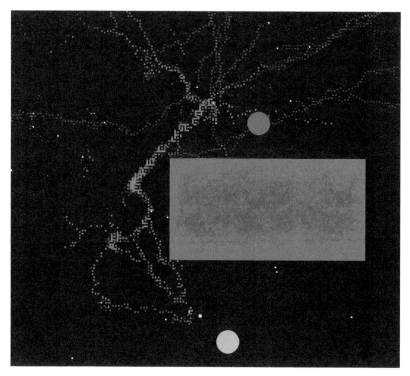

图 11-15　蚂蚁觅食模拟程序（蓝色点为巢穴，红色点为食物）

图 12-14　未名湖里的机器鱼（黑色）带动了真正的鱼群（红色）

图 13-10　模拟开始时刻 0 度经圈气温沿着高度的分布状况

图 13-11　模拟一段时间之后 0 度经圈气温沿着高度的分布状况

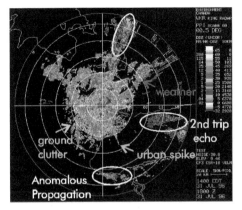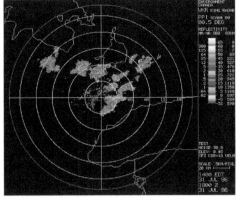

图 14-17　非降水回波

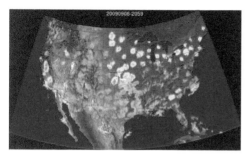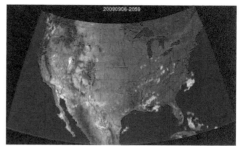

图 14-18   过滤回波强度低的数据

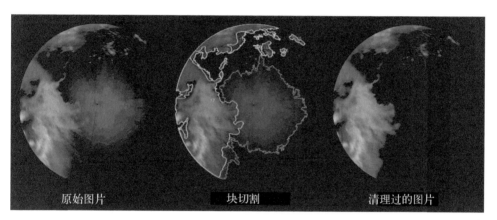

原始图片   块切割   清理过的图片

图 14-19   图像分割

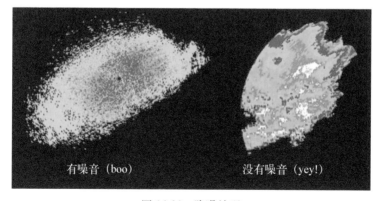

有噪音（boo）   没有噪音（yey!）

图 14-20   降噪处理

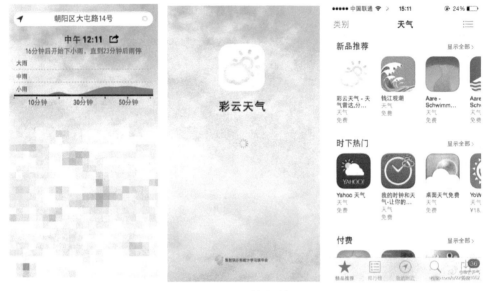

图 14-25　彩云天气

科 学 的 极 致
漫 谈 人 工 智 能

集智俱乐部 编著

人民邮电出版社
北 京

图书在版编目（CIP）数据

科学的极致：漫谈人工智能 / 集智俱乐部编著. --
北京 : 人民邮电出版社，2015.8（2024.7重印）
（图灵原创）
ISBN 978-7-115-39662-4

Ⅰ. ①科… Ⅱ. ①集… Ⅲ. ①人工智能－普及读物
Ⅳ. ①TP18-49

中国版本图书馆CIP数据核字(2015)第142898号

内 容 提 要

本书由集智俱乐部成员共同创作而成，全面介绍了人工智能的历史及其在各个领域的发展及应用。不仅涵盖了人机交互、脑科学、计算心理学、系统科学、社会科学等各个学科的基础理论，而且广泛讲述了人工智能在算法、软件、硬件等方面的应用以及跨学科应用。本书既有科学的严谨性，又不乏趣味性，以通俗的语言和生动的示例将科学之美展现得淋漓尽致，有助于读者开阔视野，激发进一步探索科学的兴趣。

本书适合所有对人工智能感兴趣的科学爱好者阅读。

◆ 编　著　集智俱乐部
责任编辑　王军花
策划编辑　张　霞
责任印制　杨林杰

◆ 人民邮电出版社出版发行　　北京市丰台区成寿寺路11号
邮编　100164　电子邮件　315@ptpress.com.cn
网址　http://www.ptpress.com.cn
北京虎彩文化传播有限公司印刷

◆ 开本：720×960　1/16　　　彩插：4
印张：20.25　　　　　　　　2015 年 8 月第 1 版
字数：384千字　　　　　　　2024 年 7 月北京第 16 次印刷

定价：49.00元
读者服务热线：(010)84084456-6009　印装质量热线：(010)81055316
反盗版热线：(010)81055315
广告经营许可证：京东市监广登字 20170147 号

序一 FOREWORD 1

初识张江，是在集智俱乐部 2011 年 4 月的一次科学沙龙上。那一次，他讲的题目是"异速生长律"。在北京北三环边儿上一个叫作"叁号会所"的咖啡屋里，不大的空间，满满登登坐了四五十号人，一个下午，大家听得津津有味。为什么老鼠的心脏跳动得很快，而大象、乌龟的很慢？动物心脏跳动与形体生长之间有什么关系？进而，动物的体型、个头儿与它的新陈代谢之间是否服从什么规律？张江博士娓娓道来，从有机体共同遵从的生长规律，谈到复杂生命系统的内在构造，再谈到城市、国家，甚而网络上的虚拟组织所共有的内在生长机制。后来听说，那一天的听众中，还有专门从外地乘飞机来听讲的朋友。

集智俱乐部的网站最初是张江博士在 2003 年建立的。通过张江本人的日志、博客，你可以深深感受到一位执着于科学理想、沉浸在科学殿堂的青年学者的欢愉和求索。他的文章标签和日志目录展示了他的足迹，从人工智能、系统科学、复杂科学、量子理论、互联网，到科学哲学、计算心理学、生态学，林林总总。这些标签，既是张江自己沉浸其中的见证，也是吸引和凝聚众多青年学者、科学爱好者的磁石——张江的伙伴们有吴令飞、何永振、玉德俊、袁行远、王东等，这个名单还在延长。

只要看一看最近半年俱乐部活动的主题，你会明白这是一群怎样的人：高级认知相关的另类深度学习；石头-剪刀-布中的统计物理；城市的数学模型——他们耐着性子，仔细研读燃起内心激情的前沿课题，他们平等交流，积极探索。他们的口号是：让苹果砸得更猛烈些吧！

最近几年——很难说具体是哪一年，人工智能忽然再次大热。也许是美国科幻大片如《阿凡达》《源代码》《盗梦空间》《星际穿越》《超能陆战队》的推波助澜，也许是 TED 演讲上大量涌现的四旋翼无人机、具身性认知机器人勾起人们无限遐想。半个多世纪以来，人工智能经历了几次大的起伏，这一次大热，意蕴完全不同。

大约 20 年前，我做的研究生论文恰好涉及人工智能。当年使用 Prolog 语言做命题演算方面的研究。与这一波人工智能热潮相比，我以为基本思想已发生重大变化，或许可以概括为两点：一点是此前的人工智能致力于"打造超越个体智能的机器"，而这一波人工智能的基本思想则是"具身性"，即探索连接、交互、复杂网络环境下机器智能的生长、人与机器的融合，以及人机生态的演进；另一点则是，此前的人工智能致力于发现"描述智能的牛顿定律"，今天的人工智能则首先致力于理解"人与机器、机器与环境的交互，究竟发生了什么？"，重新理解智能机器与人、机器与机器的认知和行为之间错综复杂的关系。

在我看来，"人工智能"这个词语多少带有一些旧的、机械决定论思想的影子，用来描绘互联网语境下生机勃勃的新"人工智能"，用来描绘充满异质性、多样性、人机共生的新世界，多少显得力不从心。不过不要紧，词语的陈旧不能阻挡一代又一代探索者重新理解、认识和解读这个世界的脚步。

从《科学的极致：漫谈人工智能》这本书里，我读到的是青年学者们满怀激情的畅想、孜孜不倦的求索和他们对新世界的描绘、诠释和展望。他们奉献给大家的，是科学思想的激荡和奔涌，是科学信仰的诗意和想象。

这是一群令人崇敬的、充满激情与梦想的人，这是一幅激动人心的画面，这是令人热血沸腾的科学之旅。

感谢作者，能让我先睹为快。草成一篇，是为序。

段永朝

财讯传媒集团（SEEC）首席战略官，中国计算机学会高级会员，数字论坛创始成员，中国信息社会50人论坛成员，杭州师范大学阿里巴巴商学院特聘教授

序二 FOREWORD 2

　　人工智能在最近几年发展迅速，已成为科技界和大众都十分关注的一个热点领域。我对人工智能的研究所知不深，但我很欣赏本书的书名——科学的极致。我认为，人工智能的终极科学目标是实现人类对自己的科学理解。在 20 世纪人类实现了对宇宙、物质结构的深刻认识后，认识生命以及人类自己一定会成为新的核心科学领域，人工智能成为科学的极致应该是科技进步的必然。事实上，曾获得图灵奖和诺贝尔经济学奖的人工智能的开创者之一赫伯特·A.西蒙教授，在他的代表性著作《人工科学》一书中，就建立了人工科学的概念，从大脑的运作机制、心智的适应能力、记忆和学习过程，一直到经济学、设计科学、管理学、复杂性研究等广泛的领域，阐述了人工智能所期望达到的目标以及建立人工科学的可能性和基本途径。

　　人工智能经过一个多世纪的发展，许多当初的科学幻想变成了现实，而同时又涌现出许多新的科学问题。在人工智能普遍受到关注的今天，图灵公司出版这样一本关于人工智能的科普著作可以说是恰逢其时。本书由集智俱乐部的成员们集体创作，笔触虽不老到但很精致耐读。我了解集智俱乐部是张江博士进入北京师范大学系统科学学科工作以后的事情，其后我就一直关注着这群踏踏实实的年轻人在科学探索上的不懈努力。他们一方面追求在科学前沿上的创新，另一方面通过各种途径普及和交流各领域的科技进展和科学概念，同时，还努力把科学进展转变为技术进步以造福于我们的社会和生活。在这样一个喧嚣和功利的社会里，他们所做的一切都显得十分难得而有意义。

　　相信《科学的极致：漫谈人工智能》能够让更多的年轻人了解和喜欢上人工智能

这一科技前沿领域。感谢图灵公司的支持，也期待着集智俱乐部能够创作更多更好的科普作品。

狄增如

北京师范大学系统科学学院院长

前言 PREFACE

  集智俱乐部是一个发源于互联网、成长于中关村、由一大群趣味相投的科学青年与技术极客们组成的俱乐部。我们本着"营造自由交流学术思想的小生境，孕育开创性的科学发现"的使命，倡导以平等开放的态度和科学实证的精神进行跨学科的研究与交流，力图搭建一个中国的"没有围墙的研究所"。在"让苹果砸得更猛烈些吧"的口号召唤下，参加集智活动的人数已达上千人，活跃粉丝将近 30 人。经过 7 年多的发展，集智核心成员们的相互合作已结出善果，我们不仅在主流 SCI 期刊上发表学术论文，出版自己的图书，而且在创业大潮中创建自己的公司，开发自己的产品。"彩云天气"就是一款由集智"统计学习"读书会衍生出的产品。

  自从 2007 年成立以来，集智俱乐部便以将近每月两次的频率，举办了不下 300 次讲座、读书会、沙龙等大大小小的活动，广泛覆盖了生物、计算机、社会、经济、互联网、哲学与宗教等多个学科和主题，像"自由意志的幻觉""21 世纪的生物学""从《罗拉快跑》到混沌动力学""虚拟世界中的科学研究""数学与音乐的命题作文""合作之谜：一个来自人工社会的启示""算法建筑"等都是集智俱乐部举办的经典、叫座的活动。

  人工智能不仅是科幻电影喜闻乐见的主题，是科学极客们的最终梦想，是技术狂人们不切实际、异想天开的代名词，也是集智俱乐部经久不衰的讨论话题。创造出像我们人类一样思考的机器是所有俱乐部成员的梦想。

  人工智能是一个非常庞杂的学科，甚至已经分裂为很多子学科。所以，在构思这本书的时候，我们不得不从我们的视角来进行内容的取舍。我们的策略是，关注人工智能最古老和最新奇的主题，舍弃掉人工智能发展长河中的中间部分。所以，与一般的人工智能教科书和科普读物不同，在这里你会看到有关图灵机、哥德尔定理等与人工智能诞生有着密切关系的"前人工智能"理论，你也会读到深度学习、通用人工智能甚至是人类计算等近几年才发展出来的新思想。这样一种最新与最老的组合，跨越了整个人工智能的历史长河，希望能给读者带来全新的阅读体验，也希望能够让读者跳出具体的技术细节，从而深入地思考人工智能的本质问题。

下面对本书的内容进行整体介绍，希望读者能够快速找到你想要的内容。

第 1 章是对整个人工智能学科发展历史的介绍。在这里，我们对人工智能的发展做了大致的阶段划分。大家可以清晰地感受到整个学科发展的跌宕起伏。

第 2 章到第 4 章则介绍了人工智能中最古老的部分，包括图灵机模型（第 2 章）、冯·诺依曼计算机体系结构（第 3 章）以及怪圈与哥德尔定理（第 4 章）。在这部分内容中，我们希望读者能够体会到早期科学家们的开拓精神和精辟论断，也希望读者看到，即使这部分最古老的人工智能思想也存在着很多尚待探索的问题。

第 5 章到第 12 章则介绍了人工智能领域最新的思想和成果。首先，第 5 章着重介绍了马库斯·胡特（Marcus Hutter）的通用人工智能理论。与工业界追逐不断细化的人工智能学科分化不同，胡特追求的是统一的兼具学习、归纳、推理功能的通用人工智能算法，从而站在前人的基础上，用一个数学公式定义了人工智能。

第 6 章则介绍了近年来被业界大炒特炒的深度学习理论。可以毫不夸张地说，深度学习理论是使得人工智能再次复活、成为全世界关注焦点的关键推动力。通过深度神经网络学习大数据中的隐藏模式，工程师们已经可以造出比拟两岁小孩识别能力的人工智能。

第 7 章则主要探讨人工智能与人脑在信息处理等若干方面的异同之处。本章以康博士与贝博士对话的方式，将这些理论与思考娓娓道来。

第 8 章和第 9 章主要讨论了一种非常另类的人工智能——人类计算，即通过互联网众包的方式，让人类自己帮助计算机程序来实现"人工智能"。尽管这种做法有"作弊"之嫌，但是它却代表着未来发展的方向——人机结合。而在人机关系中，起到核心作用的因素可能并不是算法，而是人类的注意力。因为注意力相对于计算机中的虚拟世界就仿佛是太阳辐射的能量相对于地球上的生物圈。从这样的视角，我们就能看到注意力的流动与自然界中河流、能量的流动所具有的普遍模式，这就是第9章讨论的主要内容。

第 10 章则转向了另一个热门的人工智能领域——自然语言处理。无论是文本还是语音，与我们老百姓息息相关的并不是冷冰冰的工业机器人，而是能够聪明理解人类语言的智能程序。在这里，自然语言处理技术将成为核心和关键。

第 11 章和第 12 章为大家展现了一种另类的理解、构思人工智能的视角。这里关注的不再是个体机器人，而是这群机器人通过相互作用而涌现出来的集体行为。人类的智力不也是来自于成千上万个神经元互动的涌现模式吗？所以，涌现是一个比智能更加普遍、也更加重要的概念（第 10 章）。通过巧妙地设计机器人的相互作用规则，我们可以在集体层面获得智能（第 11 章）。

第 13 章和第 14 章则介绍了两名集智俱乐部成员实践人工智能的应用案例。"瓦克星"是一个虚拟的星球（第 13 章），它的上空有两个太阳（一个双星系统）。在这样的另类星球中会衍生怎样的星相、天气、生命以及文化？计算机模拟技术使得这样的奇思妙想成为可能。彩云天气则是一款可以精确预测未来一小时内会不会下雨的人工智能程序（第 14 章）。借助强大的深度学习技术，它那短小而精准的预报曾使得彩云天气成为万众瞩目的焦点，也使得集智读书会可以真正地开花结果。

由于每章基本都是彼此独立的，所以大家可以根据自己的兴趣选择相关的章节阅读，不必按照前后顺序展开。由于成书时间仓促，书中难免存在一些疏漏之处，希望读者能多提宝贵意见。如果你也对科学充满了好奇和热情，欢迎你关注集智俱乐部（http://swarma.org），加入我们的探索活动。

集智俱乐部QQ群

目录 CONTENTS

第 1 章　人工智能之梦

张江

制造出能够像人类一样思考的机器是科学家们最伟大的梦想之一。用智慧的大脑解读智慧必将成为科学发展的终极。而验证这种解读的最有效手段，莫过于再造一个智慧大脑——人工智能（Artificial Intelligence，AI）。

人们对人工智能的了解恐怕主要来自于好莱坞的科幻片。这些荧幕上的机器（见图 1-1）要么杀人如麻，如《终结者》《黑客帝国》；要么小巧可爱，如《机器人瓦利》；要么多愁善感，如《人工智能》；还有一些则大音希声、大象无形，如《黑客帝国》中的 Matrix 网络，以及《超验骇客》《超体》。所有这些荧幕上的人工智能都具备一些共同特征：异常强大、能力非凡。

图 1-1　电影中的人工智能

然而，现实中的人工智能却与这些荧幕上的机器人相差甚远，但它们的确已经在我们身边。搜索引擎、邮件过滤器、智能语音助手 Siri、二维码扫描器、游戏中的 NPC（非玩家扮演角色）都是近 60 年来人工智能技术实用化的产物。这些人工智能都是一个个单一功能的"裸"程序，没有坚硬的、灵活的躯壳，更没有想象中那么善解人意，甚至不是一个完整的个体。为什么想象与现实存在那么大的差距？这是因为，真正的人工智能的探索之路充满了波折与不确定。

历史上，研究人工智能就像是在坐过山车，忽上忽下。梦想的肥皂泡一次次被冰冷的科学事实戳破，科学家们不得不一次次重新回到梦的起点。作为一个独立的学科，人工智能的发展非常奇葩。它不像其他学科那样从分散走向统一，而是从 1956 年创立以来就不断地分裂，形成了一系列大大小小的子领域。也许人工智能注定就是大杂烩，也许统一的时刻还未到来。然而，人们对人工智能的梦想却是永远不会磨灭的。

本章将按历史的顺序介绍人工智能的发展。从早期的哥德尔、图灵等人的研究到"人工智能"一词的提出，再到后期的人工智能三大学派：符号学派、连接学派和行为学派，以及近年来的新进展：贝叶斯网络、深度学习、通用人工智能；最后我们将对未来的人工智能进行展望。

梦的开始（1900—1956）

大卫·希尔伯特

说来奇怪，人工智能之梦开始于一小撮 20 世纪初期的数学家。这些人真正做到了用方程推动整个世界。

历史的车轮倒回到 1900 年，世纪之交的数学家大会在巴黎如期召开，德高望重的老数学家大卫·希尔伯特（David Hilbert）庄严地向全世界数学家们宣布了 23 个未解决的难题。这 23 道难题道道经典，而其中的第二问题和第十问题则与人工智能密切相关，并最终促成了计算机的发明。

David Hilbert
（1862—1943）

希尔伯特的第二问题来源于一个大胆的想法——运用公理化的方法统一整个数学，并运用严格的数学推理证明数学自身的正确性。这个野心被后人称为希尔伯特纲领，虽然他自己没能证明，但却把这个任务交给了后来的年轻人，这就是希尔伯特第二问题：证明数学系统中应同时具备一致性（数学真理不存在矛盾）和完备性（任意真理都可以被描述为数学定理）。

库尔特·哥德尔

希尔伯特的勃勃野心无疑激励着每一位年轻的数学家，其中就包括一个来自捷克的年轻人：库尔特·哥德尔（Kurt Godel）。他起初是希尔伯特的忠实粉丝，并致力于攻克第二问题。然而，他很快发现，自己之前的努力都是徒劳的，因为希尔伯特第二问题的断言根本就是错：任何足够强大的数学公理系统都存在着瑕疵：一致性和完备性不能同时具备。很快，哥德尔倒戈了，他背叛了希尔伯特，但却推动了整个数学的发展，于 1931 年提出了被美国《时代周刊》评选为 20 世纪最有影响力的数学定理：哥德尔不完备性定理。

Kurt Godel
（1906—1978）

尽管早在 1931 年，人工智能学科还没有建立，计算机也没有发明，但是哥德尔定理似乎已经为人工智能提出了警告。这是因为如果我们把人工智能也看作一个机械化运作的数学公理系统，那么根据哥德尔定理，必然存在着某种人类可以构造、但是机器无法求解的人工智能的"软肋"。这就好像我们无法揪着自己的脑袋脱离地球，数学无法证明数学本身的正确性，人工智能也无法仅凭自身解决所有问题。所以，存在着人类可以求解但是机器却不能解的问题，人工智能不可能超过人类。

但问题并没有这么简单，上述命题成立的一个前提是人与机器不同，不是一个机械的公理化系统。然而，这个前提是否成立迄今为止我们并不知道，所以这一问题仍在争论之中。关于此观点的延伸讨论请参见本书第 4 章。

艾伦·图灵

另外一个与哥德尔年龄相仿的年轻人被希尔伯特的第十问题深深地吸引了，并决定为此奉献一生。这个人就是艾伦·图灵（Alan Turing）。

希尔伯特第十问题的表述是："是否存在着判定任意一个丢番图方程有解的机械化运算过程。"这句话的前半句比较晦涩，我们可以先忽略，因为后半句是重点，"机械化运算过

Alan Turing
（1912—1954）

程"用今天的话说就是算法。然而，当年，算法这个概念还是相当模糊的。于是，图灵设想出了一个机器——图灵机，它是计算机的理论原型，圆满地刻画出了机械化运算过程的含义，并最终为计算机的发明铺平了道路。

图灵机模型（见图 1-2）形象地模拟了人类进行计算的过程。假如我们希望计算任意两个 3 位数的加法：139 + 919。我们需要一张足够大的草稿纸以及一支可以在纸上不停地涂涂写写的笔。之后，我们需要从个位到百位一位一位地按照 10 以内的加法规则完成加法。我们还需要考虑进位，例如 9 + 9 = 18，这个 1 就要加在十位上。我们是通过在草稿纸上记下适当的标记来完成这种进位记忆的。最后，我们把计算的结果输出到了纸上。

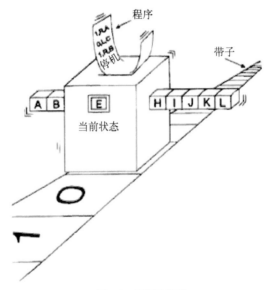

图 1-2　图灵机模型

图灵机把所有这些过程都模型化了：草稿纸被模型化为一条无限长的纸带，笔被模型化为一个读写头，固定的 10 以内的运算法则模型化为输入给读写头的程序，对于进位的记忆则被模型化为读写头的内部状态。于是，设定好纸带上的初始信息，以及读写头的当前内部状态和程序规则，图灵机就可以运行起来了。它在每一时刻读入一格纸带的信息，并根据当前的内部状态，查找相应的程序，从而给出下一时刻的内部状态并输出信息到纸带上。关于图灵机的详细描述，请参见本书第 2 章。

图灵机模型一经提出就得到了科学家们的认可，这无疑给了图灵莫大的鼓励。他开始鼓起勇气，展开想象的翅膀，进一步思考图灵机运算能力的极限。1940 年，图灵开始认真地思考机器是否能够具备类人的智能。他马上意识到这个问题的要点其实并不在于如何打造强大的机器，而在于我们人类如何看待智能，即依据什么标准评价一台机器是否具备智能。于是，图灵在 1950 年发表了《机器能思考吗？》一文，提出了这样一个标准：如果一台机器通过了"图灵测试"，则我们必须接受这台机器具有智能。那么，图灵测试究竟是怎样一种测试呢？

如图 1-3 所示，假设有两间密闭的屋子，其中一间屋子里面关了一个人，另一间屋子里面关了一台计算机：进行图灵测试的人工智能程序。然后，屋子外面有一个人作为测试者，测试者只能通过一根导线与屋子里面的人或计算机交流——与它们进行联网聊天。假如测试者在有限的时间内无法判断出这两间屋子里面哪一个关的是人，哪一个是计算机，那么我们就称屋子里面的人工智能程序通过了图灵测试，并具备了智能。事实上，图灵当年在《机器能思考吗？》一文中设立的标准相当宽泛：只要有 30% 的人类测试者在 5 分钟内无法分辨出被测试对象，就可以认为程序通过了图灵测试。

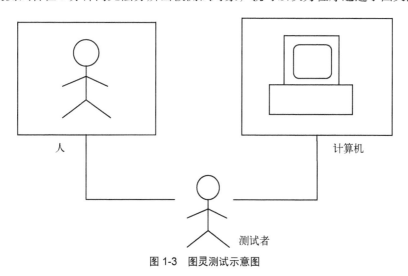

图 1-3　图灵测试示意图

2014 年 6 月 12 日，一个名为"尤金"（Eugene Goostman）的聊天程序（见图 1-4）成功地在 5 分钟内蒙骗了 30% 的人类测试者，从而达到了图灵当年提出来的标准。很多人认为，这款程序具有划时代的意义，它是自图灵测试提出 64 年后第一个通过图灵测试的程序。但是，很快就有人提出这只不过是一个噱头，该程序并没有宣传的那么厉害。例如，谷歌公司的工程总监、未来学家雷·库兹韦尔（Ray Kurzweil）就表示，这个聊天机器人号称只有 13 岁，并使用第二语言来回答问题，这成为了该程序重大缺陷的借口。

另外，测试者只有 5 分钟与之展开互动，这大大增加了他们在短期内被"欺骗"的概率。

图 1-4 "尤金"聊天程序

由此可见，图灵将智能等同于符号运算的智能表现，而忽略了实现这种符号智能表现的机器内涵。这样做的好处是可以将所谓的智能本质这一问题绕过去，它的代价是人工智能研制者们会把注意力集中在如何让程序欺骗人类测试者上，甚至可以不择手段。所以，对于将图灵测试作为评判机器具备智能的唯一标准，很多人开始质疑。因为人类智能还包括诸如对复杂形式的判断、创造性地解决问题的方法等，而这些特质都无法在图灵测试中体现出来。

总而言之，图灵的研究无疑大大推动了人工智能的进展。然而，图灵本人却于 1954 年死于一个被剧毒氰化物注射过的苹果，享年仅仅 42 岁。传闻他是一名同性恋，这在当时的英国是非法的。于是英国政府强行给他注射一种药物抑制他的同性恋倾向，这导致他最终在治疗期间痛苦万分地自杀了。据说，苹果公司为了纪念这位计算机科学之父，特意用那个被图灵咬掉一口的苹果作为公司的 logo。1966 年，美国计算机协会设立了以图灵命名的图灵奖，以专门奖励那些对计算机事业作出重要贡献的人，这相当于计算机领域的诺贝尔奖。

约翰·冯·诺依曼

就在哥德尔绞尽脑汁捉摸希尔伯特第二问题的时候，另外一个来自匈牙利布达佩斯的天才少年也在思考同样的问题，他就是大名鼎鼎的约翰·冯·诺依曼（John von Neumann）。

然而，冯·诺依曼远没有哥德尔走运。到了 1931 年，冯·诺依曼即将在希尔伯特第二问题上获得突破，却突然得知哥德尔

John von Neumann
（1903—1957）

已经发表了哥德尔定理，先他一步。于是，冯·诺依曼一气之下开始转行研究起了量子力学。就在他的量子力学研究即将结出硕果之际，另外一位天才物理学家保罗·狄拉克（Paul Dirac）又一次抢了他的风头，出版了《量子力学原理》，并一举成名。这比冯·诺依曼的《量子力学的数学基础》整整早了两年。

受到两次打击之后，冯·诺依曼开始把部分注意力从基础数学转向了工程应用领域，终于大获成功。1945 年，凭借出众的才华，冯·诺依曼在火车上完成了早期的计算机 EDVAC 的设计，并提出了我们现在熟知的"冯·诺依曼体系结构"。

冯·诺依曼的计算机与图灵机是一脉相承的，但最大的不同就在于，冯·诺依曼的读写头不再需要一格一格地读写纸带，而是根据指定的地址，随机地跳到相应的位置完成读写。这也就是我们今天所说的随机访问存储器（Random Access Memory，RAM）的前身。关于冯·诺依曼体系结构和现代计算机的工作原理，请参见本书第 3 章。

冯·诺依曼的计算机终于使得数学家们的研究结出了硕果，也最终推动着人类历史进入了信息时代，使得人工智能之梦成为了可能。

诺伯特·维纳

我们要介绍的最后一位数学家是美国的天才神童诺伯特·维纳（Norbert Wiener）。据说维纳三岁的时候就开始在父亲的影响下读天文学和生物学的图书。七岁的时候他所读的物理学和生物学的知识范围已经超出了他父亲。他年纪轻轻就掌握了拉丁语、希腊语、德语和英语，并且涉猎人类科学的各个领域。后来，他留学欧洲，曾先后拜师于罗素、希尔伯特、哈代等哲学、数学大师。维纳在他 70 年的科学生涯中，先后涉足数学、物理学、工程学和生物学，共发表 240 多篇论文，著作14 本。

Norbert Wiener
（1894—1964）

然而，与我们的主题最相关的，则要数维纳于 1948 年提出来的新兴学科"控制论"（Cybernetics）了。"Cybernetics"一词源于希腊语的"掌舵人"。在控制论中，维纳深入探讨了机器与人的统一性——人或机器都是通过反馈完成某种目的的实现，因此他揭示了用机器模拟人的可能性，这为人工智能的提出奠定了重要基础。维纳也是最早注意到心理学、脑科学和工程学应相互交叉的人之一，这促使了后来认知科学的发展。

这几位数学大师不满足于"躲进小楼成一统"，埋头解决一两个超级数学难题。他们的思想大胆地拥抱了斑驳复杂的世界，最终用他们的方程推动了社会的进步，开启了人工智能之梦。

梦的延续（1956—1980）

在数学大师们铺平了理论道路，工程师们踏平了技术坎坷，计算机已呱呱落地的时候，人工智能终于横空出世了。而这一历史时刻的到来却是从一个不起眼的会议开始的。

达特茅斯会议

1956 年 8 月，在美国汉诺斯小镇宁静的达特茅斯学院中，约翰·麦卡锡（John McCarthy）、马文·闵斯基（Marvin Minsky，人工智能与认知学专家）、克劳德·香农（Claude Shannon，信息论的创始人）、艾伦·纽厄尔（Allen Newell，计算机科学家）、赫伯特·西蒙（Herbert Simon，诺贝尔经济学奖得主）等科学家正聚在一起，讨论着一个完全不食人间烟火的主题：用机器来模仿人类学习以及其他方面的智能。

会议足足开了两个月的时间，虽然大家没有达成普遍的共识，但是却为会议讨论的内容起了一个名字：人工智能。因此，1956 年也就成为了人工智能元年。

黄金时期

达特茅斯会议之后，人工智能获得了井喷式的发展，好消息接踵而至。机器定理证明——用计算机程序代替人类进行自动推理来证明数学定理——是最先取得重大突破的领域之一。在达特茅斯会议上，纽厄尔和西蒙展示了他们的程序："逻辑理论家"可以独立证明出《数学原理》第二章的 38 条定理；而到了 1963 年，该程序已能证明该章的全部 52 条定理。1958 年，美籍华人王浩在 IBM704 计算机上以 3~5 分钟的时间证明了《数学原理》中有关命题演算部分的全部 220 条定理。而就在这一年，IBM 公司还研制出了平面几何的定理证明程序。

1976 年，凯尼斯·阿佩尔（Kenneth Appel）和沃夫冈·哈肯（Wolfgang Haken）等人利用人工和计算机混合的方式证明了一个著名的数学猜想：四色猜想（现在称为四色定理）。这个猜想表述起来非常简单易懂：对于任意的地图，我们最少仅用四种颜色就可以染色该地图，并使得任意两个相邻的国家不会重色；然而证明起来却异常烦琐。配合着计算机超强的穷举和计算能力，阿佩尔等人把这个猜想证明了。

另一方面，机器学习领域也获得了实质的突破，在 1956 年的达特茅斯会议上，阿瑟·萨缪尔（Arthur Samuel）研制了一个跳棋程序，该程序具有自学习功能，可以从比赛中不断总结经验提高棋艺。1959 年，该跳棋程序打败了它的设计者萨缪尔本人，过了 3 年后，该程序已经可以击败美国一个州的跳棋冠军。

1956 年，奥利弗·萨尔夫瑞德（Oliver Selfridge）研制出第一个字符识别程序，开辟了模式识别这一新的领域。1957 年，纽厄尔和西蒙等开始研究一种不依赖于具体领域的通用问题求解器，他们称之为 GPS（General Problem Solver）。1963 年，詹姆斯·斯拉格（James Slagle）发表了一个符号积分程序 SAINT，输入一个函数的表达式，该程序就能自动输出这个函数的积分表达式。过了 4 年后，他们研制出了符号积分运算的升级版 SIN，SIN 的运算已经可以达到专家级水准。

遇到瓶颈

所有这一切来得太快了，胜利冲昏了人工智能科学家们的头脑，他们开始盲目乐观起来。例如，1958 年，纽厄尔和西蒙就自信满满地说，不出 10 年，计算机将会成为世界象棋冠军，证明重要的数学定理，谱出优美的音乐。照这样的速度发展下去，2000 年人工智能就真的可以超过人类了。

然而，历史似乎故意要作弄轻狂无知的人工智能科学家们。1965 年，机器定理证明领域遇到了瓶颈，计算机推了数十万步也无法证明两个连续函数之和仍是连续函数。萨缪尔的跳棋程序也没那么神气了，它停留在了州冠军的层次，无法进一步战胜世界冠军。

最糟糕的事情发生在机器翻译领域，对于人类自然语言的理解是人工智能中的硬骨头。计算机在自然语言理解与翻译过程中表现得极其差劲，一个最典型的例子就是下面这个著名的英语句子：

The spirit is willing but the flesh is weak. （心有余而力不足。）

当时，人们让机器翻译程序把这句话翻译成俄语，然后再翻译回英语以检验效果，得到的句子竟然是：

The wine is good but the meat is spoiled. （酒是好的，肉变质了。）

这简直是驴唇不对马嘴嘛。怪不得有人挖苦道，美国政府花了 2000 万美元为机器翻译挖掘了一座坟墓。有关自然语言理解的更多内容，请参见本书第 10 章。

总而言之，越来越多的不利证据迫使政府和大学削减了人工智能的项目经费，这使得人工智能进入了寒冷的冬天。来自各方的事实证明，人工智能的发展不可能像人们早期设想的那样一帆风顺，人们必须静下心来冷静思考。

知识就是力量

经历了短暂的挫折之后，AI 研究者们开始痛定思痛。爱德华·费根鲍姆（Edward A. Feigenbaum）就是新生力量的佼佼者，他举着"知识就是力量"的大旗，很快开辟了新的道路。

费根鲍姆分析到，传统的人工智能之所以会陷入僵局，就是因为他们过于强调通用求解方法的作用，而忽略了具体的知识。仔细思考我们人类的求解过程就会发现，知识无时无刻不在起着重要作用。因此，人工智能必须引入知识。

于是，在费根鲍姆的带领下，一个新的领域专家系统诞生了。所谓的专家系统就是利用计算机化的知识进行自动推理，从而模仿领域专家解决问题。第一个成功的专家系统 DENDRAL 于 1968 年问世，它可以根据质谱仪的数据推知物质的分子结

Edward A. Feigenbaum
（1936—　）

构。在这个系统的影响下，各式各样的专家系统很快陆续涌现，形成了一种软件产业的全新分支：知识产业。1977 年，在第五届国际人工智能大会上，费根鲍姆用知识工程概括了这个全新的领域。

在知识工程的刺激下，日本的第五代计算机计划、英国的阿尔维计划、西欧的尤里卡计划、美国的星计划和中国的 863 计划陆续推出，虽然这些大的科研计划并不都是针对人工智能的，但是 AI 都作为这些计划的重要组成部分。

然而，好景不长，在专家系统、知识工程获得大量的实践经验之后，弊端开始逐渐显现了出来，这就是知识获取。面对这个全新的棘手问题，新的"费根鲍姆"没有再次出现，人工智能这个学科却发生了重大转变：它逐渐分化成了几大不同的学派。

群龙问鼎（1980—2010）

专家系统、知识工程的运作需要从外界获得大量知识的输入，而这样的输入工作是极其费时费力的，这就是知识获取的瓶颈。于是，在 20 世纪 80 年代，机器学习这个原本处于人工智能边缘地区的分支一下子成为了人们关注的焦点。

尽管传统的人工智能研究者也在奋力挣扎，但是人们很快发现，如果采用完全不同的世界观，即让知识通过自下而上的方式涌现，而不是让专家们自上而下地设计出来，那么机器学习的问题其实可以得到很好地解决。这就好比我们教育小孩子，传统人工智能好像填鸭式教学，而新的方法则是启发式教学：让孩子自己来学。

事实上，在人工智能界，很早就有人提出过自下而上的涌现智能的方案，只不过它们从来没有引起大家的注意。一批人认为可以通过模拟大脑的结构（神经网络）来实现，而另一批人则认为可以从那些简单生物体与环境互动的模式中寻找答案。他们分别被称为连接学派和行为学派。与此相对，传统的人工智能则被统称为符号学派。自20 世纪 80 年代开始，到 20 世纪 90 年代，这三大学派形成了三足鼎立的局面。

符号学派

作为符号学派的代表，人工智能的创始人之一约翰·麦卡锡在自己的网站上挂了一篇文章《什么是人工智能》，为大家阐明什么是人工智能（按照符号学派的理解）。

> （人工智能）是关于如何制造智能机器，特别是智能的计算机程序的科学和工程。它与使用机器来理解人类智能密切相关，但人工智能的研究并不需要局限于生物学上可观察到的那些方法。

John McCarthy
(1927—2011)

在这里，麦卡锡特意强调人工智能研究并不一定局限于模拟真实的生物智能行为，而是更强调它的智能行为和表现的方面，这一点和图灵测试的想法是一脉相承的。另外，麦卡锡还突出了利用计算机程序来模拟智能的方法。他认为，智能是一种特殊的软件，与实现它的硬件并没有太大的关系。

纽厄尔和西蒙则把这种观点概括为"物理符号系统假说"（physical symbolic system hypothesis）。该假说认为，任何能够将物理的某些模式（pattern）或符号进行操作并转化成另外一些模式或符号的系统，就有可能产生智能的行为。这种物理符号可以是通过高低电位的组成或者是灯泡的亮灭所形成的霓虹灯图案，当然也可以是人脑神经网络上的电脉冲信号。这也恰恰是"符号学派"得名的依据。

在"物理符号系统假说"的支持下，符号学派把焦点集中在人类智能的高级行为，如推理、规划、知识表示等方面。这些工作在一些领域获得了空前的成功。

人机大战

计算机博弈（下棋）方面的成功就是符号学派名扬天下的资本。早在 1958 年，人工智能的创始人之一西蒙就曾预言，计算机会在 10 年内成为国际象棋世界冠军。然而，正如我们前面讨论过的，这种预测过于乐观了。事实比西蒙的预言足足晚了 40 年的时间。

1988 年，IBM 开始研发可以与人下国际象棋的智能程序"深思"——一个可以以每秒 70 万步棋的速度进行思考的超级程序。到了 1991 年，"深思 II"已经可以战平澳大利亚国际象棋冠军达瑞尔·约翰森（Darryl Johansen）。1996 年，"深思"的升级版"深蓝"开始挑战著名的人类国际象棋世界冠军加里·卡斯帕罗夫（Garry Kasparov），却以 2:4 败下阵来。但是，一年后的 5 月 11 日，"深蓝"最终以 3.5:2.5 的成绩战胜了卡斯帕罗夫（见图 1-5），成为了人工智能的一个里程碑。

图 1-5 "深蓝"战胜卡斯帕罗夫[①]

人机大战终于以计算机的胜利划上了句号。那是不是说计算机已经超越了人类了呢？要知道，计算机通过超级强大的搜索能力险胜了人类——当时的"深蓝"已经可

---

① 图片来源：http://cdn.theatlantic.com/static/mt/assets/science/kasparov615.jpg。

以在 1 秒钟内算两亿步棋。而且，"深蓝"存储了 100 年来几乎所有的国际特级大师的开局和残局下法。另外还有四位国际象棋特级大师亲自"训练""深蓝"，真可谓是超豪华阵容。所以，最终的结果很难说是计算机战胜了人，更像是一批人战胜了另一批人。最重要的是，国际象棋上的博弈是在一个封闭的棋盘世界中进行的，而人类智能面对的则是一个复杂得多的开放世界。

然而，时隔 14 年后，另外一场在 IBM 超级计算机和人类之间的人机大战刷新了记录，也使得我们必须重新思考机器是否能战胜人类这个问题。因为这次的比赛不再是下棋，而是自由的"知识问答"，这种竞赛环境比国际象棋开放得多，因为提问的知识可以涵盖时事、历史、文学、艺术、流行文化、科学、体育、地理、文字游戏等多个方面。因此，这次的机器胜利至少证明了计算机同样可以在开放的世界中表现得不逊于人类。

这场人机大战的游戏叫作《危险》(*Jeopardy*)，是美国一款著名的电视节目。在节目中，主持人通过自然语言给出一系列线索，然后，参赛队员要根据这些线索用最短的时间把主持人描述的人或者事物猜出来，并且以提问的方式回答。例如当节目主持人给出线索"这是一种冷血的无足的冬眠动物"的时候，选手应该回答"什么是蛇？"而不是简单地回答"蛇"。由于问题会涉及各个领域，所以一般知识渊博的人类选手都很难获胜。

然而，在 2011 年 2 月 14 日到 2 月 16 日期间的《危险》比赛中，IBM 公司的超级计算机沃森(Watson)却战胜了人类选手(见图 1-6)。

图 1-6　沃森正在与人类选手一起玩《危险》游戏[①]

---

① 图片来源：http://cdn.geekwire.com/wp-content/uploads/IBM-Watson.jpg。

这一次，IBM 打造的沃森是一款完全不同于以往的机器。首先，它必须是一个自然语言处理的高手，因为它必须在短时间内理解主持人的提问，甚至有的时候还必须理解语言中的隐含意思。而正如我们前文所说，自然语言理解始终是人工智能的最大难题。其次，沃森必须充分了解字谜，要领会双关语，并且脑中还要装满诸如莎士比亚戏剧的独白、全球主要的河流和各国首都等知识，所有这些知识并不限定在某个具体的领域。所以，沃森的胜利的确是人工智能界的一个标志性事件。

可以说，人机大战是人工智能符号学派 1980 年以来最出风头的应用。然而，这种无休止的人机大战也难逃成为噱头的嫌疑。事实上，历史上每次吸引眼球的人机大战似乎都必然伴随着 IBM 公司的股票大涨，这也就不难理解为什么 IBM 会花重金开发出一款又一款大型计算机去参加这么多无聊的竞赛，而不是去做一些更实用的东西了。

实际上，20 世纪 80 年代以后，符号学派的发展势头已经远不如当年了，因为人工智能武林霸主的地位很快就属于其他学派了。

连接学派

我们知道，人类的智慧主要来源于大脑的活动，而大脑则是由一万亿个神经元细胞通过错综复杂的相互连接形成的。于是，人们很自然地想到，我们是否可以通过模拟大量神经元的集体活动来模拟大脑的智力呢？

对比物理符号系统假说，我们不难发现，如果将智力活动比喻成一款软件，那么支撑这些活动的大脑神经网络就是相应的硬件。于是，主张神经网络研究的科学家实际上在强调硬件的作用，认为高级的智能行为是从大量神经网络的连接中自发出现的，因此，他们又被称为连接学派。

神经网络

连接学派的发展也是一波三折。事实上，最早的神经网络研究可以追溯到 1943 年计算机发明之前。当时，沃伦·麦卡洛克（Warren McCulloch）和沃尔特·匹兹（Walter Pitts）二人提出了一个单个神经元的计算模型，如图 1-7 所示。

在这个模型中，左边的 $I_1, I_2, \cdots, I_N$ 为输入单元，可以从其他神经元接受输出，然后将这些信号经过加权（$W_1, W_2, \cdots, W_N$）传递给当前的神经元并完成汇总。如果汇总的输入信息强度超过了一定的阈值（T），则该神经元就会发放一个信号 y 给其他神经元或者直接输出到外界。该模型后来被称为麦卡洛克–匹兹模型，可以说它是第一个真实神经元细胞的模型。

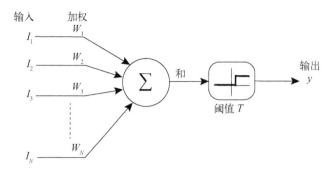

图 1-7　麦卡洛克和匹兹的神经元模型

1957 年，弗兰克・罗森布拉特（Frank Rosenblatt）对麦卡洛克–匹兹模型进行了扩充，即在麦卡洛克–匹兹神经元上加入了学习算法，扩充的模型有一个响亮的名字：感知机。感知机可以根据模型的输出 y 与我们希望模型的输出 y^* 之间的误差，调整权重 $W_1, W_2, \cdots, W_N$ 来完成学习。

我们可以形象地把感知机模型理解为一个装满了大大小小水龙头（$W_1, W_2, \cdots, W_N$）的水管网络，学习算法可以调节这些水龙头来控制最终输出的水流，并让它达到我们想要的流量，这就是学习的过程。这样，感知机就好像一个可以学习的小孩，无论什么问题，只要明确了我们想要的输入和输出之间的关系，都可能通过学习得以解决，至少它的拥护者是这样认为的。

然而，好景不长，1969 年，人工智能界的权威人士马文・闵斯基给连接学派带来了致命一击。他通过理论分析指出，感知机并不像它的创立者罗森布拉特宣称的那样可以学习任何问题。连一个最简单的问题：判断一个两位的二进制数是否仅包含 0 或者 1（即所谓的 XOR 问题）都无法完成。这一打击是致命的，本来就不是很热的神经网络研究差点就被闵斯基这一棒子打死了。

多则不同

1974 年，人工智能连接学派的救世主杰夫・辛顿（Geoffrey Hinton）终于出现了。他曾至少两次挽回连接学派的败局，1974 年是第一次，第二次会在下文提到。辛顿的出发点很简单——"多则不同"：只要把多个感知机连接成一个分层的网络，那么，它就可以圆满地解决闵斯基的问题。如图 1-8 所示，多个感知机连接成为一个四层的网络，最左面为输入层，最右面为输出层，中间的那些神经元位于隐含层，右侧的神经元接受左侧神经元的输出。

Geoffrey Hinton
（1947—　）

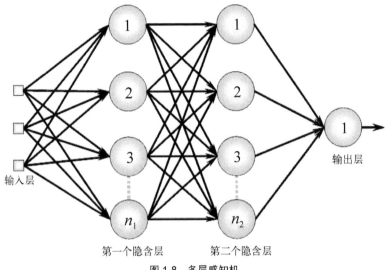

图 1-8　多层感知机

但接下来的问题是，"人多吃得多"，那么多个神经元，可能有几百甚至上千个参数需要调节，我们如何对这样复杂的网络进行训练呢？辛顿等人发现，采用几年前阿瑟·布赖森（Arthur Bryson）等人提出来的反向传播算法（Back propagation algorithm，简称 BP 算法）就可以有效解决多层网络的训练问题。

还是以水流管道为例来说明。当网络执行决策的时候，水从左侧的输入节点往右流，直到输出节点将水吐出。而在训练阶段，我们则需要从右往左来一层层地调节各个水龙头，要使水流量达到要求，我们只要让每一层的调节只对它右面一层的节点负责就可以了，这就是反向传播算法。事实证明，多层神经网络装备上反向传播算法之后，可以解决很多复杂的识别和预测等问题。

几乎是在同一时间，又有几个不同的神经网络模型先后被提出，这些模型有的可以完成模式聚类，有的可以模拟联想思维，有的具有深厚的数学物理基础，有的则模仿生物的构造。所有这些大的突破都令连接学派名声大噪，异军突起。

统计学习理论

然而，连接学派的科学家们很快又陷入了困境。虽然各种神经网络可以解决问题，但是，它们究竟为什么会成功以及为什么在有些问题上会屡遭失败，却没有人能说得清楚。对网络运行原理的无知，也使得人们对如何提高神经网络运行效率的问题无从下手。因此，连接学派需要理论的支持。

2000 年左右，弗拉基米尔·万普尼克（Vladimir Naumovich Vapnik）和亚历克塞·泽范兰杰斯（Alexey Yakovlevich Chervonenkis）这两位俄罗斯科学家提出了一整套新的理论：统计学习理论，受到连接学派的顶礼膜拜。

Vladimir Naumovich Vapnik
（1964—　）

该理论大意可概括为"杀鸡焉用宰牛刀"。我们的模型一定要与待解决的问题相匹配，如果模型过于简单，而问题本身的复杂度很高，就无法得到预期的精度。反过来，若问题本身简单，而模型过于复杂，那么模型就会比较僵死，无法举一反三，即出现所谓的"过拟合"（overfitting）现象。

实际上，统计学习理论的精神与奥卡姆剃刀原理有着深刻的联系。威廉·奥卡姆（William Occum，1287—1347）是中世纪时期的著名哲学家，他留下的最重要的遗产就是奥卡姆剃刀原理。该原理说，如果对于同一个问题有不同的解决方案，那么我们应该挑选其中最简单的一个。神经网络或者其他机器学习模型也应该遵循类似的原理，只有当模型的复杂度与所解决的问题相匹配的时候，才能让模型更好地发挥作用。

然而，统计学习理论也有很大的局限性，因为理论的严格分析仅仅限于一类特殊的神经网络模型：支持向量机（Supporting Vector Machine）。而对于更一般的神经网络，人们还未找到统一的分析方法。所以说，连接学派的科学家们虽然会向大脑学习如何构造神经网络模型，但实际上他们自己也不清楚这些神经网络究竟是如何工作的。不过，他们这种尴尬局面也是无独有偶，另外一派后起之秀虽然来势汹汹，却也没有解决理论基础问题，这就是行为学派。

行为学派

行为学派的出发点与符号学派和连接学派完全不同，他们并没有把目光聚焦在具有高级智能的人类身上，而是关注比人类低级得多的昆虫。即使这样简单的动物也体现出了非凡的智能，昆虫可以灵活地摆动自己的身体行走，还能够快速地反应，躲避捕食者的攻击。而另一方面，尽管蚂蚁个体非常简单，但是，当很多小蚂蚁聚集在一起形成庞大的蚁群的时候，却能表现出非凡的智能，还能形成严密的社会分工组织。

正是受到了自然界中这些相对低等生物的启发，行为学派的科学家们决定从简单的昆虫入手来理解智能的产生。的确，他们取得了不错的成果。

机器昆虫

罗德尼·布鲁克斯（Rodney Brooks）是一名来自美国麻省理工学院的机器人专家。在他的实验室中有大量的机器昆虫（如图 1-9 所示）。相对于那些笨拙的机器人铁家伙来说，这些小昆虫要灵活得多。

Rodney Brooks
（1954— ）

这些机器昆虫没有复杂的大脑，也不会按照传统的方式进行复杂的知识表示和推理。它们甚至不需要大脑的干预，仅凭四肢和关节的协调，就能很好地适应环境。当我们把这些机器昆虫放到复杂的地形中的时候，它们可以痛快地爬行，还能聪明地避开障碍物。它们看起来的智能事实上并不来源于自上而下的复杂设计，而是来源于自下而上的与环境的互动。这就是布鲁克斯所倡导的理念。

图 1-9　机器昆虫 Walkman[①]

如果说符号学派模拟智能软件，连接学派模拟大脑硬件，那么行为学派就算是模拟身体了，而且是简单的、看起来没有什么智能的身体。例如，行为学派的一个非常成功的应用就是美国波士顿动力公司（Boston Dynamics）研制开发的机器人"大狗"[②]。如图 1-10 所示，"大狗"是一个四足机器人，它能够在各种复杂的地形中行走、攀爬、

---

① 图片来源：http://grant.solarbotics.net/walkman.htm。
② BigDog，参见 http://www.bostondynamics.com/robot_bigdog.html。

奔跑，甚至还可以背负重物。"大狗"模拟了四足动物的行走行为，能够自适应地根据不同的地形调整行走的模式。推荐感兴趣的读者扫描下方二维码观看视频介绍。

图 1-10　行走在雪地上的"大狗"[①]

当这只大狗伴随着"沙沙"的机器运作声朝你走来时，你一定会被它的气势所吓到，因为它的样子很像是一头公牛呢！

进化计算

我们从生物身上学到的东西还不仅仅是这些。从更长的时间尺度看，生物体对环境的适应还会迫使生物进化，从而实现从简单到复杂、从低等到高等的跃迁。

约翰·霍兰（John Holland）是美国密西根大学的心理学、电器工程以及计算机的三科教授。他本科毕业于麻省理工学院，后来到了密西根大学师从阿瑟·伯克斯（Arthur Burks，曾是冯·诺依曼的助手）攻读博士学位。1959 年，他拿到了

John Holland
（1929—　）

全世界首个计算机科学的博士头衔。别看霍兰个头不高，他的骨子里却有一种离经叛道的气魄。他在读博期间就对如何用计算机模拟生物进化异常着迷，并最终发表了他的遗传算法。

遗传算法对大自然中的生物进化进行了大胆的抽象，最终提取出两个主要环节：

---

① 图片来源：http://www.militaryfactory.com/armor/detail.asp?armor_id=184。

变异（包括基因重组和突变）和选择。在计算机中，我们可以用一堆二进制串来模拟自然界中的生物体。而大自然的选择作用——生存竞争、优胜劣汰——则被抽象为一个简单的适应度函数。这样，一个超级浓缩版的大自然进化过程就可以搬到计算机中了，这就是遗传算法。

遗传算法在刚发表的时候并没有引起多少人的重视。然而，随着时间的推移，当人工智能的焦点转向机器学习时，遗传算法就一下子家喻户晓了，因为它的确是一个非常简单而有效的机器学习算法。与神经网络不同，遗传算法不需要把学习区分成训练和执行两个阶段，它完全可以指导机器在执行中学习，即所谓的做中学（learning by doing）。同时，遗传算法比神经网络具有更方便的表达性和简单性。

无独有偶，美国的劳伦斯·福格尔（Lawrence Fogel）、德国的因戈·雷伯格（Ingo Rechenberg）以及汉斯·保罗·施韦费尔（Hans-Paul Schwefel）、霍兰的学生约翰·科扎（John Koza）等人也先后提出了演化策略、演化编程和遗传编程。这使得进化计算大家庭的成员更加多样化了。

人工生命

无论是机器昆虫还是进化计算，科学家们关注的焦点都是如何模仿生物来创造智能的机器或者算法。克里斯托弗·兰顿（Chirstopher Langton）进行了进一步提炼，提出了"人工生命"这一新兴学科。人工生命与人工智能非常接近，但是它的关注点在于如何用计算的手段来模拟生命这种更加"低等"的现象。

人工生命认为，所谓的生命或者智能实际上是从底层单元（可以是大分子化合物，也可以是数字代码）通过相互作用而产生的涌现属性（emergent property）。"涌现"（emergence）这个词是人工生命研究中使用频率最高的词之一，它强调了一种只有在宏观具备但不能分解还原到微观层次的属性、特征或行为。单个的蛋白质分子不具备生命特征，但是大量的蛋白质分子组合在一起形成细胞的时候，整个系统就具备了"活"性，这就是典型的涌现。同样地，智能则是比生命更高一级（假如我们能够将智能和生命分成不同等级的话）的涌现——在生命系统中又涌现出了一整套神经网络系统，从而使得整个生命体具备了智能属性。现实世界中的生命是由碳水化合物编织成的一个复杂网络，而人工生命则是寄生于 01 世界中的复杂有机体。

人工生命的研究思路是通过模拟的形式在计算机数码世界中产生类似现实世界的涌现。因此，从本质上讲，人工生命模拟的就是涌现过程，而不太关心实现这个过程的具体单元。我们用 01 数字代表蛋白质分子，并为其设置详细的规则，接下来的事情就是运行这个程序，然后盯着屏幕，喝上一杯咖啡，等待着令人吃惊的"生命现象"在电脑中出现。

模拟群体行为是人工生命的典型应用之一。1983 年，计算机图形学家克雷格·雷诺兹（Craig Reynolds）曾开发了一个名为 Boid 的计算机模拟程序（见图 1-11），它可以逼真地模拟鸟群的运动，还能够聪明地躲避障碍物。后来，肯尼迪（Kennedy）等人于 1995 年扩展了 Boid 模型，提出了 PSO（粒子群优化）算法，成功地通过模拟鸟群的运动来解决函数优化等问题。

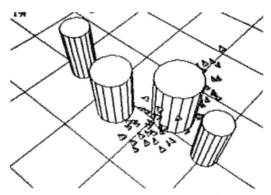

图 1-11　三维的人工生命 Boid 模型[①]

类似地，利用模拟群体行为来实现智能设计的例子还有很多，例如蚁群算法、免疫算法等，共同特征都是让智能从规则中自下而上地涌现出来，并能解决实际问题。关于人工生命的详细讨论，可以参考本书 11 ~ 13 章。

然而，行为学派带来的问题似乎比提供的解决方法还多。究竟在什么情况下能够发生涌现？如何设计底层规则使得系统能够以我们希望的方式涌现？行为学派、人工生命的研究者们无法回答。更糟糕的是，几十年过去了，人工生命研究似乎仍然只擅长于模拟小虫子、蚂蚁之类的低等生物，高级的智能完全没有像他们预期的那样自然涌现，而且没有丝毫迹象。

三大学派间的关系

正如我们前面提到的，这三个学派大致是从软件、硬件和身体这三个角度来模拟和理解智能的。但是，这仅仅是一个粗糙的比喻。事实上，三大学派之间还存在着很

---

① 图片来源：http://www.red3d.com/cwr/boids/。

多微妙的差异和联系。

首先，符号学派的思想和观点直接继承自图灵，他们是直接从功能的角度来理解智能的。他们把智能理解为一个黑箱，只关心这个黑箱的输入和输出，而不关心黑箱的内部构造。因此，符号学派利用知识表示和搜索来替代真实人脑的神经网络结构。符号学派假设知识是先验地存储于黑箱之中的，因此，它很擅长解决利用现有的知识做比较复杂的推理、规划、逻辑运算和判断等问题。

连接学派则显然要把智能系统的黑箱打开，从结构的角度来模拟智能系统的运作，而不单单重现功能。这样，连接学派看待智能会比符号学派更加底层。这样做的好处是可以很好地解决机器学习的问题，并自动获取知识；但是弱点是对于知识的表述是隐含而晦涩的，因为所有学习到的知识都变成了连接权重的数值。我们若要读出神经网络中存储的知识，就必须要让这个网络运作起来，而无法直接从模型中读出。连接学派擅长解决模式识别、聚类、联想等非结构化的问题，但却很难解决高层次的智能问题（如机器定理证明）。

行为学派则研究更低级的智能行为，它更擅长模拟身体的运作机制，而不是脑。同时，行为学派非常强调进化的作用，他们认为，人类的智慧也理应是从漫长的进化过程中逐渐演变而来的。行为学派擅长解决适应性、学习、快速行为反应等问题，也可以解决一定的识别、聚类、联想等问题，但在高级智能行为（如问题求解、逻辑演算）上则相形见绌。

有意思的是，连接学派和行为学派似乎更加接近，因为他们都相信智能是自下而上涌现出来的，而非自上而下的设计。但麻烦在于，怎么涌现？涌现的机制是什么？这些深层次问题无法在两大学派内部解决，而必须求助于复杂系统科学。

三大学派分别从高、中、低三个层次来模拟智能，但现实中的智能系统显然是一个完整的整体。我们应如何调解、综合这三大学派的观点呢？这是一个未解决的开放问题，而且似乎很难在短时间内解决。主要的原因在于，无论是在理论指导思想还是计算机模型等方面，三大学派都存在着太大的差异。

分裂与统一

于是，就这样磕磕碰碰地，人工智能走入了新的世纪。到了 2000 年前后，人工智能的发展非但没有解决问题，反而引入了一个又一个新的问题，这些问题似乎变得越来越难以回答，而且所牵扯的理论也越来越深。于是，很多人工智能研究者干脆当起了"鸵鸟"，对理论问题不闻不问，而是一心向"应用"看齐。争什么争呀，实践是检验真理的唯一标准，无论是符号、连接、行为，能够解决实际问题的鸟就是好鸟。

群龙无首

在这样一种大背景下，人工智能开始进一步分化，很多原本隶属于人工智能的领域逐渐独立成为面向具体应用的新兴学科，我们简单罗列如下：

- ❑ 自动定理证明
- ❑ 模式识别
- ❑ 机器学习
- ❑ 自然语言理解
- ❑ 计算机视觉
- ❑ 自动程序设计

每一个领域都包含大量具体的技术和专业知识以及特殊的应用背景，不同分支之间也几乎是老死不相往来，大一统的人工智能之梦仿佛破灭了。于是，计算机视觉专家甚至不愿意承认自己搞的叫人工智能，因为他们认为，人工智能已经成为了一个仅仅代表传统的符号学派观点的专有名词，大一统的人工智能概念没有任何意义，也没有存在的必要。这就是人工智能进入 2000 年之后的状况。

贝叶斯统计

但是，世界总是那么奇妙，少数派总是存在的。当人工智能正面临着土崩瓦解的窘境时，仍然有少数科学家正在逆流而动，试图重新构建统一的模式。

麻省理工学院的乔希·特南鲍姆（Josh Tenenbaum）以及斯坦福大学的达芙妮·科勒（Daphne Koller）就是这样的少数派。他们的特立独行起源于对概率这个有着几百年历史的数学概念的重新认识，并利用这种认识来统一人工智能的各个方面，包括学习、知识表示、推理以及决策。

这样的认识其实可以追溯到一位 18 世纪的古人，这就是著名的牧师、业余数学家：托马斯·贝叶斯（Thomas Bayes）。与传统的方法不同，贝叶斯将事件的概率视为一种主观的信念，而不是传统意义上的事件发生的频率。因此，概率是一种主观的测度，而非客观的度量。故而，人们也将贝叶斯对概率的看法称为主观概率学派——这一观点更加明确地凸显出贝叶斯概率与传统概率统计的区别。

贝叶斯学派的核心就是著名的贝叶斯公式，它表达了智能主体如何根据搜集到的信息改变对外在事物的看法。因此，贝叶斯公式概括了人们的学习过程。以贝叶斯公式为基础，人们发展出了一整套称为贝叶斯网络（示例见图 1-12）的方法。在这个网络上，研究者可以展开对学习、知识表示和推理的各种人工智能的研究。随着大数据时代的来临，贝叶斯方法所需要的数据也是唾手可得，这使得贝叶斯网络成为了人们关注的焦点。

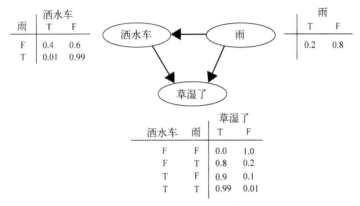

图 1-12　贝叶斯网络示例[①]

通用人工智能

另外一个尝试统一人工智能的学者是澳大利亚国立大学的马库斯·胡特（Marcus Hutter），他在 2000 年的时候就开始尝试建立一个新的学科，并为这个新学科取了一个响当当的名字：通用人工智能（Universal Artificial Intelligence）。

胡特认为，现在主流的人工智能研究已经严重偏离人工智能这个名称的本意。我们不应该将智能化分成学习、认知、决策、推理等分立的不同侧面。事实上，对于人类来说，所有这些功能都是智能作为一个整体的不同表现。因此，在人工智能中，我们应该始终保持清醒的头脑，将智能看作一个整体，而不是若干分离的子系统。

Marcus Hutter
（1967—　）

如果非要坚持统一性和广泛性，那么我们就不得不放弃理论上的实用性，这恰恰正是胡特的策略。与通常的人工智能研究非常不同，胡特采用的是规范研究方法，即

---

① 图片来源：Wikipedia。

给出所谓的智能程序一个数学上的定义，然后运用严格的数理逻辑讨论它的性质。但是，理论上已证明，胡特定义的智能程序是数学上可构造的，但却是计算机不可计算的——任何计算机都无法模拟这样的智能程序——只有上帝能计算出来。

不可计算的智能程序有什么用？相信读者会有这样的疑问。实际上，如果在 20 世纪 30 年代，我们也会对图灵的研究发出同样的疑问。因为那个时候计算机还没有发明呢，那么图灵机模型有什么用呢？这也仿佛是传说中英国女王对法拉第的诘难："你研究的这些电磁理论有什么用呢？"法拉第则反问道："那么，我尊敬的女王陛下，您认为，您怀中抱着的婴儿有什么用呢？"

胡特的理论虽然还不能与图灵的研究相比，但是，它至少为统一人工智能开辟了新方向，让我们看到了统一的曙光。我们只有等待历史来揭晓最终的答案。更多关于通用人工智能的内容，请参见本书第 5 章。

梦醒何方（2010 至今）

就这样，在争论声中，人工智能走进了 21 世纪的第二个十年，似乎一切都没有改变。但是，几件事情悄悄地发生了，它们重新燃起了人们对于人工智能之梦的渴望。

深度学习

21 世纪的第二个十年，如果要评选出最惹人注目的人工智能研究，那么一定要数深度学习（Deep Learning）了。

2011 年，谷歌 X 实验室的研究人员从 YouTube 视频中抽取出 1000 万张静态图片，把它喂给"谷歌大脑"——一个采用了所谓深度学习技术的大型神经网络模型，在这些图片中寻找重复出现的模式。三天后，这台超级"大脑"在没有人类的帮助下，居然自己从这些图片中发现了"猫"。

2012 年 11 月，微软在中国的一次活动中，展示了他们新研制的一个全自动的同声翻译系统——采用了深度学习技术的计算系统。演讲者用英文演讲，这台机器能实时地完成语音识别、机器翻译和中文的语音合成，也就是利用深度学习完成了同声传译。

2013 年 1 月，百度公司成立了百度研究院，其中，深度学习研究所是该研究院旗下的第一个研究所。

......

这些全球顶尖的计算机、互联网公司都不约而同地对深度学习表现出了极大的兴趣。那么究竟什么是深度学习呢？

事实上，深度学习仍然是一种神经网络模型，只不过这种神经网络具备了更多层次的隐含层节点，同时配备了更先进的学习技术，如图 1-13 所示。

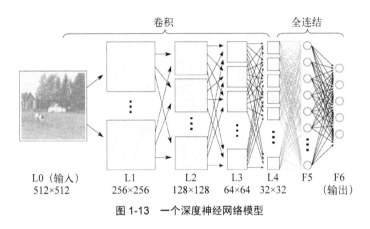

图 1-13　一个深度神经网络模型

然而，当我们将超大规模的训练数据喂给深度学习模型的时候，这些具备深层次结构的神经网络仿佛摇身一变，成为了拥有感知和学习能力的大脑，表现出了远远好于传统神经网络的学习和泛化的能力。

当我们追溯历史，深度学习神经网络其实早在 20 世纪 80 年代就出现了。然而，当时的深度网络并没有表现出任何超凡能力。这是因为，当时的数据资源远没有现在丰富，而深度学习网络恰恰需要大量的数据以提高它的训练实例数量。

到了 2000 年，当大多数科学家已经对深度学习失去兴趣的时候，又是那个杰夫·辛顿带领他的学生继续在这个冷门的领域里坚持耕耘。起初他们的研究并不顺利，但他们坚信他们的算法必将给世界带来惊奇。

惊奇终于出现了，到了 2009 年，辛顿小组获得了意外的成功。他们的深度学习神经网络在语音识别应用中取得了重大的突破，转换精度已经突破了世界纪录，错误率比以前减少了 25%。可以说，辛顿小组的研究让语音识别领域缩短了至少 10 年的时间。就这样，他们的突破吸引了各大公司的注意。苹果公司甚至把他们的研究成果应用到了 Siri 语音识别系统上，使得 iPhone 5 全球热卖。从此，深度学习的流行便一发不可收拾。

那么，为什么把网络的深度提高，配合上大数据的训练就能使得网络性能有如此大的改善呢？答案是，因为人脑恰恰就是这样一种多层次的深度神经网络。例如，已有的证据表明，人脑处理视觉信息就是经过多层加工完成的。所以，深度学习实际上只不过是对大脑的一种模拟。

模式识别问题长久以来是人工智能发展的一个主要瓶颈。然而，深度学习技术似乎已经突破了这个瓶颈。有人甚至认为，深度学习神经网络已经可以达到 2 岁小孩的识别能力。有理由相信，深度学习会将人工智能引入全新的发展局面。本书第 6 章将详细介绍深度学习这一全新技术，第 14 章将介绍集智俱乐部下的一个研究小组对深度学习技术的应用——彩云天气，用人工智能提供精准的短时间天气预报。

模拟大脑

我们已经看到，深度学习模型成功的秘诀之一就在于它模仿了人类大脑的深层体系结构。那么，我们为什么不直接模拟人类的大脑呢？事实上，科学家们已经行动起来了。

例如，德国海德尔堡大学的 FACETS（Fast Analog Computing with Emergent Transient States）计划就是一个利用硬件来模拟大脑部分功能的项目。他们采用数以千计的芯片，创造出一个包含 10 亿神经元和 10^{13} 突触的回路的人工脑（其复杂程度相当于人类大脑的十分之一）。与此对应，由瑞士洛桑理工学院和 IBM 公司联合发起的蓝色大脑计划则是通过软件来模拟人脑的实践。他们采用逆向工程方法，计划 2015年开发出一个虚拟的大脑。

然而，这类研究计划也有很大的局限性。其中最大的问题就在于：迄今为止，我们对大脑的结构以及动力学的认识还相当初级，尤其是神经元活动与生物体行为之间的关系还远远没有建立。例如，尽管科学家早在 30 年前就已经弄清楚了秀丽隐杆线虫（Caenorhabditis elegans）302 个神经元之间的连接方式，但到现在仍然不清楚这种低等生物的生存行为（例如进食和交配）是如何产生的。尽管科学家已经做过诸多尝试，比如连接组学（Connectomics），也就是全面监测神经元之间的联系（即突触）的学问，但是，正如线虫研究一样，这幅图谱仅仅是个开始，它还不足以解释不断变化的电信号是如何产生特定认知过程的。

于是，为了进一步深入了解大脑的运行机制，一些"大科学"项目先后启动。2013年，美国奥巴马政府宣布了"脑计划"（Brain Research through Advancing Innovative Neurotechnologies，简称 BRAIN）的启动。该计划在 2014 年的启动资金为 1 亿多美元，致力于开发能记录大群神经元甚至是整片脑区电活动的新技术。

无独有偶，欧盟也发起了"人类大脑计划"（The Human Brain Project），这一计划为期 10 年，将耗资 16 亿美元，致力于构建能真正模拟人脑的超级计算机。除此之外，中国、日本、以色列也都有雄心勃勃的脑科学研究计划出炉。这似乎让人们想到了第二次世界大战后的情景，各国争相发展"大科学项目"：核武器、太空探索、计算机等。脑科学的时代已经来临。关于人脑与电脑的比较，请参见本书第 7 章。

"人工"人工智能

2007 年，一位谷歌的实习生路易斯·冯·安（Luis von Ahn）开发了一款有趣的程序"ReCapture"，却无意间开创了一个新的人工智能研究方向：人类计算。

Luis von Ahn
（1979—　）

ReCapture 的初衷很简单，它希望利用人类高超的模式识别能力，自动帮助谷歌公司完成大量扫描图书的文字识别任务。但是，如果要雇用人力来完成这个任务则需要花费一大笔开销。于是，冯·安想到，每天都有大量的用户在输入验证码来向机器证明自己是人而不是机器，而输入验证码事实上就是在完成文本识别问题。于是，一方面是有大量的扫描的图书中难以识别的文字需要人来识别；另一方面是由计算机生成一些扭曲的图片让大量的用户做识别以表明自己的身份。那么，为什么不把两个方面结合在一起呢？这就是 ReCapture 的创意（如图 1-14 所示），冯·安聪明地让用户在输入识别码的时候悄悄帮助谷歌完成了文字识别工作！

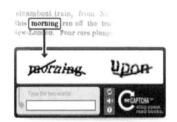

图 1-14　人类计算系统 ReCapture

这一成功的应用实际上是借助人力完成了传统的人工智能问题,冯·安把它叫作人类计算(Human Computation),我们则把它形象地称为"人工"人工智能。除了 ReCapture 以外,冯·安还开发了很多类似的程序或系统,例如 ESP 游戏是让用户通过竞争的方式为图片贴标签,从而完成"人工"人工分类图片;Duolingo 系统则是让用户在学习外语的同时,顺便翻译一下互联网,这是"人工"机器翻译。

也许,这样巧妙的人机结合才是人工智能发展的新方向之一。因为一个完全脱离人类的人工智能程序对于我们没有任何独立存在的意义,所以人工智能必然会面临人机交互的问题。而随着互联网的兴起,人和计算机交互的方式会更加便捷而多样化。因此,这为传统的人工智能问题提供了全新的解决途径。

然而,读者也许会质疑,这种掺合了人类智能的系统还能叫作纯粹的人工智能吗?这种质疑事实上有一个隐含的前提,就是人工智能是一个独立运作的系统,它与人类环境应相互隔离。但当我们考虑人类智能的时候就会发现,任何智能系统都不能与环境绝对隔离,它只有在开放的环境下才能表现出智能。同样的道理,人工智能也必须向人类开放,于是引入人的作用也变成了一种很自然的事情。关于这个主题,我们将在本书第 8 章和第 9 章中进一步讨论。

结语

本章介绍了人工智能近 60 年所走过的曲折道路。也许,读者所期待的内容,诸如奇点临近、超级智能机器人、人与机器的共生演化等激动人心的内容并没有出现,但是,我能保证的,是一段真实的历史,并力图做到准确无误。

尽管人工智能这条道路蜿蜒曲折,荆棘密布,但至少它在发展并不断壮大。最重要的是,人们对于人工智能的梦想永远没有破灭过。也许人工智能之梦将无法在你我的有生之年实现,也许人工智能之梦始终无法逾越哥德尔定理那个硕大无朋的"如来佛手掌",但是,人工智能之梦将永远驱动着我们不断前行,挑战极限。

推荐阅读

关于希尔伯特、图灵、哥德尔的故事和相关研究可以阅读《哥德尔、艾舍尔、巴赫:集异璧之大成》一书。关于冯·诺依曼,可以阅读他的传记:《天才的拓荒者:冯·诺依曼传》。关于维纳,可以参考他的著作《控制论》。若要全面了解人工智能,给大家推荐两本书：*Artificial Intelligence: A Modern Approach* 和 *Artificial Intelligence: Structures and Strategies for Complex Problem Solving*。了解机器学习以及人工神经网络可以参考 *Pattern Recognition* 和 *Neural Networks and Learning Machines*。关于行为学派和人工生命，可以参考《数字创世纪：人工生命的新科学》以及人工生命的论文集。若要深入了解贝叶斯网络，可以参考 *Causality: Models, Reasoning, and Inference*。深入了解胡特的通用人工智能理论可以阅读 *Universal Artificial Intelligence: Sequential Decisions Based on Algorithmic Probability*。关于深度学习方面的知识可参考网站：http://deeplearning.net/reading-list/，其中有不少综述性的文章。人类计算方面可以参考冯·安的网站：http://www.cs.cmu.edu/~biglou/。

参考文献

[1] 侯世达，哥德尔、艾舍尔、巴赫：集异璧之大成. 严勇，刘皓明，莫大伟 译. 北京：商务印书馆，1997.

[2] 诺曼·麦克雷. 天才的拓荒者：冯·诺伊曼传. 范秀华，朱朝辉 译. 上海：上海科技教育出版社，2008.

[3] 维纳. 控制论：或关于在动物和机器中控制和通信的科学. 郝季仁 译. 北京：北京大学出版社，2007.

[4] Luger G F. Artificial intelligence: structures and strategies for complex problem solving (6th Edition). Addison-Wesley, 2008.

[5] Russel S K, Norvig P. Artificial Intelligence: A Modern Approach (2nd Edition). Prentice Hall, 2002.

[6] Theodoridis S, Koutroumbas K. Pattern Recognition (2nd edition). Academic Press, 2008.

[7] Haykin S O. Neural Networks and Learning Machines (3rd Edition). Prentice Hall, 2000.

[8] 李建会，张江. 数字创世纪：人工生命的新科学. 北京：科学出版社，2006.

[9] Pearl J. Causality: models, reasoning, and inference. Cambridge University Press, 2000.

[10] Hutter M. Universal Artificial Intelligence:Sequential Decisions based on Algorithmic Probability. Springer, 2005.

作者简介

张江，北京师范大学系统科学学院教授，集智俱乐部主要发起人和核心成员，集智学园创始人。主要研究领域包括复杂网络与机器学习、复杂系统分析与建模、计算社会科学等。曾在 *Nature Communications*、*Scientific Reports*、*Physical Review E*、*Journal of Theoretical Biology* 等国际知名刊物上发表过学术论文数十篇。出版专著《数字创世纪：人工生命的新科学》、译著《自然与人工系统中的适应》、校译《规模》等。曾主持《互联网上的集体注意力流研究》《加权有向食物网的异速标度律研究》等多项国家级科研项目。

第 2 章　图灵的计算王国

张江

图灵机（Turing Machine）与计算理论（Theory of Computation）是人工智能乃至整个计算机科学的理论基础。邱奇–图灵论题（Church-Turing Thesis）告诉我们，一切可计算过程都可以用图灵机模拟。因此，无论如何人工智能都无法逃脱图灵机可计算理论的范畴。本章从图灵可计算理论的基础出发，忽略掉一切实用的工程细节，来讨论计算机可以做和不可以做的事情。从这些讨论中，我们可以站在一定的理论高度来窥探人工智能的前进方向。

本章首先会引入图灵机模型，为了让读者对这个概念有比较直观的理解，我采用了一个人工生命"小虫"的比喻来叙述。接下来会介绍跟图灵机有关的概念，例如什么是模拟，什么是"万能计算"（即通用计算，universal computation）等。最后是关于图灵停机问题的探讨，我个人认为很有可能未来对人工智能的重大突破都来源于对图灵停机问题的深入理解。另外，我除了用自己的方式介绍一些现有的基本概念之外（为了尽量表达得清楚明白，我不得不放弃理论论证的严格性），还探讨了很多我认为很有价值而计算理论却没有涉及的问题。在这部分内容上我都标上了*号，我尝试着给出了自己的思考结果，而没有经过严格的理论推敲，希望读者能有选择地看待这些问题和观点。

图灵机

计算是一个司空见惯、古已有之的概念。例如，我国古代发明的算盘就是一种计算的机器。然而，现代科学的计算概念则要追溯到 20 世纪初希尔伯特给国际数学界留下的著名的希尔伯特第十问题："是否存在着判定任意一个丢番图方程有解的机械化运算过程。"很多数学家如库尔特·哥德尔（Kurt Godel）、阿隆佐·邱奇（Alonzo Church）、斯蒂芬·克莱尼（Stephen Kleene）等人都给出了各自的解答。然而，这些解答都很抽象或烦琐，只有图灵给出的解答——图灵机模型既直观又简洁，因此人们普遍接受了图灵机模型作为计算理论的标准模型。

下面，我们开始介绍图灵机模型。我先把这个概念抛给你，虽然有些无趣，不过请坚持看下去，后面我会重新解释的。在这里你只需要认识它的轮廓。图灵机是如图 2-1 所示的一个装置。

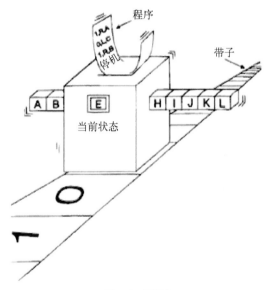

图 2-1　图灵机

这个装置由下面几个部分组成：一条无限长的纸带；一个读写头（中间那个大盒子）；内部状态（盒子上的方块，比如 A、B、D、E）；还有一个程序对这个盒子进行控制。这个装置就是根据程序的命令及其内部状态进行磁带的读写和移动。

它工作的时候是这样的：从读写头在纸带上读出一个方格的信息，并且根据它当前的内部状态开始在程序表中查找对应的指令，然后得出一个输出动作，也就是往纸带上写信息，还是移动读写头到下一个方格。程序也会告诉它下一时刻内部状态转移到哪一个。

具体的程序就是一个列表，也叫作规则表或指令表，如表 2-1 所示。

表2-1 规则表

当前内部状态（s）	输入数值（i）	输出动作（o）	下一时刻的内部状态（s'）
B	1	前移	C
A	0	往纸带上写1	B
C	0	后移	A
…	…	…	…

因此，图灵机只要根据每一时刻读写头读到的信息和当前的内部状态进行查表，就可以确定它下一时刻的内部状态和输出动作了。

图灵机就是这么简单！不可思议吧？而只要你修改它的程序（也就是上面的规则表），它就可以为你做计算机能够完成的任何工作。因此可以说，图灵机就是一个最简单的计算机模型！

也许，你会觉得图灵机模型太简单，怎么可能完成计算机的复杂任务呢？问题的关键是如何理解这个模型。

如何理解图灵机

我们不妨考虑这样一个问题。假设一只小虫在地上爬，那么我们应该怎样从信息处理的角度来建立一个小虫的模型呢？

首先，我们需要对小虫所在的环境进行建模。我们不妨假设小虫所处的世界是一个无限长的纸带，这个纸带被分成了若干小方格，而每个方格都只有黑和白两种颜色。很显然，这个小虫要有眼睛、鼻子或者耳朵等感觉器官来获得外部世界的信息。我们不妨把模型简化，假设它仅仅具有一个感觉器官：眼睛，而且它的视力弱得可怜，也就是说，它仅仅能够感知到它所处的方格的颜色，因此这个方格所在位置的黑色或者白色的信息就是小虫的输入信息。小虫模型如图 2-2 所示。

图 2-2 小虫模型

另外，我们当然还需要让小虫能够动起来。我们仍然考虑最简单的情况：小虫的输出动作就是在纸带上前进一个方格或者后退一个方格。

仅仅有了输入装置和输出装置，小虫还不能动起来，原因很简单，它并不知道该怎样在各种情况下选择它的输出动作。于是我们就需要给它指定行动的规则，这就是程序。假设我们记小虫的输入信息集合为 I={黑色，白色}，它的输出可能行动的集合是 O={前移，后移}，那么程序就要告诉它在给定了输入（比如黑色）的情况下，它应该选择什么输出。因而，一个程序就是一个从 I 集合到 O 集合的映射。我们也可以用列表的方式来表示程序，如表 2-2 所示。

表2-2　一个程序

输入	输出
黑	前移
白	后移

这个程序非常简单，它告诉小虫当读到一个黑色方格的时候就往前走一个方格，当读到一个白色方格的时候就后退一个方格。

我们不妨假设，小虫所处的世界的一个片段是：黑黑黑白白黑白……（如图 2-3 所示），小虫从左端开始。

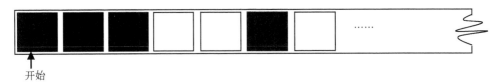

开始

图 2-3　小虫世界的一个片段

那么小虫读到这个片段会怎样行动呢？它先读到黑色，然后根据程序前移一个方格，于是就会得到另外一个黑色信息，这个时候它会根据程序再次前移一个方格，仍然是黑色，再前移。这个时候就读到白色方格了，根据程序，它应该后退一个格，这个时候就是黑色了。前移，白色，后移，黑色，……可以预见小虫会无限地循环下去。

然而，现实世界中的小虫肯定不会傻傻地在那里无限循环下去。我们还需要改进这个最简单的模型。首先，小虫除了可以机械地在世界上移动以外，还会对世界本身造成影响，因而改变这个世界。比如小虫看到旁边有食物，就会把食物吃掉。在我们这个模型中，也就相当于必须假设小虫可以改写纸带上的信息。因而，小虫可能的输出动作集合就变成了 O={前移，后移，涂黑，涂白}。这个时候，我们可以修改之前的程序，如表 2-3 所示。

表2-3 修改后的程序

输入	输出
黑	前移
白	涂黑

纸带是黑黑白白黑……，小虫会怎样行动呢？图 2-4 到图 2-10 分别表示出了这个例子中小虫每一步的位置（标有圆点的方格就是小虫的当前位置）以及纸带的状况。

第一步：小虫在最左边的方格，根据程序的第一行，读入黑色应该前移。

图 2-4　第一步

第二步：仍然读入黑色，根据程序的第一行，前移。

图 2-5　第二步

第三步：这个时候读入的是白色，根据程序的第二行，应该把这个方格涂黑，而没有其他的动作。假设这张图上的方格仍然没有涂黑，而在下一时刻才把它表示出来。

图 2-6　第三步

第四步：当前方格已经是黑色的，因此小虫读入黑色方格，前移。

图 2-7　第四步

第五步：读入白色，涂黑方格，原地不动。

图 2-8　第五步

第六步：当前的方格已经被涂黑，继续前移。

图 2-9　第六步

第七步：读入黑色，前移。

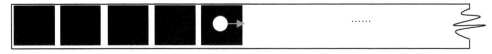

图 2-10　第七步

小虫的动作还会持续下去，我们看到，小虫将会不停地重复上面的动作不断前移，并会把所有的纸带涂黑。

显然，你还可以设计出其他的程序来，然而无论你的程序怎么复杂，无论纸带子的情况如何，小虫的行为都会要么停留在一个方格上，要么朝一个方向永远运动下去，要么就是在几个方格上来回打转。然而，无论怎样，小虫比起真实世界中的虫子来说，有一个致命的弱点：那就是如果你给它固定的输入信息，它就会给你固定的输出信息！因为程序是固定的，每当黑色信息输入的时候，无论如何小虫都仅仅前移一个方格，而不会做出其他的反应。它似乎真的是机械的！

如果我们进一步更改小虫模型，那么它就会有所改进，至少在给定相同输入的情况下，小虫会有不同的输出情况。这就是加入小虫的内部状态。我们可以做这样一个比喻：假设黑色方格是食物，虫子可以吃掉它，而当吃到一个食物后，小虫就会感觉到饱了。当读入的信息是白色方格的时候，虽然没有食物但它仍然吃饱了，只有当再次读入黑色的时候它才会感觉到自己饥饿了。因而，我们说小虫具有两个内部状态，并把它所有内部状态的集合记为 S={饥饿, 吃饱}。这样小虫行动的时候不仅会根据它的输入信息，而且会根据它当前的内部状态来决定输出动作，并且还要更改它的内部状态。而它的这一行动仍然要用程序控制，只不过跟上面的程序比起来，现在的程序就更复杂一些了，如表 2-4 所示。

表2-4　更复杂的程序

输入	当前内部状态	输出	下一时刻的内部状态
黑	饥饿	涂白	吃饱
黑	吃饱	后移	饥饿
白	饥饿	涂黑	饥饿
白	吃饱	前移	吃饱

这个程序复杂多了，你不仅需要指定每一种输入情况下小虫应该采取的动作，而且还要指定在每种输入和内部状态的组合情况下小虫应该怎样行动。看看我们的小虫在读入黑白白黑白……这样的纸带的时候会怎样。仍然用一系列图（图 2-11 到 2-18）来表示，灰色的圆点表示饥饿的小虫，白色的圆点表示它吃饱了。为了清晰，我们把小虫将要变成的状态写在了图的下方。

假定它仍然从左端开始，而且小虫处于饥饿状态。这样读入黑色，当前饥饿状态，根据程序第一行，把方格涂白，并变成吃饱（这相当于把食物吃了，注意吃完后，小虫并没动）。

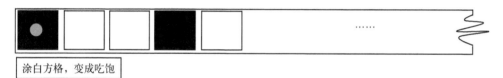

图 2-11　第一步

第二步：当前的方格变成了白色，因而读入白色，而当前的状态是吃饱状态，那么根据程序中的第四条应该前移，仍然处于吃饱状态。

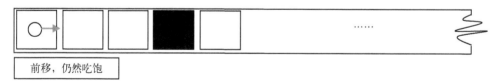

图 2-12　第二步

第三步：读入白色，当前状态是吃饱，因而会重复第二步的动作。

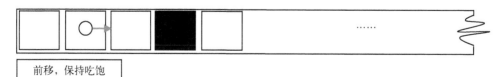

图 2-13　第三步

第四步：仍然重复上次的动作。

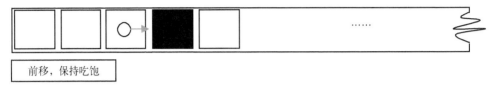

前移，保持吃饱

图 2-14　第四步

第五步：读入黑色，当前状态是吃饱，这时候根据程序的第二行应该后移方格，并转入饥饿状态。

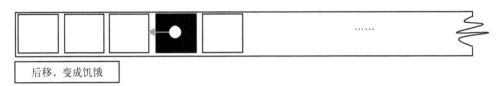

后移，变成饥饿

图 2-15　第五步

第六步：读入白色，当前饥饿状态，根据程序第三行应该涂黑，并保持饥饿状态。（注意，这只小虫似乎自己吐出了食物！）

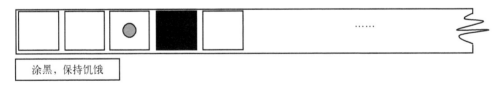

涂黑，保持饥饿

图 2-16　第六步

第七步：读入黑色，当前饥饿，于是把方格涂白，并转入吃饱状态。（呵呵，小虫把自己刚刚吐出来的东西又吃掉了！）

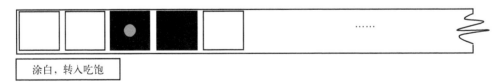

涂白，转入吃饱

图 2-17　第七步

第八步：读入白色，当前吃饱，于是前移，保持吃饱状态。

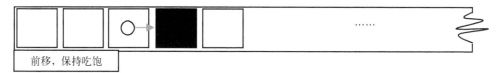

图 2-18　第八步

这时候的情况已经跟第四步的完全一样了，因而小虫会完全重复五、六、七、八步的动作，并永远循环下去。最后的黑色方格似乎是一个门槛，小虫无论如何也跨越不过去了。

小虫的行为比以前的程序复杂了一些。尽管从长期来看，它最后仍然会落入机械的循环或者无休止的重复。然而这与前面的程序从本质上已经完全不同了，因为当你给小虫输入白色信息的时候，它的反应是你"不能预测"的。它有可能涂黑方格也有可能前移一个格。当然前提是你不能打开小虫看到它的内部结构，也不能知道它的程序，那么你所看到的就是一个"不能预测"的满地乱爬的小虫。如果小虫的内部状态数再增多呢？那么它的行为会更加地"不可预测"。

说到这里，你可能对于"小虫的行为不可预测"这句话持反对意见。因为所有可能的输入状态是固定的，所有的内部状态无论多少也是固定的，那么小虫所有可能的行为就应该是有限的。然而，不要忘记纸带的长度是无限的，虽然每个具体的输入可能只有 0 和 1 两种状态，然而这些 0 和 1 的输入组合却是无限的。退一步说，输入纸带的情况是有限的（你可以理解为 01 组合经过若干长度就会出现循环，比如 011011011...），那么我们的小虫最终会不会必然陷入到无休止的循环中呢？答案是肯定的，因为这个时候输入的组合数乘以内部状态总数是一个有限的数值，因而小虫必然会在某时开始重复。无论哪种情况，似乎你都可以通过某种聪明的"数学"判断小虫是否会循环以及在什么时候循环。也就是说，通过你那聪明的数学，只要看看小虫的程序，而不用执行它就能够预言小虫在多少步之后必然会"傻傻地"重复以前的动作。这样一来，那可真是名副其实的"雕虫小技"了。然而真的是这样吗？这种判定小虫傻傻循环的一般定理或程序存在吗？这个问题留待我们后面进行讨论。

好了，如果你已经彻底搞懂了我们的小虫是怎么工作的，那么你已经明白了图灵机的工作原理。因为从本质上讲，最后的小虫模型就是一个图灵机。

如何理解图灵机模型*

刚才用小虫说明了图灵机的工作原理，相信你的第一个反应就是，这样的模型太简单了！它根本说明不了现实世界中的任何问题！下面，我就要试图说服你，图灵机这个模型是伟大的。

首先，我想说的是，其实我们每一个会决策、会思考的人就可以被抽象地看成一台图灵机。

为什么可以做这种抽象呢？首先我们可以考虑扩展刚才的小虫模型。因为小虫模型是以一切都简化为前提的，所以它的确是太简单了。然而，我们可以把小虫的输入集合、输出行动集合、内部状态集合进行扩大，这个模型一下子就实用多了。首先，小虫完全可以处于一个三维空间中，而不是简简单单的纸带上；其次小虫的视力很好，它一下子能读到方圆 500 米的信息。当然，小虫也可以拥有其他感觉器官，比如嗅觉、听觉等，而这些改变都仅仅是扩大了输入集合的维数和范围，并没有其他更本质的改变。同样的道理，小虫可能的输出集合也异常地丰富，它不仅可以移动自己，而且可以尽情地改造它所在的自然界。进一步地，小虫的内部状态可能非常多，而且控制它的行为的程序可能异常复杂，那么小虫会有什么本事呢？这就很难说了，因为随着小虫内部状态数的增加，随着它所处环境的复杂度的增加，我们正在逐渐失去对小虫行为的预测能力。但是所有这些改变仍然没有逃出图灵机的模型：输入集合、输出集合、内部状态、固定的程序。就是这四样东西抓住了小虫信息处理的根本。

那么我们人能不能也被这样抽象呢？显然，输入状态集合就是你所处的环境中能够看到、听到、闻到、感觉到的所有的一切，可能的输出集合就是你的每一言每一行，以及你能够表达出来的所有表情动作。内部状态集合则要复杂得多。因为我们可以把任意一个神经细胞的状态组合看作一个内部状态，那么所有可能的神经细胞的状态组合将是天文数字！

似乎你会说，这个模型根本不对，还有很多思维本质的东西没有概括进去，比如记忆问题。人有记忆，图灵机有么？其实，只要图灵机具有了内部状态，它就相应地具有了记忆。比如上面讲到的具有饥饿和吃饱两种状态的小虫，就会记住它所经历过的世界：如果吃到食物，就用吃饱状态来"记住"吃过了食物这件事。什么是记忆呢？假如你经历了一件事情并记住了它，那么只要你下一次的行动在相同条件下和你记住这件事情之前的行动不一样了，就说明该事情对你造成了影响，也就说明你确实记住了它。

学习的问题反映在模型中了吗？学习是怎么回事儿呢？似乎在图灵机模型中不包括学习，因为学习就意味着对程序的改变，而图灵机是不能在运行过程中改变它的程序的。然而，我们不难假设，你实际上并不能打开一个人的脑袋来看，所以它的实际程序规则你是不知道的。很有可能一个图灵机的规则没有改变，只不过激活了它的某些内部状态，因而它的行为发生了本质的变化，尽管给它相同的输入，它却给出了完全不同的输出，因而在我们看来，它似乎会学习了。而实际上，这个图灵机的程序一点都没变。

还有很多现象似乎都能被图灵机包括，如人类的情绪和情感。你完全可以把它看作某种内部状态，因而处于心情好的情绪下，你的输入输出是一套规则，而心情不好的时候则完全是另一套规则。这仍然没有逃出图灵机的模型范围。

接下来的问题就是我们人类的思维究竟是不是和图灵机一样遵循固定的程序呢？这个问题初看似乎是不可能的，因为人的行为太不固定了，可以说是不可预言的。然而我会争辩道，无论如何神经元传递信息、变化状态的规律都是固定的，是可以被程序化的。那么脑作为神经元的整体，它的运作必然也要遵循固定的规则也就是程序了。如果是这样，正如图灵相信的，人脑也不会超越图灵机这个模型，所以，人工智能也必然是可能的。然而，我认为这个问题的答案很有可能没有这么简单，我们将在最后详细讨论这个问题。

无论如何，我相信你已经能够体会到了图灵机模型实际上是非常强有力的。数学家们早已经提出了邱奇–图灵论题以概括图灵机的计算能力，任何可计算过程都可以用图灵机来模拟。这是一个论题而非定理，因为它实际上是对可计算过程的定义，而非证明。但迄今为止，人们尚未发现一个可以视为计算的过程是图灵机不能模拟的。

计算

说了这么多，也许你已经了解了图灵机的威力，也许还将信将疑，然而，你肯定仍然看不出来图灵机和计算有什么关系。实际上，图灵机是一个理论计算机模型，它最主要的能耐还是在于计算上。下面我们就来看看什么是计算。

我可以先给出一个很摩登的对计算概念的理解：如果我们把一切都看作信息，那么广义上讲，计算就是对信息的变换。你会发现，其实自然界充满了计算。如果我们把一个小球扔到地上，小球又弹起来了，那么大地就完成了一次对小球的计算。因为你完全可以把小球的运动都抽象成信息，它无非是一些位置、速度、形状等能用信息描述的东西，而大地把小球弹起来无非是对小球的这些信息进行了某种变换，因而大地就完成了一次计算。你可以把整个大地看作一个系统，而扔下去的小球是对这个系统的输入，那么弹回来的小球就是该系统的输出，因而也可以说，计算就是某个系统完成了一次从输入到输出的变换。

这样理解不要紧，你会发现，现实世界到处都是计算了。因为我们完全可以把所有的自然界存在的过程都抽象成这样的输入输出系统，所有的大自然存在的变量都看作信息，因而计算无处不在。的确，正是采取了这样的观点，人们才有可能发明什么DNA计算机、生物计算机、量子计算机这些新鲜玩艺儿。因为人们把DNA的化学反应、量子世界的波函数变换都看作计算了，自然就会人为地把这些计算组合起来构成计算机了。

下面回到图灵机。为什么说图灵机是一个计算的装置呢？很简单，图灵机也是一个会对输入信息进行变换给出输出信息的系统。以前面说的小虫为例，纸带上一个方格一个方格的颜色信息就是对小虫的输入，而小虫所采取的行动就是它的输出。似乎小虫的输出太简单了，因为它仅仅就有那么几种简单的输出动作。然而，复杂性来源于组合。虽然每一次小虫的输出动作都很简单，然而当我们把所有这些输出动作组合在一起，它就有可能非常复杂了。比如我们可以把初始时刻的整个纸带看作输入信息，那么经过任意长的时间，比如说100年后，小虫通过不断地涂抹纸带，最后留下的信息就是输出信息，那么小虫完成的过程就是一次计算。事实上，在图灵机的严格定义中，存在一个所谓的停机状态，当图灵机一到停机状态，我们就认为它计算完毕了，因而不用费劲地等上100年。

计算的组合

更有意思的是，我们可以把若干个计算系统进行合并，构成更大的计算系统。比如还是那个小球，如果往地上放了一个跷跷板，小球掉到地上会弹起这个跷跷板的另一端，而跷跷板的另一端可能还是一个小球，于是这个弹起的小球又会砸向另一个跷跷板……

我们自然可以通过组合若干图灵机完成更大更多的计算，如果把一个图灵机对纸带信息变换的结果输入给另一台图灵机，然后再输入给别的图灵机……这就是把计算进行了组合。也许你还在为前面说的无限多的内部状态和无限复杂的程序而苦恼，那么现在不难明白，实际上我们并不需要写出无限复杂的程序列表，仅仅将这些图灵机组合到一起就可以产生复杂的行为了。

有了图灵机的组合，我们就能够从最简单的图灵机开始构造复杂的图灵机。那么最简单的图灵机是什么呢？我们知道最简单的信息就是 0 和 1，最简单的计算就是对 0 或 1 进行的布尔运算。而布尔运算本质上其实就三种：与、或、非。从最简单的逻辑运算操作最简单的二进制信息出发，我们其实可以构造任意的图灵机。这点不难理解：任何图灵机都可以把输入、输出信息进行 01 编码，任何一个变换也可以最终分解为对 01 编码的变换，而对 01 编码的所有计算都可分解成前面说的三种运算。也许，现在你明白了为什么研究计算机的人都要去研究基本的布尔电路。奥秘就在于，用布尔电路可以组合出任意的图灵机（详见本书第 3 章）。

征服无限的方法

回忆你小时候是如何学会加法运算的。刚开始的时候，你仅仅会死记硬背。比如你记住了 1 + 1 = 2，2 + 4 = 6，……。然而无论你记住多少固定数字的运算，都不叫学会了加法。原因很简单，假如你记住了 n 对数的加法，那么我总会拿出第 $n+1$ 对数是你没有记住的，因此你还是不会计算。原则上，自然数的个数是无穷的，任何两个数的加法可能结果也是无穷的。如果采用死记硬背的方法，我们的头脑怎么可能记住无穷多个数字的计算法则呢？但是随着年龄的增长，你毕竟还是最终学会了加法运算！说来奇怪，你肯定明白其实加法运算并不需要记住所有数字的运算结果，仅仅需要记住 10 以内的任意两个数的和，并且懂得进位法则就可以了。

你是怎么做到的呢？假设要计算 32 + 69 的加法结果，你会把 32 写到一行，把 69 写到下一行，然后把它们对齐。于是你开始计算 2 + 9 = 11，进一位，然后计算 3 + 6 = 9，再计算 9 + 1 = 10，再进一位，最后，再把计算的每一位的结果都拼起来就是最终的答案 101。这个简单例子给我们的启发就是：做加法的过程就是一个机械的计算过程，这里的输入就是 32 和 69 这两个数字，输出是 101。而你的程序规则就是把任意两个 10 以内的数求和。这样，根据固定的加法运算程序你就可以计算任意两个数的加法了。

不知你发现了没有，这个计算加法的方法能够让你找到运用有限的规则应对无限可能情况的方法。我们刚才说了，实际上自然数是无限的，所有可能的加法结果也是无限的。然而运用刚才说的运算方法，无论输入的数字是多少，只要你把要计算的数字写下来，就一定能够计算出最终的结果，而无需死记硬背所有的加法。

因而，可以说计算这个简单的概念是一种用有限来应对无限的方法。我们再看一个例子，假如给你一组数对：(1,2)(3,6)(5,10)(18,36)，这时问你 102 对应的数是多少？很显然，仅仅根据你掌握的已知数对的知识，是不可能知道答案的，因为你的知识库里面没有存放着 102 对应数字的知识。然而，如果你掌握了产生这组数对的程序法则，也就是看到如果第一个数是 x，那么第二个数就是 $2x$ 的话，你肯定一下子就算出 102 对应的是 204 了。也就是说，你实际上运用 $2x$ 这两个字符就记住了无限的诸如 (1,2)(3,6)(102,204) 这样的数对。

这看起来似乎很奇怪。我怎么可能运用有限的字符来应对无限种可能呢？实际上，当没有人问你问题的时候，你存储的 $2x$ 什么用也没有，而当我问你 102 对应的是多少时，我就相当于给你输入了信息 102，而你仅仅是根据这个输入信息 102，进行一系列的加工变换得到了输出信息 204。因而输入信息就好比是原材料，你的程序规则就是加工的方法，只有在原材料上进行加工，你才能输出最终产品。

这让我不禁想起了专家系统方法。其实专家系统就是一个大的规则库，相当于存储了很多 (1,2)(3,6)(5,10) 这样特殊的规则对。但它存储的东西再多，总归会是有限的，你只要找到一个它没有存储到的问题，它就无能为力了。因而专家系统就会在你问到 102 对应多少的时候失败。如何解决问题？人们想出了很多方法，比如元规则。其实元规则就相当于刚才所说的计算加法的程序，或者 $2x$ 这样的东西。运用元规则的确可以应对无限种情况了。所以，这就是你问计算机任何两个数相加是多少，它总能给出你正确答案的原因，虽然它不必记住所有这些加法对的信息。

然而仅仅是元规则就能解决所有问题吗？假如给你三组数对，排列成一张表：

1,2	3,6	4,8	100,200
3,9	2,6	8,24	100,300
1,4	2,8	3,12	100,400

那么请问在第 6 行上，3 这个数字对应的是多少？我们先要找出第一行的规律是 $2x$ 没有疑问，第二行呢？是 $3x$，第三行是 $4x$，那么第 6 行就应该是 $7x$ 了，因而在第 6 行上 3 应该对应的是 21！跟前面不太一样的是，虽然我们得到了每一行的规则比如 $2x$，但是随着行数的增加，这个规则本身也变化了：第 2 行是 $3x$，第 3 行是 $4x$，因而我们又得到了一个规则本身的规则，即如果行数是 n 的话，那么这一行的规则就是 $(n+1)x$。我们显然能够根据输入的 n 和 x 计算出数值。在专家系统里，这种原理就是元规则的规则，元元规则……，应该是无穷的。然而专家系统本身并不会自动归纳这

些规则，人必须事先把这些元规则写到程序里，这就是专家系统最大的弊端。而我们人似乎总能在一些个别的事件中归纳出规则。进一步问，机器可以归纳吗？这就相当于说：可以为归纳方法编出程序吗？这也是一个很有趣的问题，下面我们会详细讨论。可以设想，假如我们找到了真正归纳的方法，那么编写出这样的程序，它就会一劳永逸地自己进行学习归纳了。我们再也不用给它编制程序和规则了。这正是人工智能的终极目标。

归纳*

金庸在他的武侠小说《倚天屠龙记》中曾讲述了这样一段故事：武林泰斗张三丰在情急之下要把他新创的武功"太极拳"传授给新起之秀张无忌。张无忌除了有一身精湛的"内功修为"外，还对武学具有极高的悟性。当张三丰给他打过一趟太极拳以后，他就把所有的招式全部记下来了，并且当场把所学的太极拳重新再打给张三丰看。在张无忌练拳的过程中，张三丰反复问他一个问题："你已经忘掉几招了？"张无忌的回答令在场的其他人异常不解，因为他越在那里揣摩太极拳的奥秘，忘记的招数就越多。旁边的人不明白，这样的学法忘得这么快，怎么可能学会武功呢？然而，没过多长时间，张无忌说已经忘掉了所有的招式。张三丰笑着说："不错，你终于学会了'太极拳'。"

从这个例子中，我们看到了什么？张无忌之所以能学会太极拳，是因为他已经能够从具体的一招一式中抽象出更高层次的武学规律了，因而，当把所有有形的武功招数都忘记的时候，他已经掌握了太极拳的精髓。太极武功讲究的就是借力打力，以柔克刚。说白了，就是事先并没有固定招式存在，等到敌人进攻的时候再动态地生成破解的招术。

运用到图灵机模型中，我们不难发现，如果把具体的武功招术比喻成一些输入，把应对招术比喻成图灵机的输出，那么太极所讲究的借力打力、以柔克刚的方法其实就是类似 $2x$ 这样的图灵程序。因而张无忌学太极拳的过程就是从特殊的输入输出提升到一般算法的过程，也可以说，张无忌运用了归纳学习法。

然而，仔细观察上一节的叙述，我们就会发现，虽然图灵机能够将 $2x$ 这样的法则计算得出结果，但是抽象出 $2x$ 本身并不是机器自动产生的，而是需要我们外在的人编程进去。那么，面对这样的问题，图灵机究竟能不能像张无忌一样进行归纳思维呢？

可以设想，如果计算机真有了张无忌那两下子，我们人类可要省事儿多了。我们甚至不需要为计算机编程序，它就会自动从若干个具体事例中归纳出一般的通用规律。然而，计算机究竟能不能具有真正的归纳能力呢？让我们来仔细考虑下面这个问题。

如果计算机能自动归纳，也就意味着我们可以为归纳方法编写一段程序 P。这个程序可以理解为输入的是一些特殊的数对，输出的是能够生成这些数对的程序。也就是说输入具体的"招术"，输出的是这些"招术"的一般规律。如果程序 P 真的可以归纳，那么 P 就必然可以归纳出所有的规律。我们已经讨论过了，其实任何一个程序都能够被看作对输入的一个变换而得到输出。那么程序 P 自然也是。假设这些对子 (a,b)，(c,d)，(e,f)，……都是程序 P 的输入输出对，那么我们挑选出前 1000 个（总而言之是足够多的对子）。把这 1000 个特殊情况输入到 P 中，那么 P 就应该能够产生这些对子的共性，也就是 P 自己这个程序了。换句话说，程序 P 产生了它自己，P 自己把自己给归纳出来了。这似乎陷入了怪圈之中！另外，我们人类设计出来 P，如果 P 可以归纳所有的规律，那么 P 能否归纳出"人归纳 P"本身这个规律呢？仍然是怪圈问题！这样的问题似乎还有很多。事实上，索洛莫诺夫（Solomonoff）很早就提出了通用归纳（universal reduction）模型，并对这个问题给出了明确的回答：虽然我们可以数学地写出通用归纳模型，但它却是不可计算的，也就是程序 P 并不存在，这与后面讨论的图灵停机程序有关。详细讨论请参见本书第 5 章。我们将会看到还有很多问题都涉及了逻辑中的怪圈，而由于计算理论已经触及了逻辑、信息的根本，所以把一些问题引向逻辑怪圈并不奇怪。

模拟

什么是模拟？又是一个基本的问题，阿尔伯特·爱因斯坦说过，越是基本的概念就越是难以刻画清楚。模拟这个概念就是一个很难说清的问题。

如果你站在一个朋友面前，冲着他做了一个鬼脸。那么他也会学着你的动作冲你做鬼脸，那么他就对你进行了模拟。

很明显，在你和你朋友之间存在着一系列的对应关系：你的手对应他的手，你的眼睛对应他的眼睛，你的嘴巴对应他的嘴巴……而且你的手、眼睛、嘴巴做出来的动作也会对应他的手、眼睛、嘴巴做出来的动作。因而，模拟的关键是对应。如果集合 A 中的元素可以完全对应 B 中的元素，那么 A 就可以模拟 B。

仍然是以做鬼脸为例，假如这次你做出的鬼脸以及动作没有被他立即模仿而是被他用某种符号语言记录到了日记本上，比如"X 年 X 月 X 日，疯子 XX 冲我做了一个鬼脸：他伸出了左手食指放到了右眼下面往下拉他脸上的肉，并且吐出了他长长的舌头！"。过了 N 多天后，你的这位朋友掏出了日记本，按照上面的描述冲着大家做了这个鬼脸。很显然他仍然模拟了你当时的动作。那么，你朋友日记本上的那段描述是不是对你鬼脸动作的模拟呢？答案似乎是否，因为这段文字跟你没有半点相像。然而你的朋友正是根据这段描述才做出了对鬼脸动作的模拟。也就是说，他把那段文字翻译成了他的动作，而他这个动作就是对你的模拟。这个翻译的过程很显然就是某种信息的变换，我们完全可以把它理解为一个计算的过程，也就是可以用图灵机来实现的算法过程。所以，我们说日记本上的那段指令也构成了对你鬼脸动作的模拟，原因是这些信息也与你的鬼脸动作构成了对应。具体的，我们可以用图 2-19 表示。

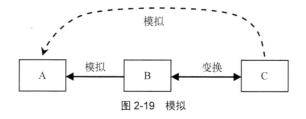

图 2-19　模拟

图中 A 是你的鬼脸动作，B 是你朋友做出来的鬼脸动作，C 是日记本上的描述。你朋友的动作 B 模拟了你的动作 A，而 B 的动作信息是通过执行 C 上的描述得到的，也就是说，存在着一个从 C 到 B 的信息变换。这样我们认为 C 也对 A 进行了模拟。

图灵机之间的模拟

下面来考虑图灵机之间的模拟。按照前面的定义，一台图灵机包括输入集合 I、输出集合 O、内部状态集合 S、程序规则表 T 四个要素。那么，如果两个图灵机之间的这些元素都存在刚才说的对应关系，就认为这两个图灵机可以相互模拟了。然而图灵机的功能是完成对输入信息进行变换得到输出信息的计算。我们关心的也仅仅是输入输出之间的对应关系。因而一台图灵机 A 如果要模拟 B，并不一定要模拟 B 中的所有输入、输出、内部状态、程序规则表这些元素，而只要在给定输入信息的时候能够模拟 B 的输出信息就可以了。

因此，我们可以用图 2-20 来表示图灵机之间的模拟。

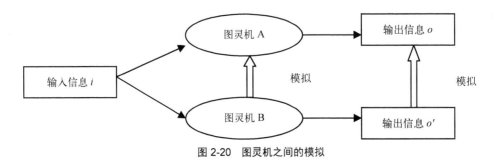

图 2-20　图灵机之间的模拟

也就是说，在给定相同输入信息的情况下，只要输出信息 o' 能够模拟信息 o，也就认为 B 模拟了 A。而信息 o' 对信息 o 的模拟又符合我们上面对一般集合之间模拟的定义。也就是说，如果存在另外一台图灵机能够把信息 o' 计算并映射成信息 o，就认为 o' 模拟了 o。说白了也就是 o' 可以与 o 不一样，但是只要你能用一个图灵机把 o' 经过一系列运算变换到相同的 o，就认为 o' 模拟了 o。因而也就是图灵机 B 模拟了图灵机 A。

进一步地，我们可以假设 A 和 B 输入的信息也不一样，一个是 i，另一个是 i'，那么如果 i 和 i' 之间也存在着模拟对应关系的话，我们仍然认为 B 可以模拟 A，如图 2-21 所示。

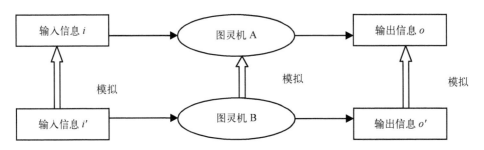

图 2-21　图灵机之间的模拟

有一点需要注意，如果 A 图灵机模拟了 B 图灵机，那么 B 图灵机并不一定可以模拟 A 图灵机。因为有可能 A 图灵机比 B 图灵机处理的信息更多。也就是说假如 B 能处理的信息就是 1,2,3,4，而 A 处理的信息除了这四个数之外，还有 5,6,7,8，那么显然当输入 1,2,3,4 的时候 A 能够模拟 B，而当输入 5,6,7,8 的时候 B 就没定义了，不能完成任何操作，这时 B 显然不能模拟 A 了。

计算等价性

讲了这么多关于模拟的知识有什么用呢？模拟的一个关键作用就是阐明什么是等价的。比如为了完成加法运算，你写了一段程序，我也写了一段程序，虽然我们两个的程序可能完全不一样，然而只要我们两个程序之间能够相互模拟，也就是说只要给定两个数，我们都能正确地一模一样地算出它们的和，那么我们两个程序就是等价的。

具体地说，如果 A 能够模拟 B，并且 B 也能模拟 A，那么 A 和 B 就是计算等价的。计算等价性是非常强有力的，因为它揭示了在我们这个宇宙中某种非常普遍的规律。我们仍然以刚才说的加法算法为例来说明。虽然计算两个数的加法的方法可能有无穷多种，也有可能用各种各样的计算机编程语言如 C、Basic、Java 等来实现，更有可能跑在不同的计算机上，然而所有这些程序，这些计算的结果意义都是相同的。也就是说，所有与加法运算算法计算等价的计算机程序都是一回事儿，因而加法算法这个东西是永恒而独立的。

看！我们在宇宙中找到某种永恒性了，这种永恒性反映了宇宙规律中某种本质上的美。计算等价性就和能量守恒定律一样具有这种高级的对称性，我甚至觉得计算等价性要比能量守恒定律更加深刻。因为无论如何能量守恒定律仍然刻画了物理系统的某种属性，而计算等价性刻画的则是非常广泛的信息系统之间的对称性，而一切系统都可以被抽象为信息系统，甚至是物质世界。所以，计算等价性是跨越所有系统之间的某种高级对称的、永恒的、美的东西。

为了进一步理解计算等价性的威力所在，我们不妨科幻一下。假设我们能够用计算机模拟某个人比如张三的思维过程，也就是说我们可以用一个计算机软件 X 来完成对张三思维的模拟。那么，这个软件就会在一切与它具有计算等价性的程序甚至系统上实现张三这个人的思维过程。比如我们完全有可能让一大堆分子的碰撞来实现 X 这个软件，那么就会在这一大堆分子碰撞的过程中完成对张三思维的模拟，也就是说张三这个人的意志蹦到这一大堆分子系统中去了。更进一步，我们还可以找来足够多的人（比如这个星球上所有的人）来模拟这一大堆分子的碰撞，从而完成软件 X 的计算。这意味着张三这个人的思维或者说意识在这群人的整体上突现了。很有可能，这些构成软件 X 的人都没有意识到在他们上层的张三的意识的出现。更有趣的是，很有可能张三自己就在那一群人之中呢。

相信你已经能够参悟到计算等价性的威力了，那么相信你能够理解为什么说任何一台我们使用的计算机都不过是图灵机的翻版了。

意义*

考虑下面三句话："请把窗户关上！""Please close the window！""01001110111"。这三句话分别说给不同房间中的三个人。第一句话告诉给一个中国人，于是他关上了窗户；第二句话告诉了一个英国人，他也关上了窗户；第三句话告诉的是一个机器人，他也关上了窗户。这三句话从表面上看显然是完全不一样的，然而当它们说给不同的人听的时候，最终却达到了相同的效果：窗户被关上了。那么，我们自然会想，这三句话有何相同之处呢？显然，答案是它们的意义相同。然而什么又是意义呢？

真正回答意义的本质是一个很困难的问题，现在人们正在努力理解语义是什么。虽然我们仍没有完全回答这个问题，但是，不妨从图灵机、计算以及计算等价性的观点来考虑这个问题。如果把中国人、英国人、机器人都看作图灵机，把那三句话看作对它们的输入信息，那么最终的结果就是图灵机计算的输出。这个时候我们看到三种结果是相同的，也就是说这些图灵机之间是可以相互模拟的。

这三句话具有相同的意义，而根据前面的叙述，能够相互模拟的图灵机是计算等价的。而这种计算等价性就像前面说到的加法规则一样是独立于计算系统和执行机构的。因而，我们能得到图 2-22。

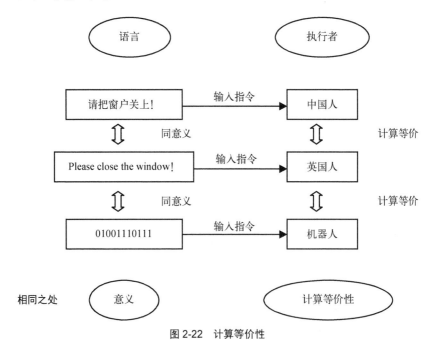

图 2-22　计算等价性

通过图 2-22，我们不难得出结论：所谓语言的意义，就是执行这个语言系统的计算等价性。

我们如何知道不同的语言表达了相同的意义呢？显然，只要有了翻译，我们就可以明白"请把窗户关上"与"Please close the window"具有相同的意义，而翻译所做的无非就是输入中文信息输出英文信息这样的信息转换工作，因而，也就是一个计算过程。

然而，当不存在从一种语言到另外一种语言的翻译的时候，我们也并不能断定某一个符号序列对于固定的图灵机是否有意义。例如，我们虽然不能明白鸟叫是什么含义，但并不能否认它们的叫声可能有意义，因为只有鸟自己才能明白叫声的含义。

万能图灵机

前面已经讲述了模拟的概念，那么自然会产生这样一个问题：是否存在一台图灵机能够模拟所有其他的图灵机呢？答案是存在的。这种能够模拟其他所有图灵机的图灵机叫作通用图灵机（Universal Turing Machine），也就是我所说的"万能图灵机"。我之所以这么称呼它，是因为这种机器在图灵计算这个范畴内是万能的。

万能图灵机会怎样工作呢？假如我把信息 x 输入到了图灵机 M 中，M 就能计算出一个结果 o。那么如果我把 x 和 M 的信息都输入给万能图灵机，那么它也会输出 o，也就是万能图灵机可以模拟任何一台特殊的图灵机。这样的话我们仅仅通过改变输入 x 和 M 的值就能"改变"万能图灵机的程序规则了，因而也可以认为万能图灵机就是可以任意编程的。这里的"改变"两个字加上了引号，是因为事实上任何图灵机在诞生之后就不能改变规则了，因而虽然看上去改变了万能图灵机的规则，其实根本没有改变。

编码

要理解为什么万能图灵机是存在的以及它怎样模拟其他任何图灵机的动作，我们必须要先理解究竟怎样把任何一台图灵机输入到万能图灵机中，这就需要理解编码的概念。什么是编码呢？你可以理解为对某一堆事物进行编号。

其实我们每人每天都在跟编码打交道。每个人都有一个身份证，身份证都有一个号码，那么这个号码就是人的编码。

26个字母能够被编码，比如a对应1，b对应2，……，这是显而易见的。然而任意一个英文单词都可以被编码则不那么容易一眼看出来。事实上，我们可以按照字典顺序把所有的单词都列出来。字母顺序越靠前、字符长度越短的单词排在前面，字母顺序越靠后、字符长度越长的单词就排在后面。比如一种可能的字典顺序如下所示：

a, about, an…, bad, be, behave…..

只要这样排好序，我们就能给每个单词赋予一个数字，最简单的方法是，给第一个单词分配1，第二个分配2，……因而我们就给所有的单词都编码了。

下面讨论任意一个图灵机能不能被编码。我们假设讨论的所有图灵机的输入集合都仅有0,1两种，而它的输出也仅仅有0,1,2,3四个动作，分别表示前移、后移、涂写0、涂写1。而内部状态数最多为10 000个（总之足够多就可以了）。

假设图灵机的程序表如表2-5所示。

表2-5　图灵机程序表

当前内部状态（s）	输入数值（i）	输出动作（o）	下一时刻的内部状态（s'）
2	1	0	3
1	0	3	2
3	0	1	1
…	…	…	…

那么我们可以把它写到一行中，这就是2,1,0,3; 1,0,3,2; 3,0,1,1，注意用","分开了内部状态、输入数值、输出动作和下一时刻的状态，而用";"分开了一行一行具体的程序。这样无论这个表有多长，我们都可以把它写成一个这样的字符串。这个字符串就相当于一个英文单词，这就是对该图灵机程序的一个描述。同理，其他的图灵机也能够得到这样的一个单词描述，那么我们再用字典序的方法对这些描述进行编码，就得到了对所有图灵机的编码。

如果一台图灵机的编码是M，它读入的信息是x，这样只要把M和x用"."号隔开，分开作为数据输入到万能图灵机中，运用特殊的算法，这个万能的机器就能得出对M计算x的模拟结果了。事实上可以由定理证明万能图灵机对于任意的编码都是存在的，在这里我们就不叙述证明过程了。

自食其尾

既然万能图灵机能够模拟任何一台图灵机的动作，那么它能不能模拟它自己呢？

答案是肯定的。我们首先看到万能图灵机也是图灵机，也有固定的输入、输出、状态的集合、固定的程序，因而它也能被编码。于是我们就可以把它自己的编码信息输入给它自己。这就好像一条蛇咬到了自己的尾巴，自食其尾就会产生怪圈，虽然我们现在还没有看到任何不好的征兆，然而在下一节里面，我们将会看到这种怪圈会产生什么样的结论。而且在第 4 章我们也会看到，其实这个怪圈是和康托尔对角线法则、哥德尔定理有关的。

图灵机一旦能够把程序作为数据来读写，就会诞生很多有趣的事情。首先，存在某种图灵机可以完成自我复制。事实上，计算机病毒就是这样干的。我们简单说明一下这个特殊的图灵机是如何构造的。我们假定，如果一台图灵机是 X，那么它的编码就记为<X>。这样能够自我复制的图灵机 T 的功能是把 T 的编码<T>写到纸带上输入万能图灵机，那么万能图灵机就能根据读入的<T>执行 T，在纸带上再次输出<T>的一份副本<T>′，并且<T> = <T>′。下面就来解释如何构造这样的 T。首先 T 由两部分构成：A 和 B。第一部分 A 的功能是指导万能图灵机把 B 的编码<B>原封不动地打印到纸带上，纸带上就有了<B>，如果这个时候你想用同样的方法打印<A>到纸带上是不行的，因为 A 就会打印自己了。然而 B 却可以这样做：读入纸带上的信息 X，生成能够打印 X 的图灵机 p(X)的编码<p(X)>，打印到纸带上，并把 X 和<p(X)>的内容前后调换，有定理保证这样的图灵机是存在的。这样当 B 读到纸带上的信息<B>之后，就会打印出能够打印<B>的图灵机的编码也就是<A>，然后把<A>和<B>位置互换，就构成了<AB>，也就是<P>，所以 P 把自己进行了一次复制。初看起来，这种自我复制的程序是不可能的，因为这包含了无穷无尽的怪圈。P 要能产生它自己<P>，就意味着 P 中至少包含了一个<P>，而这个<P>中又包含了至少一个<P>……最后 P 必然是一个无限大的程序，然而我们却能够证明 P 是可能的。关于自复制的进一步讨论可参见本书第 4 章。

有了万能图灵机，还能得到很多有趣的结论，比如假设有一大群图灵机，让它们随机地相互碰撞，当碰到一块的时候，一个图灵机可以读入另一个图灵机的编码，并且修改这台图灵机的编码。那么这样一个图灵机"汤"中会产生什么呢？美国圣塔菲研究所的方塔纳（Walter Fontana）完成了这个实验，并得出了惊人的结论：在这样的系统中会诞生自我维护的类似生命的复杂组织，而且这些组织能进一步联合起来构成更大的组织！

停机问题

尽管图灵机如此强大，它也有解决不了的问题。例如，一个著名的不可解问题就是图灵停机问题。

死循环

还记得我们前面提到的可怜的"小虫"吗？当时我们就提出来一个问题：会不会存在某种聪明的算法 P，只要检查一下小虫的程序和纸带信息，而不用执行它，就能够让我们预言小虫是否会陷入死循环，无休止地重复前面的动作？

我们不妨设 P(X,Y)表示 P 判断程序 X 作用到数据（纸带）Y 上是否存在死循环的结果。如果 X 作用到 Y 上存在死循环，那么 P(X,Y)就输出一个 yes；否则就输出一个 no。

可惜的是，这种判断任意程序作用到任意数据上是否停机的程序 P 并不存在。我们可以给出一个证明。

在进行正式讨论之前，我们先来看一个非常简单的猜硬币游戏。

假如我两只手中有一个攥着一枚硬币，另一个什么都没有，然后让你猜硬币在哪一个手中？于是你告诉我左手。这时候我不会把手张开，而是背过身去做一番手脚，然后把手伸过来，张开手！哈，你错了吧，硬币在右手中！

大概傻子都能看出来我的伎俩之所在。不用说，采用这种方法我保证百战百胜。因为我总是等你说出来是哪只手有硬币之后再动态地改变我的策略。所以，改变之后的状态已经不是你猜的了。

大概你会觉得不可思议：其实图灵停机问题的证明就与这个游戏有点类似。

我们采用反证法，假设 P 程序存在。那么我们可以根据 P 设计一个新的程序 Q：

```
Program Q(X){
    m=P(X,X)
    do while (m=no)
        ...
        ...
    end do
    if m=yes then return
}
```

这里的 X 是一个程序的编码。

这段程序通俗来讲就是：输入任何一段程序 X，调用函数 P(X,X)并得到返回值 m，如果 m=no，根据 P 的定义，P 判断出程序 X 作用到它自己身上 X 不存在死循环。那么 Q 就不停地做 do while 和 end do 之间的语句。如果 m=yes，这表示 P 判断出程序 X 在 X 上存在死循环，就返回，结束该函数。

可以看到，这样定义的函数 Q(X)是没有问题的。下面就进入关键时刻了：Q 这个程序作用到 Q 自身的编码也就是 Q(Q)上会不会发生死循环呢？当然我们可以运用强有力的函数 P(Q,Q)来计算这个问题。

假设 Q(Q)会发生死循环，那么 P(Q,Q)就会返回 yes。然而根据 Q 函数的定义，把 X=Q 代入其中，会发现由于 P(Q,Q)返回的是 yes，也就是 m=yes，因此 Q 函数会马上结束，也就是程序 Q(Q)没有发生死循环。然而如果假设 Q(Q)不会发生死循环，那么 P(Q,Q)应该返回 no，这样根据 Q 函数的定义，把 X=Q 代入 Q(Q)会得到 m=no，这样程序就会进入 do while 循环，而这个循环显然是一个死循环，因而 Q(Q)发生了死循环。这又导致了矛盾。

无论 Q(Q)会不会发生死循环，都会产生矛盾，然而哪里错了呢？答案只能是最开始的前提就错了，也就是说，我们最开始的假设 P(X,Y)能够判断任意程序 X 在输入 Y 的时候是否死循环是错误的，这样的程序 P(X,Y)不存在。

如何理解

也许你会感觉整个论证过程有些怪异，为什么不存在这种 P(X,Y)程序呢？而且在上面的论证过程中仅仅说当 P(X,Y)作用到 P(Q,Q)上时会产生矛盾，似乎并不能说明 P 作用到其他程序上不能判断是否发生死循环。比如可以考虑编写这样一段程序，一发现某个程序中有 do while(T)（这里 T 总是为 true）这样的语句就判断这个程序会有死循环。这显然是可能的。但问题的关键是，你假设了 P(X,Y)能够判断任意一个程序是否发生死循环，问题的关键就在于"任意程序"。因为假如你根据判断是否有 do while(T)语句的方法写出了一个程序 P 来判断某程序是否发生死循环，那么我就会根据你这个程序 P 再构造出一个程序 Q，就是利用前面提到的论证方法，我们不妨写成 Q_P（这里下标 P 的含义表示根据你的程序 P 构造的 Q）。这样你的 P 在遇到 P(Q,Q)这样的怪东西的时候就无能为力了。

可能你还不服输，于是你又改进了你的程序变成了 P'，这个时候 P'能够判断包含了 Q_P 这个程序的所有程序情况了。那么我又会根据你的新程序 P'构造出一个更新的

$Q_{P'}$，你的程序 P' 仍然不能判断，当然你还可以构造 P'', P''', …，我也会跟着构造 $Q_{P''}$, $Q_{P'''}$, …，总而言之这个过程是无穷的。因为我总在你之后构造程序，所以你是水我是船，水涨船高，我总能比你高一级别。

这很像刚开始叙述的那个猜硬币的游戏。你想猜对我的硬币，就必须告诉我你的答案是左手还是右手，然而问题是我总能根据你给出的答案进行动态调整，让你永远也猜不对！停机问题也是如此，我总能根据你的程序 P 来构造 P 判定不出来的问题 Q，我总会赢！很简单，因为你总要在我之前构造好 P，就相当于你总要先说出硬币在哪个手中。

意味着什么

我们已经看到了，的确存在着一些我们人类能构造出来而图灵机不能解的问题。我们知道图灵机不能解的问题也就是一切计算机都不能解的问题，因而这类问题是不可计算的。因此，必然存在着计算机的极限。实际上，根据我们前面叙述的计算等价性原理，很多问题都可以被归结为图灵停机问题，也就是说图灵停机问题揭示了宇宙中的某种共性，所有计算机不能解决的问题从本质上讲都和图灵停机问题是计算等价的。比如在最开始我们提到的希尔伯特第十问题，就是一个典型的不可计算问题。还有很多问题是不可计算的，尤其是那些涉及计算所有程序的程序。比如是否存在一个程序能够检查所有的计算机程序会不会出错，这是一个非常实际的问题，然而这样的程序仍然是不存在的，其实可以证明这个问题和图灵停机问题实质上是一样的。于是我们的梦想又破灭了。

图灵停机问题也和复杂系统的不可预测性有关。我们总希望能够预测出复杂系统的运行结果。那么能不能发明一种聪明的程序，输入某个复杂系统的规则，输出的是这些规则运行的结果呢？从原则上讲，这种事情是不可能的。它也和图灵停机问题等价。因而，我们得出来的结论就是：要想弄清楚某个复杂系统运行的结果，唯一的办法就是让这样的系统实际运作，没有任何一种计算机算法能够事先给出这个系统的运行结果。但这并不是说不存在一个特定的程序能够预测某个或者某类复杂系统的结果。那么这种特定的程序怎么得到呢？显然需要我们人为地编程得到。也就是说存在着某些机器做不了而人能做的事情。这对人工智能的崇拜者来说似乎是沉重的打击。

人工智能真的是不可能的吗？彭罗斯曾经写过一本科普名著《皇帝新脑》来论证

人工智能的不可能性。书中所运用的方法就是我们上面的逻辑。因为对于任何一个人工智能程序来说，总存在着它解决不了的问题。但是似乎我们人类却不受这种限制，我们总是能够发现一个程序是否有死循环，总是能够找到对某类复杂系统预测的方法，并且我们还能构造出图灵停机这样的问题。然而事实并没有那么简单，反对者马上就会论证到，其实针对某一个具体的人，比如说彭罗斯，我们也能够运用前面的方法构造出一个彭罗斯自己不能解的问题。然而事实上要构造彭罗斯不可解的问题太麻烦了，而我们只是说原则上讲这种问题是存在的。因而计算机超越不了的问题，人自己也超越不了，所以说人工智能是可能的。

上面提到的两方面论证似乎都很有道理，究竟哪个正确呢？真的存在某个人类不可解的类似图灵停机的问题吗？其实要想彻底回答这个问题就相当于问超越图灵计算的限制是否可能。如何超越图灵停机问题呢？下面我们将详细讨论这个问题。

超越图灵计算*

我们仍然以那个猜硬币的游戏为例来说明。

在进行了几轮猜硬币的游戏之后，你已经很恼火了，认为这样的游戏不公平。于是你想了一个妙招来对付我：每当我让你说硬币在哪只手中时，你先胡乱说一个答案，比如左手。于是我会根据你的答案进行动态调整，把硬币放到了右手中。这个时候你赶紧抢着说：不对，我猜你的硬币在右手！我没办法只能再次调整策略把硬币放到了左手中。你又赶快说：是在左手！……就是这样，你也学会了我的方法，根据我的策略不断调整你的策略从而让我不可能赢你。能不能把这种方法用到超越图灵停机问题呢？

前面我们已经看到了类似这样的过程。如你写出了一个程序 P 能够判断所有程序是否停机，那么我就能构造一个你的程序判断不了的程序 Q。这时你又根据我的程序 Q 构造了新的程序 P′，然而我又能构造一个程序 Q′，仍然让你的程序 P 判断不了。但是你没有结束，又构造了新的程序 P″，于是我又构造了 Q″……

乍一看，似乎这个过程并不能说明任何问题。原因很简单，我要求的是构造一个固定的程序 P 判断出所有程序是否停机，而你给我的并不是一个具体的实实在在的程序，而是一个不断变化、捉摸不定、虚无缥渺的程序序列，并且你的这些总在变化的程序序列总是要根据我构造的程序才会确定改变。

首先值得肯定的一点是，运用这种方法，你的确能够超越图灵计算了，只要反复不停地变换你的程序，就不可能找出它不能解的问题。然而，另一方面又会让我们很失望：这样的变换过程并不能给出一个实实在在的程序来。我们拥有的仅仅是不断改变的程序序列，而不是一个实际存在的程序。

这正是问题的关键所在：要想彻底超越图灵计算的限制，我们必须放弃程序的实在性。也就是说程序每时每刻都要变化。那么这样一个不断变化得不是它自己的怪东西存在吗？

几千年的人类科学一直在研究实实在在的东西。无论是原子、分子还是计算机程序，它们必须是一个实实在在存在的个体，在这种前提下科学才能够对它进行研究。如果当我们研究它的时候，它已经变得不是它自己了，那么科学就对它无能为力了。然而，我不禁要提出这样的问题：真的一切都是固定不变地存在着的吗？有没有某种东西在每一时刻都在变得不是它自己呢？

这似乎是一个古老的哲学问题了。记得赫拉克利特就曾经提到过：一个人不能两次踏入同一条河流。我想他说的正是这样的问题：因为河流在每时每刻都不再是它自己了。河流是一大群流动的水滴构成的整体，这些水滴每时每刻都在不停地运动、流逝，因而当你两次踏入这条河的时候，所有的水滴可能都不一样了，那么我们怎么能说这些水滴构成的整体还是同一条河呢？

再考虑我们人自己。你很可能拿着一个 3 岁时的照片兴奋地对你的朋友说："看，我 3 岁的时候多可爱呀！"然而你这句话意味着什么呢？意味着照片反映的 3 岁的你和现在的你是同一个个体。然而，3 岁的你和现在的你是多么不同呀！我们知道，你无疑就是一大堆细胞构成的整体。而基本生理学知识告诉我们，人体的所有细胞每隔大约 4 年就会因为新陈代谢的作用全部更新一遍，也就是说，你的细胞全被调了包了，更何况 3 岁的你和现在的你差了多少个 4 年呀？那凭什么说那个 3 岁的你就是现在的你呢？

这个问题看似玄学，不过我认为现在我们的确应该认真对待该问题了。尽管从分析的角度来说，3 岁的你和现在的你的确不是一个个体，然而常识告诉我们，这两个你的确都是同一个人。那就意味着，你这个个体并不是一些一成不变的固定的细胞，而是一个每时每刻都在变化和更新的一大堆细胞组成的构形。这个构形在每时每刻都要利用更新的一大堆细胞去维持自己的存在。和我们前面叙述的超越图灵机的讨论结合起来就会发现，人和赫拉克利特的河流这种东西刚好就满足超越图灵计算的要求。

也就是说人和赫拉克利特的河流在每时每刻都在不停地更新自己从而变得不是它自己了。那么很有可能，某一种做类似变化的个体的变化规律就是不停超越它自己的图灵停机程序，这样的虚幻的个体就真的能够超越图灵计算了。

总结前面的讨论，我们不难得出结论，一个写出就不再变化的固死的程序不可能超越图灵计算的限制，然而如果一个程序每时每刻都变化得不是它自己了，那么这个程序就能够超越图灵计算。联系到人这个个体，我们就能得到：因为每时每刻的人都已经由于细胞的变化而变得不再是它自己了，所以人是超越图灵计算的。还记得我在前面提到的一个问题吗？人脑的信息处理过程能不能被表示成固定的程序呢？我这里的答案就是否定的，也就是说人脑信息处理的过程并不是一个固定的程序。如何制造真正的人工智能呢？我们的答案就是：一个能不断改变自己的程序，而且这种改变也不是一个固定的程序。

推荐阅读

关于计算理论有很多值得参考的教科书，例如《计算理论导引》，以及比较全面的 *Elements of the Theory of Computation*。另外一本比较通俗的是 *Computability: An Introduction to Recursive Function Theory*，作者用一种图灵机的变种来介绍计算理论中的各种概念。关于图灵的生平，可以参看《艾伦·图灵传》。想要了解方塔纳关于图灵机的试验，可以参考 *Algorithmic Chemistry* 一文。

参考文献

[1] Michael S. 计算理论导引. 唐常杰等译. 北京：机械工业出版社，2006.

[2] Lewis H R. Elements of the Theory of Computation, Prentice-Hall, Inc,1998.

[3] Cutland N J. Computability: an introduction to recursive function theory, Cambridge University Press, 1980.

[4] Fontana W. Algorithmic Chemistry, Langton C G, Taylor C, Farmer J D. Artificial life II. SFI Studies in the Sciences of Complexity, vol. X, (1991):159–210.

[5] 安德鲁·霍奇斯. 艾伦·图灵传：如迷的解迷者. 孙天齐 译. 长沙：湖南科学技术出版社，2012.

第3章　从零开始的计算机系统

玉德俊

曾经的孩提时代，很多人对于机械的力量都充满了好奇，对于一切新奇的玩意，总有一种想拆开来看看的欲望。有时会不小心修好，但有时拆完以后装回去却发现多了好几个零件。无论如何，那些探索过的生活是幸福的。今天，你还有再次动手造个玩具的愿望吗？你想过自己动手造个计算机吗？

提到造计算机，很多人的第一反应就是身穿全密封的太空服，在无尘车间里或者长长的生产线上，各种各样的零件被装到一台台机箱里面的生产场景。其实就像造一台汽车一样，无论是工厂里面密密麻麻的制造装配线，还是给小孩玩的车模，制造原理本质上都差不多。我们虽然没有条件造一台功能强大的计算机，但完全有可能构造一个属于自己的计算机系统。下面我们就讲述如何从基本的逻辑门开始构造一个计算机系统模型。

从三体开始——逻辑门

刘慈欣在科幻名著《三体》中曾经描述了这样一个情节：为了预测和计算神奇的三体世界中三个太阳的运行轨迹，牛顿和冯·诺依曼找到秦始皇，希望借他的三千万大军来制造一台计算机。

"朕当然需要预测太阳的运行，但你们让我集结三千万大军，至少要首先向朕演示一下这种计算如何进行吧。"

"陛下，请给我三个士兵，我将为您演示。"冯·诺依曼兴奋起来。

……

"我不知道你们的名字，"冯·诺依曼拍拍前两个士兵的肩，"你们两个负责信号输入，就叫'入1''入2'吧。"他又指指最后一名士兵："你，负责信号输出，就叫'出'吧。"他伸手拨动三名士兵："这样，站成一个三角形，出是顶端，入1和入2是底边。"

……

牛顿不知从什么地方掏出六面小旗，三白三黑，冯·诺依曼接过来分给三名士兵，每人一白一黑，说："白色代表0，黑色代表1。好，现在听我说，出，你转身看着入1和入2，如果他们都举黑旗，你就举黑旗，其他的情况你都举白旗，这种情况有三种——入1白，入2黑；入1黑，入2白；入1、入2都是白。"

……

兴奋中的冯·诺依曼没有理睬皇帝，对三名士兵大声命令："现在开始运行！入1入2，你们每人随意举旗，好，举！好，再举！举！"

入1和入2同时举了三次旗，第一次是黑黑，第二次是白黑，第三次是黑白。出都进行了正确反应，分别举起了一次黑和两次白。

"很好，运行正确，陛下，您的士兵很聪明！"

"这事儿傻瓜都会，你能告诉朕，他们在干什么吗？"秦始皇一脸困惑地问。

"这三个人组成了一个计算系统的部件，是门部件的一种，叫'与门'。"冯·诺依曼说完停了一会儿，好让皇帝理解。

秦始皇面无表情地说："朕是够郁闷的，好，继续。"冯·诺依曼转向排成三角阵的三名士兵："我们构造下一个部件。你，出，只要看到入1和入2中有一个人举黑旗，你就举黑旗，这种情况有三种组合——黑黑、白黑、黑白，剩下的一种情况——白白，你就举白旗。明白了吗？好孩子，你真聪明，门部件的正确运行你是关键，好好干，皇帝会奖赏你的！下面开始运行！举！好，再举！再举！好极了，运行正常，陛下，这个门部件叫或门。"

然后，冯·诺依曼又用三名士兵构造了与非门、或非门、异或门、同或门和三态门，最后只用两名士兵构造了最简单的非门，出总是举与入颜色相反的旗。

冯·诺依曼对皇帝鞠躬说："现在，陛下，所有的门部件都已演示完毕，这很简单不是吗？任何三名士兵经过一小时的训练就可以掌握。"

"他们不需要学更多的东西了吗？"秦始皇问。

"不需要，我们组建一千万个这样的门部件，再将这些部件组合成一个系统，这个系统就能进行我们所需要的运算，解出那些预测太阳运行的微分方程。这个系统，我们把它叫作……嗯，叫作……"

"计算机。"

这段故事提到的一千万个这样的门部件，就是搭建计算机的基础元件，叫逻辑门，用于完成逻辑运算。逻辑运算又称布尔运算，无论是输入还是输出，都只有 0 和 1，用来表示两个对立的逻辑状态。用来执行与、或、非这三种最基本逻辑运算的元件称为与门、或门、非门。在图 3-1 至图 3-3 中，左侧是输入的信号，右侧是输出的信号，对于逻辑门元件来说，必须有输入和输出，可以是一对一，也可以是多对多。

与门执行的是"与"的操作，如图 3-1 所示，两个输入信号和一个输出，对于两个输入 x 和 y，只有 x 与 y 都为 1 时，输出才为 1。

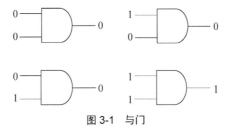

图 3-1　与门

或门执行的是"或"的操作，如图 3-2 所示，两个输入信号和一个输出，对于两个输入 x 和 y，当 x 或 y 只要其中一个为 1 时，输出就为 1。和与门的图标相比，左边的输入线是弯的。

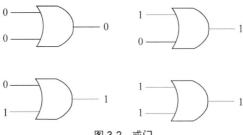

图 3-2　或门

非门执行的是"非"的操作，如图 3-3 所示，一个输入信号和一个输出，对于输入的数据，取该数据的对立数据。有的时候也可以直接在或门或者与门的输入端加一个小圆圈表示对该点的输入取非。

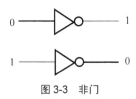

图 3-3　非门

使用这三种基本的逻辑门，就可以实现所有的逻辑运算，进而构造出一整套的计算。计算机的本质就是上述提到的与门、或门、非门等各种门，只要实现了类似士兵举黑白旗子的功能，木头、水泵、塑料、卡子，只要能够完成基本逻辑门的功能，任何东西都能够做成计算机。

计算机界鼎鼎有名的科学家丹尼尔·希利斯（Daniel Hills）在上中学的时候，曾用木头和弹簧制造了一台计算机（如图 3-4 所示）。

图 3-4　丹尼尔·希利斯的积木计算机

丹尼尔·希利斯　连结机器（Connection Machine）的首要设计者，他设想通过一种带有数百万个计算处理器的大规模并行计算机模拟大脑的组织和运行机制。他从童年时就对生物学和工程学非常感兴趣，很小的时候就开始玩模型和积木玩具，并通过模型和玩具研究引擎和机器人。他于 1983 年在马文·闵斯基的建议下，创办了思维机器公司（Thinking Machines），开始进行连接机器的实际制作。目前各类机器主要用于数据库搜索、地球物理建模、蛋白质折叠、气候模拟等方面。

这台计算机实现与、或、非的操作都是靠木杆和弹簧来实现的（如图 3-5 至图 3-7 所示）。在这个系统里面，木头往前推即为 1，往回拉即为 0。以或门为例，只要 A 和

B中有一个有推力，输出就会有推动，这个推动可以作为输入再传递到下一个门，整个计算机系统就是由这些门组成的。

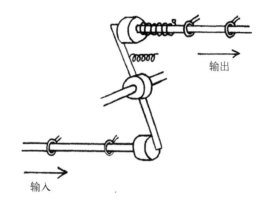

图 3-5　木杆和弹簧实现的非门

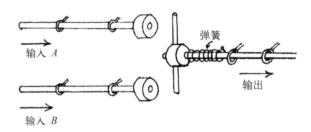

图 3-6　木杆和弹簧实现的或门

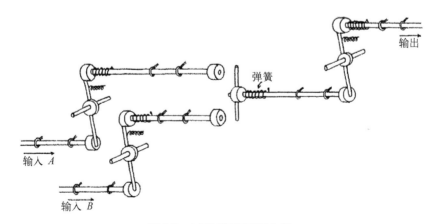

图 3-7　木杆和弹簧实现的与门

目前除了现代电脑以外，市面上几乎没有其他计算机系统，其实是因为除了工业集成电路技术，尚没有别的更好的技术，能够将上述逻辑门以千万级的数量集成在一个几厘米见方的芯片里面，从而实现商业化的规模生产和应用。未来随着纳米技术和分子生物技术的进步，一定会有别的形式的商业级计算机出现。

一切运算的基础——加法

或许你会怀疑上述简单的逻辑门能够做什么事情，接下来我们将会看到，通过组合，逻辑门就能实现基本的计算功能。

与我们平常支持 0 到 9 的十进制计算不同。因为整个计算机系统只有 0 和 1 两个数，所以这样的计算机系统只能够支持 0 和 1 的二进制计算，在计算机系统里面，所有的计算都需要转换成二进制。十进制与二进制的对应转换关系如表 3-1 所示。

表3-1　十进制与二进制对应转换关系示例

十进制	二进制
0	000
1	001
2	010
3	011
4	100
5	101
6	110
7	111

举个简单的例子，比如实现 2 + 3 = 5 这样的计算，在二进制加法中规则是：1 和 0 相加得 1，1 和 1 相加需要往前进一位，得 10。二进制和十进制的基本操作过程是一样的，如图 3-8 所示。

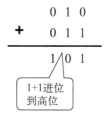

图 3-8　2 + 3 的二进制计算示例

为了实现上述计算功能，需要首先实现半加器，通过半加器实现全加器，再通过三个全加器的连接，就能够形成支持上述计算的一个三位加法器了。

半加器（Half Adder）：如图 3-9 所示，对于给定的输入 a 和 b（它们都只能取 0 或者 1），通过一个或门、两个与门、一个非门（图中小圆点）的组合，可以对两个位进行加法并形成进位。半加器的输入和输出过程见表 3-2。

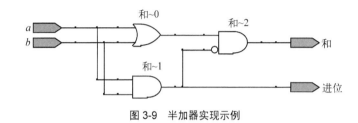

图 3-9　半加器实现示例

表3-2　半加器的输入和输出

a	b	进位	和
0	0	0	0
0	1	0	1
1	0	0	1
1	1	1	0

全加器（Full Adder）：如图 3-10 所示，通过两个半加器和一个或门的组合，形成了一个全加器。与半加器相比，全加器在输入上多了一个接收的进位，可以把从低位进位而来的数据纳入到计算中，将从低位计算产生的进位也加在一起。（其中 x、y 表示两数相加，c 表示接收低位的进位）。全加器的输入和输出过程见表 3-3。

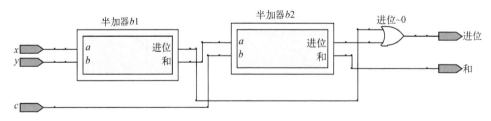

图 3-10　全加器实现示例

表3-3　全加器的输入和输出

x	y	c	进位	和
0	0	0	0	0
0	1	0	0	1
1	0	0	0	1
1	1	0	1	0
0	0	1	0	1
0	1	1	1	0
1	0	1	1	0
1	1	1	1	1

　　三位加法器：通过三个全加器的组合，就形成了一个三位加法器（如图 3-11 所示）。该加法器可以把从低位相加产生的进位依次传递到高位，可以实现任意三位的二进制数的加法，即可以实现上述例子中的计算。

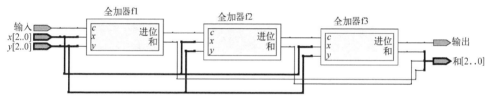

图 3-11　三位加法器实现示例

　　以此类推，为了实现对 n 位二进制数据的加法，需要使用 n 个全加器芯片，并且依次把进位传到下一个全加器。同理，我们可以通过任意位的加法器来实现对于较长二进制数的计算。尽管我们只介绍了加法运算的实现，实际上数学家已经证明，加法是实现所有数学运算的基础。有了加法器，原则上就能通过它们搭建任何其他计算，像乘法、除法、平方、开方、三角函数、对数函数等。而伟大的计算机科学家图灵在一百年前就已经指明，这些简单运算足以支撑任何信息处理过程。

　　如果需要实现上述加法器，最直接的方法是采购相应逻辑门级别的晶体管电子元件亲自动手焊接实现。图 3-12 中是通过晶体管直接连线实现的一个 8 位的加法器，下面一排红灯表示的是两个输入相加的数据 00000111(7)和 00000001(1)，上面一排红灯显示的是计算结果 00001000(8)。

　　然而随着设计功能的复杂化，通过手动连接实现将会面对大量的晶体管和海量的复杂连线，因此人们发明了 FPGA（Field-Programmable Gate Array），它提供了大量的基础逻辑元件，这些元件封装在一个小的芯片里面，可以看成是一个计算芯片的半成品。设计人员可以在软件中以类似于编程的方式设计逻辑元件的连接，并将其写入到专门的 FPGA 开发板中，从而实现相关的运算。

图 3-12　8 位加法器实例（另见彩插）

这种专门对硬件连接进行编程的语言一般叫硬件描述语言（Hardware Description Language），目前主要有两种，分别是 Verilog HDL 和 VHDL。通过编写 HDL 代码实现了功能以后，可以通过专门的仿真软件（商业软件如 Quarts，开源软件如 Icarus Verilog）将其烧录到开发板中去实现相应的功能。如果需要动手实现的话，入门级的 FPGA 开发板大概三四百元就可以搞定，具体实现可参考"推荐阅读"中的内容。

让计算过程自动起来——机器指令

事实上，人天生就是懒惰的，刚刚介绍的机器虽然能够解决基本计算的问题，但是说实在的，确实非常不好用。比如现在需要做一个连续加的操作，假设我们希望先把三个数字加在一起，然后把另外两个数字加在一起，最后再把另外三个数加在一起。如果使用前面的机器，我们需要把这些数字都写在纸上，然后按照二进制的格式一个个地输入进去，并根据计算结果显示的情况把数据抄下来，然后再继续计算。在这个过程中，需要不断地把数据操作过程在计算机外记录下来，那么有没有办法让计算过程自动进行呢？答案是肯定的。

首先，我们需要一种叫作内存的东西，它能够把数据存储在计算机里面，并且能够保持一定的时间。可以把内存理解为一个一个的小房间，每个小房间都有一个门牌号，这就是地址，地址表示的是数据存储的位置。内存的主要作用就是能够对数据进行存储、读取和修改。关于内存的实现，除了上述提到的基本逻辑门的组合（组合逻辑）以外，还需要加上触发器设计（涉及时序逻辑）实现。

图 3-13 所示是一个在内存中计算求和的过程，为了表示方便，我已经把里面关于二进制的表述都换成了我们较为熟悉的十进制，实际上在计算机里面存储的都是二进制。在这里，每一个格子表示一个内存地址单元，里面存放的是相应的数据，左边是这些内存单元的地址编号，基本上所有的地址编号都是从 0 开始的，因此图 3-13 表示的是在内存的第 0000 号单元格中存放的数据是 27，在 0001 号单元格中存放的数据是 12，……

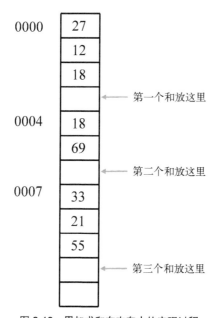

图 3-13　累加求和在内存中的实现过程

为了完成图 3-13 所示的求和操作，我们需要进行的操作如下：

❏ 把地址 0000 中的数读取到加法器中（读取）
❏ 把地址 0001 中的数加到加法器中（加）
❏ 把地址 0002 中的数加到加法器中（加）

❑ 把加法器中的数保存到地址 0003 中（保存）

❑ 把地址 0004 中的数读取到加法器中（读取）

❑ 把地址 0005 中的数加到加法器中（加）

❑ 把加法器中的数保存到地址 0006 中（保存）

❑ 把地址 0007 中的数读取到加法器中（读取）

❑ 把地址 0008 中的数加到加法器中（加）

❑ 把地址 0009 中的数加到加法器中（加）

❑ 把加法器中的数保存到地址 00010 中（保存）

❑ 停止加法器的自动计算工作（停止）

我们需要用到四种操作：读取、加、保存、停止。假如我们想让计算机来自动执行这四种操作，可以将这几种操作编码成数字，如表 3-4 所示。

表3-4　操作编码对照表

操　作	编　码
Load（读取）	10
Store（保存）	11
Add（加）	20
Halt（停止）	99

这样编码只是为了方便，并没有特别的原因。通过相应的转换以后，上述的相应计算操作即可编码成如图 3-14 所示的操作过程，存放在以 1000 开始的内存地址中。

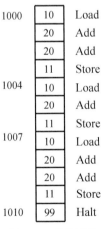

图 3-14　编码过程

　　但是，实际上这样的编码序列还是无法自动运行，因为前面的每个操作都需要指定操作数据地址，因此，假设我们规定每个操作命令加上操作数据的地址为三个内存单元，并命名为指令，那么整个计算过程的编码如图 3-15 所示。

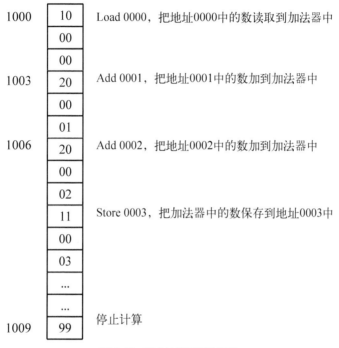

图 3-15　整个计算过程的编码

　　这样计算机就可以根据存储在内存中的指令一条条地往下执行直到遇到停机指令，这样就可以让整个计算过程自动执行，从而让计算机根据写好的指令完成我们想要的计算了。

　　上述四个基本指令只是用于这样的连续累加所涉及的一些操作的示意，真正通用的计算机在进行运算时，需要设计更多的硬件来实现相应更多的指令。一个计算机系统支持的全部指令称为指令集，在对计算机进行设计时，有两种基本的设计思路，一种是设计精简的指令集，复杂的计算通过编程实现。比如可以设计只支持加减运算的指令集，那么对于乘法的实现，就可以通过在软件中不断地用加法来实现。这种芯片设计简单，适用范围广泛。另一种是设计复杂的指令集，如直接通过硬件来实现乘法，可以实现更快的运算速度，同时也增加了硬件设计的复杂性和成本。

在实际的硬件设计时，由于在计算过程中经常会对一些常用的数进行操作，于是专门设置了一种叫作寄存器的东西（例如在上述操作中，加法器计算的结果我们默认保存在加法器中，实际上一般 CPU 计算完的结果都在寄存器中），专门用于对需要中转的数据进行暂存，类似于平常运算过程中用到的可擦写的草稿纸。

以英特尔早年的一款 CPU 8080 为例，它的设计中一共有 A、B、C、D、E、H、L 七个寄存器，光是对数据进行复制的操作就有好几十条操作指令（操作码），部分操作指令如图 3-16 所示。

操作码	指令	操作码	指令
40	MOVB, B	50	MOVD, B
41	MOVB, C	51	MOVD, C
42	MOVB, D	52	MOVD, D
43	MOVB, E	53	MOVD, E
44	MOVB, H	54	MOVD, H
45	MOVB, L	55	MOVD, L
46	MOVB, [HL]	56	MOVD, [HL]
47	MOVB, A	57	MOVD, A
48	MOVC, B	58	MOVE, B
49	MOVC, C	59	MOVE, C
4A	MOVC, D	5A	MOVE, D
4B	MOVC, E	5B	MOVE, E
4C	MOVC, H	5C	MOVE, H
4D	MOVC, L	5D	MOVE, L
4E	MOVC, [HL]	5E	MOVE, [HL]
4F	MOVC, A	5H	MOVE, A

图 3-16　数据复制操作指令

其中左边一列是操作码，是用十六进制表示的，右边对应的是把数据从一个寄存器复制到另一个寄存器的操作（按理说 move 应该是把原来的数拿到另一个地方，但这里实际的意思是 copy，真不知道当初设计的人是怎么命名的）。

图 3-17 所示是加法和减法的操作码，其中 ADD 是加法，ADC 是带进位的加法，SUB 是减法，SBB 是带借位减法。

操作码	指令	操作码	指令
80	ADDA, B	90	SUBA, B
81	ADDA, C	91	SUBA, C
82	ADDA, D	92	SUBA, D
83	ADDA, E	93	SUBA, E
84	ADDA, H	94	SUBA, H
85	ADDA, L	95	SUBA, L
86	ADDA, [HL]	96	SUBA, [HL]
87	ADDA, A	97	SUBA, A
88	ADDA, B	98	SUBA, B
89	ADDA, C	99	SUBA, C
8A	ADDA, D	9A	SUBA, D
8B	ADDA, E	9B	SUBA, E
8C	ADDA, H	9C	SUBA, H
8D	ADDA, L	9D	SUBA, L
8E	ADDA, [HL]	9E	SUBA, [HL]
8F	ADDA, A	9F	SUBA, A

图 3-17 数据加减的操作指令

从上述操作码的编码来看，只要你在设计时规定了并按照一定的顺序实现以后，那么按照左边的操作码就可以进行相应的计算了。

使用方式如图 3-18 所示，在一个操作界面上，把开关扳上去表示 1，扳下来表示 0。图中表示的是 10110111（183）+00010110（22），输出的结果是 011001101（205）。而对于复杂一些的操作（例如减法），可以在面板上增加一个选择做加法或做减法的额外开关来实现。对于更多的操作，则可以相应地添加更多的开关进行控制。

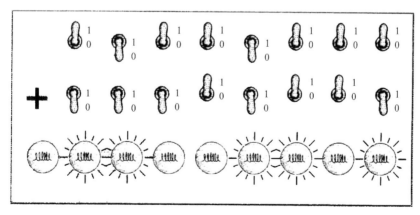

图 3-18 加法操作示意图

Intel 8080 于 1974 年 4 月发布，作为英特尔早期发布的处理器，它集成了 6000 只晶体管，除了上述提到的加减运算和数据复制以外，还支持存数、取数等更多指令。这款 CPU 用在了 1975 年风靡美国的最早的个人计算机牛郎星 8800（见图 3-19）上面。在这台机器上，操作是通过图中的这些开关来扳动输入的，计算的结果是通过上面的指示灯显示出来的。当然在今天看来，这实在是太简陋了，后来它的后续作品 8086、80286、80386、80486 等持续进行了改进，开创了英特尔 X86 电脑系列的辉煌时代。

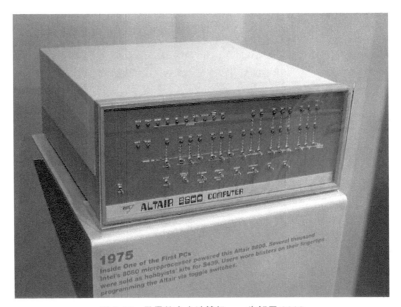

图 3-19　最早的个人计算机——牛郎星 8800

写点能让人理解的东西——编程语言

到目前为止，通过基本的逻辑门设计和相应的运算指令的实现，一台计算机的硬件部分就已经设计完毕了。如前所述，真正的计算机在运行的时候，是通过逐条读取存放在内存中的相应指令然后进行各种计算和操作实现的。类似 10 0000 和 20 0001 的被机器所识别并运行的机器指令或操作指令，会被编码成方便人类理解的助记形式如 Load 0000 和 Add 0001。这就是汇编语言。

以某种假想的汇编语言为例，来看一个从 1 到 100 累加求和的计算过程。前面的数字表示语句序号，#号后面表示解释说明。

```
1       mov @100 ,R0        # 将 100 存入到内存的 R0 单元，用于计数
2       mov @0 , A          # 累加计算结果，初始值设置为 0
3       mov @1 ,R1          # 用于增加计算
4       Loop:               # 表示以下部分循环执行
5       add A,R1            # 将 A 的值和 R1 中的值相加后存入 A
6       inc  R1             # R1 中的数增加 1
7       dec  R0             # R0 中的数减少 1
8       jgz R0, Loop        # 判断如果 R0 中的值大于 0，则转到 Loop 处运行
9       jmp $end            # 转到 End
10      End                 # 程序结束停止，最终的计算结果存在 A 中
```

虽然这样的程序写起来已经比直接的机器语言要方便很多，但还是不够方便，因此需要提供高级编程语言让用户使用。对于上述的汇编语言实现的功能，现在绝大多数的高级编程语言（例如 C 语言）实现起来应该是这样的：

```
i=1,sum=0,count=100;        # 计数器设为 100，累加计算结果设为 0
while(count-->0) {          # 计数器大于 0 的时候，计数器减一并循环执行{}中的内容
sum=sum+i;                  # 每次将 sum 值与 i 的值相加，结果存在 sum 中
i++; }                      # i 的值增加 1
```

为了在一台计算机上实现上述功能，我们需要能够实现语言之间转换的编译器。编译器指的是能够将一种源语言翻译成另一种目标语言的程序。在上述计算机中，我们需要实现两个编译器，一个将高级语言编译成汇编语言，另一个将汇编语言编译成机器语言，过程如图 3-20 所示。

图 3-20 高级语言到机器运行的过程

编译器的实现是一个较为复杂的过程。一般首先对源语言程序进行扫描，将其中的一些关键字符和存储数据的变量进行相应的转换和处理，并将源语言的相应操作对应到目标语言上去。在实际的编译过程中，需要进行多次反复处理才能够生成最终的目标语言。

以上面这段简单的程序为例，为了实现把这段语言转换成汇编语言的过程，主要包括词法分析、语法分析、语义分析、目标代码生成几个阶段。下面我们一一介绍。

词法分析

词法分析，主要是把源代码里面所有的字符串全部读进来，然后进行扫描和分解，把常量、变量名、运算符、关键字等标识出来。例如对于上述例子中的语句 i=1, sum=0,count=100;，需要将其正确地识别成如下的序列 i=1, sum=0, count=100 ; ，而不会犯把 100 识别成 1 0 0 三个字符这样的错误。

语法分析

此阶段主要是在词法分析的基础上将识别出来的单词序列按照该语言的语法要素识别出相应的语法单位。如上句中一共有三个表达式，而且表达式本身可以嵌套递归，如 count-- 是表达式，count-->0 同样是表达式。

试试看

在 Windows XP 系统下，陆续点 "开始->运行"，在其中输入 "debug"，然后点 "确定"，在弹出的黑色窗口里面输入 "u"，然后回车，即看到了 Windows 下的汇编语言和机器指令。如第一行所示，0B65:0100 表示该行语句在内存中存储的位置，004074 就是后面那句 ADD [BX+SI+74],AL 汇编语句对应的机器指令，实际系统运行的时候，就是按照这样一条条的机器指令运行。

说明：微软从 DOS 系统开始一直到 Windows XP 都带有 debug 功能，之后的系统就不支持了。

语义分析

语义分析的主要作用是判断整个源程序代码里面是否有错误，如在 C 语言中对于变量是否已经声明、语句是否以分号结束、运算的对象是否合理等进行整体审查。

目标代码生成

将源代码转换成目标代码的过程是最重要也是最复杂的阶段。如上例所示，将 i=1; sum=0,count=100;语句中的三个赋值表达式转换成了三条 Mov 汇编指令，存在三个寄存器中，然后把 while 语句的范围转换成 loop 和 end 之间的代码，sum=sum+i;转换成 add A,R1，i++转换成 inc R1，count--转换成 dec R0，而 while(count-->0)则转换成 jgz R0, Loop。

通过上述几个过程，系统就把这段 C 语言代码生成了汇编语言的代码。当然对于真正实现工业级的语言编译器来说，往往需要对源语言进行多次扫描，还要经过中间代码生成和代码优化等阶段，才能生成优化的目标代码。

从汇编语言转换到机器指令的基本过程也差不多，而且这个过程往往比高级语言转换到汇编语言要简单。因为在设计 CPU 时，人们对于相应的操作基本上已经给出了相应的操作码。例如上述举的 Intel 8080 芯片的例子，其 mov 操作就是最终生成的机器指令：从 40 到 5F 的一系列数字。因此机器语言完全就是数字的序列。这样就完成了从高级语言到计算机能够运行的代码的过程。

其实对于编程语言来说，语言的关键字符、书写形式等构成的是语言的语法，但语言的强大与否并不在于语法，而在于提供的相应操作函数的数量，一般语言提供的大量相关函数称为类库[1]。在实现自已的编程语言时，除了需要实现语言的编译器以外，更多的是需要提供强大的、适用的函数的类库。例如前面的语言，如果提供一个叫 sum 的累积求和函数，只需要一行语句 sum(1,100)就可以实现从 1 加到 100 的加法计算功能。由于不同的语言设计目的的不同，函数库侧重不同，因此不同的语言适用于不同的功能。如进行数学统计更适合用 R 或者 SAS；对于计算来说，Matlab 是一个极其好用的科学计算器；进行快速 Windows 窗口开发，C#或者 Visual Basic.NET 更适合；当然对于老一辈的程序员来说，Delphi 和 Visual Basic 6 会来得更加亲切一些。

---

[1] 除了语言本身的标准以外，例如 Java 和 Python，由于其开源的特性，有大量的第三方类库能够支持特定的功能。

但是从本质上来说，所有的语言都是等价的，任何语言都可以通过编译器实现从一种语言到另外一种语言的转换。已经有很漂亮的数学定理对其进行了证明，对这部分内容有兴趣的读者可以参考本书第 2 章的相关内容。

灵魂和守护者——操作系统

前面已经讲述了从逻辑门到编程语言的整个过程，但是不知道你有没有注意到，从开始到现在，所有的例子都只提到了加减法（嗨！我们造个计算机，可不只是为了满足小学三年级的数学课）。对于一台真正的计算机，哪怕能够算出宇宙尽头毁灭的时刻，对于大多数人来说，也不如能够玩个植物大战僵尸或者看个美国大片有用。所以，我们的计算机能够做的可不仅仅只是算算数。

作为一套计算机系统，除了最核心的计算单元 CPU 以外，还需要通过操作系统将其和存储器、输入、输出设备连接在一起，才能够形成完整可用的计算机系统——这就是操作系统需要做的事情，功能示意图见图 3-21。

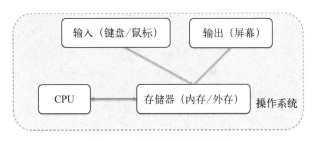

图 3-21　操作系统功能示意图

输出：为了使从 1 加到 100 的计算结果能够显示在计算机屏幕上，我们需要在内存中留出特定的区域存放用于显示的内容，在 CPU 通过指令的运行把数据存放在特定的内存位置上以后，操作系统负责不断地将这些特定区域的内容在屏幕上显示出来。在这个过程中，要适应不同的分辨率，计算在显示器上输出的位置。为此，操作系统需要适应不同的显示设备，根据不同的设备运行不同的驱动程序。（在早年的操作系统上，驱动程序不全的时候，图像分辨率会显得很低，现在的操作系统基本上已经能够覆盖一般的驱动程序，不再需要另外安装驱动程序了。）

输入：同样，操作系统需要接收键盘的输入，在键盘发生了按键按动作时，需要得到触发的通知，将按键的电信号转换为相应的字符，并不断将接收到的字符存在指定内存区域，供计算机中运行的程序使用。

在程序员进行高级语言编程时，我们希望通过诸如 printf("100")、getchar 之类的命令就能够实现输出和输入的功能，操作系统负责实现具体的细节功能。

在简单的计算机模型中，操作系统主要负责的功能有两点：一是封装对于底层的硬件实现，二是提供更多的函数支持更多的功能，例如提供 drawline 之类的函数支持在屏幕上实现划线的操作。因此，这个意义上的操作系统与前面提到的语言的类库之间的界线并不是特别明显。现在主流的操作系统 Windows、Unix 和 Linux，由于设置了不同程序对于硬件的访问权限和优先级的控制，这个界面切分得很清楚，基本上在高级语言层面是不允许直接访问底层硬件的。

前面从如何通过基本的与、或、非逻辑门开始构造计算机的硬件用以实现相应的指令集，以及在与指令集完全对应的机器语言上通过汇编语言进而到高级语言来编写计算程序，说明了构造一台计算机的主要过程。在整个系统的构造过程中，最后一个环节就是操作系统，操作系统是用来衔接计算机的硬件系统和软件系统的，使一台计算机对于用户来说真正可以使用。

关于操作系统的实现，很多书中都有详细的描述，相关内容较多，可参考"推荐阅读"中相应的书目。在自己实现操作系统时，建议将前述的高级语言和简单的操作系统合并在一起进行设计实现，在不考虑过多细节的情况下，可以降低实现的难度。

路漫漫其修远兮——从计算到智能

计算机本质上就是用来计算的。从最早用于专业计算用途的大型机器，到走入千家万户的个人计算机，再到近来日益流行的智能手机和平板电脑，计算机在短短几十年内发生了重大变化，其应用日益多样化，但是我们所接触到的各类生产、办公、科研、娱乐等程序，几乎都是以计算机程序的形式表现出来的。图 3-22 展示了现代计算机系统的主要结构，当一个计算机程序运行时，我们从软件到硬件来观察，就会发现每一层的表现形式完全不一样，但是本质上都是计算，而且每一层都是建立在下一层的基础上的。虽然分了这么多层，但所有的层都是等价的。层和层之间有清楚明确的边界，越到下层牵涉到的基础单元越多，越到上层越简洁。

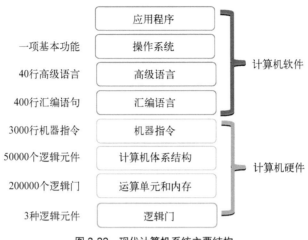

图 3-22　现代计算机系统主要结构

关于多层次有很多故事。例如，在电影《盗梦空间》中，更深层次的梦境可以影响最外层的人的行为和意识。其实不光是梦境，我们的世界本身就是在多层次上运行的。

在古老的故事"望梅止渴"中，士兵们被想象中的梅子引诱得不住流口水的过程实际上就是一个非常复杂的多层次系统运行的过程（如图 3-23 所示）。由梅子这个概念到引起口水的分泌，我们平常都只从概念的层面来提及，但实际上从概念到身体反应，作用是一层层产生的。在身体系统之下，还有更低的层次，如器官、细胞、蛋白质、DNA 分子。真实的世界是在无数的层次上运行着的。

图 3-23　望梅止渴的反应过程

我们构造的多层次计算机系统和真实世界的系统的区别在哪呢？或者说，我们能否通过计算机系统来完全模拟真实的世界，从而找到智能的本质呢？

这是一个关于意识和物质、机械与智能的根本性问题，对于构造计算机系统的深入思考，只是探索旅途的一个起点。

推荐阅读

由于篇幅所限，对于如何构造一台模型级的计算机系统，这里只是做了一个概要性的描述，真正要实现这样一个系统，还有很多的细节需要进一步了解。

想要了解整体计算机结构，推荐阅读《计算机系统要素》，这是本章主要的思想来源，还可以阅读《编码》和《通灵芯片》；如果想对真实的计算机系统结构有更深入的了解，可以阅读《深入理解计算机系统》。

关于硬件设计的部分，推荐阅读《数字逻辑基础与 Verilog 设计》，如果觉得太厚，可以阅读夏宇闻老师的《Verilog 数字系统设计教程》，这两本书讲的是设计原理和语法。具体的实现可以参考《Altera FPGA/CPLD 设计（基础篇）》《Altera FPGA/CPLD 设计（高级篇）》，这两本书包含了 Altera 器件介绍、quartus 的使用和 FPGA 设计的一些高级技能。《CPU 自制入门》讲述了如何设计一块 CPU 以及如何在电路板上实现，有一定经验以后可作为参考。

关于语言编译的部分，对于原理和理论的学习推荐阅读 Alfred V. Aho 的《编译原理：原理、技术与工具》，实践的书可以阅读《自制编程语言》，想要了解一些实际的编程语言如何实现，可以阅读《深入 Java 虚拟机》《深入理解 Java 虚拟机》和《Python 源码剖析》。

关于操作系统，理论部分可以阅读《UNIX 操作系统设计》和《Linux 内核设计与实现》，实践的书入门级的有《30 天自制操作系统》和《自己动手写操作系统》，进阶的书比较全面的是《Linux 内核完全剖析》。

参考文献

[1]　Nisan N, Schocken S. 计算机系统要素：从零开始构造现代计算机. 周维等译. 北京：电子工业出版社，2007.

[2]　Petzold C. 编码的奥秘. 伍卫国等译. 北京：机械工业出版社，2000.

[3]　丹尼尔·希利斯. 通灵芯片：计算机运作的简单原理. 崔良沂 译. 上海：上海世纪出版集团，2009.

[4] 刘慈欣. 三体. 重庆：重庆出版社，2008.

[5] Brown S, Vranesic Z. 数字逻辑基础与 Verilog 设计. 夏宇闻 译. 北京：机械工业出版社，2008.

[6] Shasha D E, Lazere C A. 奇思妙想：15 位计算机天才及其重大发现. 向怡宁 译. 北京：人民邮电出版社，2012.

很多年前的一个下午，当窗外明媚的阳光斜斜地穿过图书馆透明的玻璃墙，穿过泛着霉黄味道的书架，照在我坐的那张明黄色木桌上的时候，我手里正拿着那本《复杂：诞生于秩序与边缘的科学》。没错，就是那本影响了很多人世界观的书。从那天起，有一个问题始终让我不得其解：一个能够不断生长并在生长中不断变化的系统如何才有可能实现？

带着这个问题一路走来，已经近十年了，从充满激情付出巨大的努力重转专业，到后来因不满国内科研环境而放弃科研理想，再到毕业之后不断地被生活打磨，年轻的心情和曾经的激情都在慢慢消失。

直到 2010 的某一天，因为豆瓣上的活动介绍参加了集智俱乐部在叁号会所的读书会活动，我重新拾起了对于当年那个问题的思考。最初的问题变成了三个问题：现有的计算机系统是什么样子的？在现有的计算机系统上能不能方便地实现自我学习和演进？如果不能的话，需要有什么样的计算机系统才能够实现自我学习？

在那年的《哥德尔、艾舍尔、巴赫：集异璧之大成》读书会上，大家对于层次的问题讨论了很多。张江提出可以尝试实现一套能够递归实现自指的计算机系统用以回答第二个问题，我当时很乐观地说只需要两三年就能够实现。现在四年过去了，工作越来越忙，用于学习和思考的时间十分有限，现在只能初步回答第一个问题，正准备尝试开始第二个问题。无论你看到本书的时候身在何处，做着什么，只要你愿意思考并尝试做点什么，都欢迎你加入集智俱乐部，与我们一起探索复杂系统。大道至简，走在追求科学真理的道路上，任重而道远，且行且珍惜。

作者简介

玉德俊，集智俱乐部核心成员，中国石油规划总院高级工程师，研究兴趣包括计算机系统构造、计算理论和自复制机等。

第 4 章　一条永恒的金带

张江

所谓的人工智能，就是让人类用自己的智慧去破解智慧本身的奥秘。人工智能从一诞生，就逃不掉与自指（self-reference）、缠结的层次等概念之间的纠缠。

很多人认为，哥德尔定理的出现实际上早已经为人工智能树立了墓碑。然而，本文则试图指出，自指可以有多种类型。哥德尔定理、罗素悖论、图灵停机问题等仅仅利用了破坏性的自指悖论。但实际上还存在着另外一类自指是建构型的，它不仅无害，而且还与生命的起源、自我繁殖以及人类的自由意识等问题有关。计算理论中的递归定理告诉我们，所有这些神奇的自指能力都可以通过计算机程序来实现，这无疑为我们实现人工智能提供了全新的途径。

《哥德尔、艾舍尔、巴赫：集异璧之大成》

介绍缠结的层次结构这一主题的最好的一本书就是《哥德尔、艾舍尔、巴赫：集异璧之大成》（ *Godel, Escher, Bach: An Eternal Golden Braid*，简称 GEB）[①]，见图 4-1。

[①] 集智俱乐部曾于 2009 年的 9 月至 2011 年 3 月组织过关于《哥德尔、艾舍尔、巴赫：集异璧之大成》的读书会。这一期是集智俱乐部有史以来持续时间最长的一次读书会。讨论内容更是空前广泛：从卡农、赋格等最基本的音乐概念到如何欣赏埃舍尔（GEB 这本书将 Escher 译为"艾舍尔"，本书采用了更常用的译名"埃舍尔"）的画作，从摆弄电视机/摄像机自指游戏再到人工智能、大脑结构、生命的起源等。参与人员也囊括了三教九流、五湖四海、各行各业的人，有高等院校的科学青年，也有社会上的科学爱好者。所有这些人被 GEB 这本书，以及该书所讨论的那条永恒的金带深深地联系到了一起。

此书发现了一条贯穿于著名的数学家哥德尔、著名的版画家埃舍尔以及著名的音乐家巴赫之间的永恒的金带：缠结的层次结构或自指。不仅如此，该书还指出，这条永恒的金带还将连接人工智能的终极难题以及生命的奥秘。这是一本关于数理逻辑、人工智能、计算机的科普书，但是却获得了普利策文学奖，原因是该书的字里行间充斥着大量的暗语、隐喻、回文、藏头诗等各类高超而巧妙的修辞手法和语言技巧。无论是书的内容，还是表述方式，都与那条永恒的金带——缠结的层次结构——密切相关。有趣的是，该书虚拟了阿基里斯和乌龟这两个活泼可爱的人物，他们巧妙的对话与正文部分内容遥相呼应，把所有的主题再次用生动的语言表现出来。无穷嵌套的梦境、自我实现的预言、虚拟和实在的颠倒与互换——你会在阿基里斯与乌龟的对话中发现很多出现在《盗梦空间》《黑客帝国》等影片中的情景或手法，或许正是这本书激发了这些后现代影片的艺术创作灵感。

图 4-1　中、英版本的 GEB

　　GEB 的作者也是一位奇人，他就是大名鼎鼎的侯世达（Douglas Hofstader）。他的父亲罗伯特·霍夫施塔特（Robert Hofstader）是一名诺贝尔物理学奖得主。年轻时他曾追随父亲的脚步，攻读物理学的博士学位。然而，就在他即将毕业的时候，他的兴趣却转向了其他地方：人类的意识之谜以及人工智能。于是，他 28 岁开始写作 GEB 这本书，并因此一举成名。该书为他赢来了很多荣誉，并让他晋升成为美国印第安纳大学的终身教授。于是，他可以在没有发表文章的压力下按照自己的另类思路探索人工智能。然而，目前人工智能界的主流领域却看不到他的身影，因为侯世达认为，现在主流的研究虽然很厉害，但是却与真正的人工智能没有半点关系。

　　更值得一提的是，这本书的中文翻译非常值得称赞。据三位译者严勇、刘皓明和莫大伟说，最早的译文是将英文直接翻译过来的，但是这不符合侯世达的要求——按照侯世达的说法，这种直译就像是跑了汽儿的可乐。于是，他们根据原文的中心思想设计了一些中文本土化的例子，包括很多藏头诗、双关语、回文等高超技巧的使用。因此，这本书的翻译是一次典型的再创作过程。

缠结的层次结构——一条永恒的金带

那么，GEB 这本书究竟在说些什么呢？虽然这本书勉强可以算是一本有关数理逻辑、人工智能的科普书，但在内容上却远不止如此。事实上，GEB 所讨论的核心是一种被称为"缠结的层次结构"的奇特现象。这种现象不属于某一个具体的学科，而是横跨于各种学科、各种系统之上。接下来，我们就从层次和层次纠缠等概念出发，一层层地脱去缠结的层次结构的神秘外衣。

层次

层次是一类极其抽象但又普遍存在于日常生活中的现象。下面我们举几个例子。

高低

楼梯就是一个典型的层次结构，每一节楼梯代表一个层次，沿着楼梯向上就能逐层升高。

尺度

尺度是另外一种层次。当我们用鼠标扩大、缩小谷歌地图的时候，就能轻松地体会到不同的尺度层次。其中，大比例尺的图片是小比例尺图片的上一层。一张大比例的图片是由很多小比例图片组合而成的。

虚拟层次

虚拟层次是一种比上述两种层次更加抽象的层次概念，很难清晰地定义。不过，我们可以举例说明。

> 从前有座山，山里有座庙，庙里有一个老和尚讲故事："从前有座山，山里有座庙，庙里有一个老和尚和小和尚，老和尚给小和尚讲故事：'从前有座山，山里有座庙……'……"

我们看到，这种故事套故事的情形就构成了一种层次结构，我们称为虚拟层次。其中，单引号中的句子是比双引号中的句子更"虚拟"的下一层。当我们阅读小说、观看电影或置身游戏的时候，其实都是在与比现实更深一层次的虚拟世界打交道。虚拟层次的概念经常出现在小说或者影视作品中。例如，在影片《盗梦空间》（见图 4-2）中，梦中之梦就构成了更深一层的虚拟层次。

图 4-2　《盗梦空间》

层次的混淆

一个完美的层次结构应该是一棵树，其中上层和下层之间的分别清晰可见。然而，在有些情况下，本该属于不同层次的东西却由于某种原因混淆到了一起，这便发生了层次的混淆，或者叫层次的缠结。图 4-3 中埃舍尔的名作《蚂蚁》中就有著名的莫比乌斯带，带子的两端混到了一起。图 4-4 中埃舍尔的名作《僧侣》就描述了一种高度层次之间的混淆。

图 4-3　《蚂蚁》

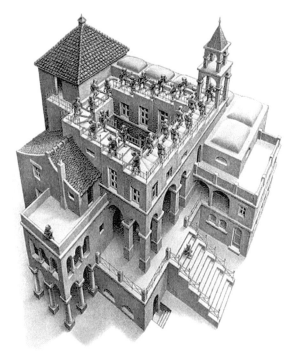

图 4-4　《僧侣》

假设你自己是一个在那个循环往复的楼梯上不停奔走的僧侣，你会发现，尽管你始终沿着楼梯上行，却会在同样的楼梯上永无休止地循环。这是因为画家利用绘画的手段，让你的视觉解释系统发生了错误，从而把本属于不同高度的两段楼梯混淆到了一起。有一款叫作《纪念碑谷》的小游戏，可以让你深刻地体验这种空间错觉。

让我们再来看一个尺度层次混淆的例子。图 4-5 展示的是一张自相似的分形几何体。假如你用放大镜放大其中的某一个小三角形，你就会发现这个小三角形是整个大三角形的副本，二者就是一个模子刻出来的。这种局部和整体的相似性称为自相似结构，也叫分形（fractal）。人们发现，大自然中广泛地存在着类似的分形结构，例如菜花、云朵，甚至股票价格波动曲线。

图 4-5　分形三角形（Sierpinski 三角形）

　　分形展示的是一种尺度层次上的混淆。假如你真的掉到一个分形几何体中，而没有任何外部观察作为参考，那么你会像那些可怜的僧侣一样困惑地发现，你已经搞不清楚自己的尺寸有多大了。图 4-6 中埃舍尔的这幅《画廊》则将虚拟层次的混淆表现得淋漓尽致。

图 4-6　《画廊》

一个年轻人正在一间画廊（尽管已经严重地扭曲变形了）中欣赏画作。他面前的这幅画展现的是一个安详的小镇：有一条河，河里的船只不是很多；有很多建筑物，其中一个是个画廊。画廊里摆放着各种各样的画作。一个年轻人正在画廊中，静静地欣赏着面前的画作……

也就是说，这位年轻人生活在他面前的这幅画作之中。画作这个虚拟层次中展现的内容恰恰就是这幅画本身。于是深层次的事物与浅一层的事物发生了重合。层次被画家埃舍尔用独特的扭曲方式所混淆，于是缠结的层次出现了。

自指

埃舍尔有相当多的的画作都是在表达这种怪圈——缠结的层次结构，而更加司空见惯的层次混淆则发生在语言中。

例如，"从前有座山"这段话就是一种典型的用语言文字表达的相互缠结的虚拟层次结构，因为第 $n+1$ 层引号中的句子描述的东西与整个句子在第 1 层（不带引号）完全同构（原则上，这句话应为无穷长）。因此，这两个层次被混淆了。

在语言中，"这""那"等代词会在层次缠结中起到至关重要的作用，因为它可以用来绕过无穷。例如：

> 这句话没什么意思。

"这句话"这个代词实际上只是对无穷的一种压缩表示，完整的句子应该是：

> """"……没什么意思'没什么意思""没什么意思'没什么意思。"

这也是一个无穷延伸的层次结构，而且里层与外层相似，层次被混到了一起，但由于空间有限，我们不得不使用省略号。这类语句又被称为自指语句。由这种自指可以构造悖论语句，例如那个著名的说谎者悖论：

> 这句话是错的。

所谓的悖论就是指自相矛盾，上面这句话就是自相矛盾的。因为，如果它是错的，那么我们会发现这句话的判断实际上是对的，出现矛盾；而如果承认它是对的，那么按照它自己的说法，它又错了，再次出现矛盾。这样，自指悖论在两个方面展现了矛盾。也就是说，这句话实际上不真也不假，或者说既真又假。

自指悖论的出现挑战了熟悉的非此即彼的世界观。更为奇怪的是，这类看起来很荒谬的句子却为哥德尔定理的出现和证明埋下了伏笔。

哥德尔定理

哥德尔定理被《纽约时代周刊》评选为 20 世纪最有影响力的数学定理（没有之一）。因为它的提出一度大大动摇了人们对于公理化方法，对于数学，甚至对于整个科学的信心。而另一方面，正是由于哥德尔定理的出现，才使得人们以清醒的头脑认识到了自身的局限性：那种无需直觉和先验知识就能一劳永逸地解决所有数学问题的公理化系统是不可能存在的。为了获得真理，我们必须向大自然学习。我们下面将介绍哥德尔定理和哥德尔证明，重点指出自指与哥德尔定理之间的关系。

公理化系统

数学最大的好处就在于，它可以从一些基本而简洁的前提假设（公理）出发，通过严密的推理导出所有可靠的结论——这就是数学公理化方法。我们中学学到的平面几何就是一个很好的例子。

我们不妨将一个数学公理系统比喻成一堆多米诺骨牌，如图 4-7 所示。

图 4-7　数学公理化系统的多米诺骨牌比喻

其中每一张骨牌可以比喻成一个数学命题。那么，第一张被推倒的骨牌就相当于数学系统中的公理。骨牌相互缠结排列成一颗树状结构比喻命题之间通过逻辑关系的相互缠结。骨牌一个接一个的推倒过程就相当于数学中的逻辑推理。被推倒的骨牌相当于被证实的命题，即数学中的定理。

这个比喻形象而直观地表达出了数学公理化系统所具备的那种机械化的连续性过程。因此，我们很容易形成这样一种直觉：数学公理化就是自动化、机械化。它严格而精确，但同时也失去了生命力和创造性。

希尔伯特纲领

但是，19 世纪末 20 世纪初的数学家们却不这么认为。他们认为数学或者说公理化系统是人类智力发明的最强有力而且最优美的工具。

大数学家大卫·希尔伯特就是这些理性派人物中的领军者。为了让数学更加严格化，并将公理化方法贯穿始终，他在 20 世纪初提出了希尔伯特纲领（Hilbert program），号召数学家们在数学的各个分支领域建立公理化体系。除了大力弘扬公理化方法以外，希尔伯特纲领还有一个更大的野心：运用数学公理化方法本身证明数学公理化方法是完美的。

具体来说，一个完美的数学系统应该具备两个优良的品质：一致性和完备性。一致性就是说这个数学公理化系统中不存在矛盾。公理系统中不能既推出三角形内角和等于 180 度，又推出它大于或者小于 180 度。

而完备性是说，如果某个数学命题是真的，那么这条命题就一定能从公理中推导出来。也就是说，公理化系统已经涵盖了所有的真命题。因此，要想获得真知，我们并不需要做什么其他事情，只要在这个超级的公理化系统中不停地推导就可以了。只要我推倒第一张树立的骨牌，就能相继地让后面的骨牌倒下，从而轻松地得到所有的数学真理。

如果能够证明一个足够强大的数学公理体系是完备且一致的，那么一切宇宙真理已然蕴藏在数学系统内部，我们所要做的就是不断地摆弄这个系统，将这些真理找到。这是希尔伯特的猜想。他想做到的是：用这套公理化方法本身证明数学公理系统的完备一致性。这就好像一个人要拔着自己的头发逃离地球一样。

20 世纪初，数学家们普遍认为希尔伯特纲领必然是对的，因为它堪称完美。具有讽刺意味的是，这些疯狂的拥护者中就有年轻的数学家哥德尔——这位未来的希尔伯特纲领的掘墓人。正是因为哥德尔当时太着迷于希尔伯特纲领了，所以他才会第一个发现它的最大弱点，给予致命的一击。

希尔伯特纲领的最大弱点恰恰就是它的自指性：要用数学公理系统本身而不能借助其他外力来证明数学公理的完备一致性。若要实现这一点，这个数学公理系统就要具备谈论自己的能力。于是，我们便可以在数学公理系统中构造一个悖论句，从而彻底摧毁希尔伯特的猜想。这个数学公理系统中的悖论就是哥德尔句子。

哥德尔句子

哥德尔句子可以通俗地表述为：

> 本数学命题不可以被证明。

这是一条自指语句，有着与说谎者自指悖论非常相似的结构。首先，这个数学命题所讨论的对象不是别的，恰恰是它自己。"本数学命题"就是对整个命题的指代。其次，该命题给出了一个逻辑判断，即这条命题是不可以被证明的。这个句子本身似乎并没有那么邪恶，然而只要我们一开始用逻辑的头脑解读它，它就变成了一句魔咒，直接摧毁了希尔伯特的完备一致性猜想。

下面我们将展开推理。根据逻辑排中律，这条数学命题要么正确，要么错误。那么，我们不妨先假设它是正确的，然后再看看会发生什么。于是，"本数学命题不可以被证明"就暂时是正确的，也就是说这个数学命题是一条数学真理，并且根据它自己的论述，它不能被证明。于是，我们得到了一条真理，但却不能被我们的数学公理化系统所证明，因此，希尔伯特要求的完备性不能得到保证。

下面我们再从另一个角度展开讨论，假设该命题是不正确的。那也就是说，"本数学命题不可以被证明"这个命题是可以被证明的。于是，从公理出发，我们能够得到"本数学命题不可以被证明"这一命题。而按照假定，"本数学命题可以被证明"是真理，所以根据完备性，它也必然是系统中的定理。于是，正命题和反命题同时都是系统中的定理，一致性遭到了破坏。

综上所述，我们可以断言：对于一个足够强大（强大到具备了自指能力）的数学公理化系统，一致性和完备性不能兼得。这便是大名鼎鼎的哥德尔不完备性定理，简称哥德尔定理。

在哥德尔的原始论文中，所有的表述都已经翻译成了严格的数学语言。所以，经过严密的推理，数学系统自身指出了数学系统的完备一致性假说不成立。

永恒的黄金对角线

事实上，哥德尔证明中的关键——构造哥德尔语句——恰恰就是数学中最著名的对角线法的一个变种。而这种证明技巧最早起源于数学家格奥尔格·康托尔（George Cantor）对集合论的研究，他发明了对角线法以证明实数比自然数多。因此，人们又将自指悖论的构造称为对角线法。

然而，数学家兼哲学家罗素很快就发现了集合论中的问题，他利用同样的构造自指悖论（对角线法）的方法指出了集合论的自相矛盾之处。罗素悖论的一个通俗版本——理发师悖论是这样表述的：

> 某个小村庄里有一名理发师，他给自己制定了一条奇特的规矩：他不给那些给自己理发的人理发。

这条规矩看起来没什么问题，但是一旦我们问这位理发师他该不该给自己理发的时候，他就会立即陷入自相矛盾的境地。因为，如果他给自己理发，那么按照他的规矩，他属于给自己理发的人，那么他就不该给自己理发。而如果他不给自己理发，那么根据他的规矩，他又应该给自己理发。所以，这个可怜的理发师将无所适从。

到了 20 世纪 30 年代，随着计算理论的兴起和不断深入，对角线方法得到了更加广泛的应用。一个典型的例子就是图灵将这种方法用于证明著名的图灵停机问题不可解：即判定任意程序作用到任意数据上是否停机的程序是不存在的（参见第 2 章）。

由此可见，无论是哥德尔定理、罗素悖论，还是图灵停机问题，对角线方法都发挥着绝对核心的作用。这条黄金对角线仿佛就是恶魔的诅咒，限定了人类理性思维的作用范围。

自生产系统与生命

至此，我们所看到的数学、计算机科学中的缠结层次结构总是以悖论的形式出现，它带来的永远是不可能、自相矛盾、亦此亦彼。

但事实并非如此，缠结的层次结构是一个比自指悖论更大的概念，悖论性的自指仅仅是其中的一部分。另外的一些自指结构则可能包含着创造和构建，具备很强的积极意义。

20 世纪五六十年代，两名来自智利的科学家温贝托·马图拉纳（Humberto Maturana）和弗朗西斯科·瓦瑞拉（FrancisoVarela）曾提出了一个被称为自我创生（Autopoiesis）的理论。该理论指出，一个活细胞在本质上可以看作一个化学反应物构成的生产网络，且这个网络形成了一个自我闭合的圈，即系统中的任何反应物都是被该网络中其他反应物生成出来的。

我们可以用一张埃舍尔的画（见图 4-8）来表达这种闭合的生产网络的概念。这是一个最简单的自我闭合的生产网络。网络中仅仅有两个化学反应物：两只手。而且，上面的手被下面的手"生产"（绘制），下面的手被上面的手"生产"（绘制）。而自创生网络是由成千上万的"手"组成的相互生产的复杂网络。

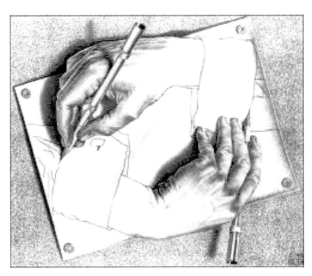

图 4-8 《画手》

这样的闭合生产网络具有自我维持和自我修复的优良特性。因为只要该网络中的少数几个反应物存在，它们就可以通过化学反应生成系统中的其他元素。而一旦系统形成，它不需要外界的干预就能自我维持下去。另外，如果我们恶意删除一些化学反应产物节点，只要破坏得不够厉害，那么系统仍然会在其他产物的驱使下逐渐生成这些化学反应物，从而再次生长出一个完整的网络整体，这就是我们看到的生命自修复现象：在手上划出一道口子，过几天就愈合了。

有趣的是，下面这句自描述语句也可以作为自生产网络的比喻：

这句话有 2 个"这"字，2 个"句"字，2 个"话"字，2 个"有"字，7 个"2"字，11 个"个"字，11 个"字"字，2 个"7"字，3 个"11"字，2 个"3"字。

这句话的每一个部分都可以比喻成一个化学反应物，它们之间相互依存的逻辑（语义）关系就形成了化学生产网络。该网络具有很强的自我修复"意图"。事实上，当你尝试写下这个句子的时候，你就会"被迫地"将整个句子写完整。这句话同时还把化学反应网络中缠结的层次结构表达出来了。这里相互缠结的两个层次是：化学反应的整个网络和每一个具体的化学反应产物。

生命的自复制

现实中的生命具备的一种了不起的能力就是自我复制：将自己原封不动地复制一个副本出来。这种能力是生命繁衍生息的基础，也是进化的前提条件。

然而，在信息时代，似乎复制能力没什么了不起，将一份文件复制来复制去已经司空见惯了。但是，所有这些复制都需要借助于一个外在的媒介。例如，当我们复制文件的时候，实际上是复制程序将磁盘上的数据完成了一次复制，而并不是复制程序自身的复制，因此这不能算作自复制。真正的自复制是该程序完全不依靠外界，执行它的时候，它就会扫描自己并制作出另外一份一模一样的副本。

这对于一段程序来说似乎是不可能的。假如你就是那个程序，那么，如果你要复制自己的话，就需要扫描你身体上的所有细胞的状态，这当然就包含了执行扫描的眼睛细胞和脑部神经细胞的状态。但是，你的眼睛细胞和脑细胞如何扫描它们自己呢？这就好像让你的眼睛看到眼睛它自己一样，这是不可能的！

然而，通过一种建构型的自指方法，我们的确可以写出这样的自我复制程序，从而绕开上述的自相矛盾。例如，下面这段代码就是 GEB 一书中给出的自我打印程序（将程序源码复制在屏幕上）的源代码：

```
DEFINE PROCEDURE "ENIUQ" [TEMPLATE]:
PRINT [TEMPLATE, LEFT-BRACKET, QUOTE-MARK, TEMPLATE, QUOTE-MARK,
       RIGHT-BRACKET, PERIOD]

ENIUQ['DEFINE PROCEDURE "ENIUQ" [TEMPLATE]: PRINT [TEMPLATE, LEFT-BRACKET,
```

```
QUOTE-MARK, TEMPLATE, EUOTE-MARK, RIGHT-BRACKET, PERIOD].ENIUQ']
```

该代码采用的是一种类 FORTRAN 语言，它分为两部分。DEFINE...这部分实际上定义了一个子程序，名称叫作"ENIUQ"，它的作用就是打印 PRINT 后面的那些指令。另外，下面 ENIUQ['...']就是对过程 ENIUQ 的调用，传入的字符串就是上面定义的函数的源代码。

如果你能读懂这段代码就会发现，实际上，它的工作原理和下面这个不包含指示代词"这"的自指语句很类似：

把"把中的第一个字放到左引号前面，其余的字放到右引号后面，并保持引号及其中的字不变"中的第一个字放到左引号前面，其余的字放到右引号后面，并保持引号及其中的字不变。

请仔细阅读这个句子，并严格按照句子要求你做的事情去操作。该句子希望你把引号中的句子拆开，把"把"字放到最前方，其余放到引号后面，然后保持引号中的文字不变。你就会发现，你捣鼓出来的新句子就是原始句子本身。而这个时候，你会发现，这句话的意思实际上就已经清晰地表达出了你正在做的事情。

这实际上是一种新的实现自指的方法，因为它没有使用指示代词"这"就实现了自指。在 GEB 书中，这种方法被称为蒯（kuǎi）恩，以纪念美国著名的逻辑学家蒯恩（W.V. Quine）。该方法的奥秘在于它巧妙地利用了使役动词"把"而对原始句子进行操作，使得到的新句子刚好跟原句子重合，从而完成了间接的自我指涉。我们不妨用图 4-9 来表示。

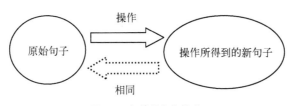

图 4-9　间接的自指技术

原始句子所指涉的对象本质上不是它自己，而是通过解读者的操作而得到的新句子，但有意思的是，这个新句子刚好跟原始句子一模一样。这样，缠结的层次结构就出现了。

那个自复制的程序其实也可以分成两个部分，一个部分是对某一段代码（并不是全部）原封不动的复制，第二部分则是通过读取、操作得到的部分新代码，构建出一个完整的新程序出来，这就完成了整个程序的自我复制。

通俗地说，如果你要执行自我复制，那么你需要做的就是复制你身体的部分信息，然后根据这部分信息，构造出一个新的整体。事实上，在生物学意义上，这部分信息就是生命的 DNA 编码，而根据编码构造整体的过程就是蛋白质的合成。所以，现实的生命自复制过程其实就实现了间接的自指。

伟大的数学家冯·诺依曼在他生命的最后阶段将全部精力都花在了研究自复制自动机的研究中。他不仅设计出来一个繁复的元胞自动机模型（一种离散的计算机模型，如图 4-10 所示）来研究程序的自复制问题，而且还希望通过这个模型理解生命是如何利用薛恩技术实现抵制熵增定律的。他观察到，当系统的复杂性超过一定的级别（具备了薛恩形式的自指），就可以实现复杂性不断升级的进化，而不再是在熵增定律下逐渐衰败下去。冯·诺依曼称这是"概率论中的一个漏洞"，因为随机碰撞的分子网络本来具有很小的成功概率，但是一旦分子碰撞出来一个薛恩自指，那么，它就可以不断地繁殖下去，从而使小概率事件成为大概率的生命存在。

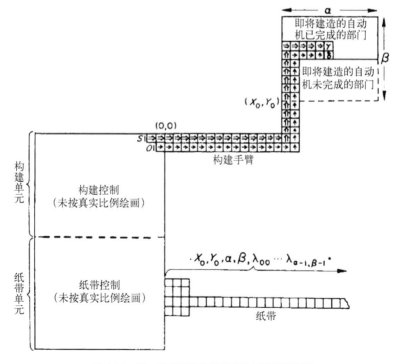

图 4-10　冯·诺依曼的自复制自动机模型示意图

自指与意识

人工智能的终极目标就是要创造出一个具有自我意识的机器。尽管这样的机器还远没有问世，但是我们不妨通过考察人类自身的自我意识来洞悉其中的奥妙。

意识就仿佛是一面镜子，可以映照其他一切事物，包括我们生存的物理环境，也包括意识自身。当我们醒来的时候，我们的意识就会明白无误地体会到意识自身的存在。因此，自指恰恰就是自我意识的一个最重要的属性。

不仅如此，自我意识的核心就是自我。自我并不是我所观察到的外在事物，而就是这个观察、意识本身。所以，我的身体、我的记忆甚至我的感受都不等同于我，真正的我恰恰不是所有这些有形的东西，而是体察、认识这些有形东西自身的能力。

我们可以用 GEB 书中提到的一个非常有趣而简单的实验来说明意识本身的属性。我们可以找来一台电视机和一台摄像机，然后把摄像机的视频输出与电视机的视频输入连接到一起。同时，我们把摄像机的镜头对准电视屏幕，并让电视屏幕实时地播放摄像机所拍摄的内容，如图 4-11 所示。集智俱乐部曾专门组织过一系列的活动来重复这个实验，观看实验视频，请扫下方二维码。

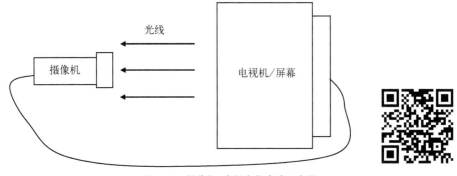

图 4-11　摄像机–电视自指实验示意图

当我们将摄像机对准电视屏幕的时候，会看到一个无穷延伸的走廊，没有尽头。屏幕的中心会出现一个模模糊糊、忽隐忽现的亮点。这就仿佛两面镜子相互对着照，可以得到一个无穷延伸的空间（如图 4-12 所示）。

图 4-12 《盗梦空间》中的画面：两面镜子对照得到的无穷延伸空间

但是有趣的事情还在后面，在摄像机上有一个放大（zoom in）或缩小（zoom out）的旋钮，我们旋转到放大方向，就会将镜头前面的事物拉近。于是，我们便可以对准屏幕中心的那个亮点放大它。这个时候，我们就会在屏幕上看到一系列异常壮观而神奇的结构。它们有的仿佛不断绽放的花朵，有的则像是旋转的星系朝我们扑来，有的则像是物体从高空坠落到一个绵延伸展的海岸线上。更有意思的是，用不同的摄像机或屏幕来做这个实验，会得到不同的花纹。自我意识就仿佛是一对相互映照的设备，在本无一物的虚空中生成了各种大量的复杂结构。

递归定理

人类智能的最高层次就是这种具有自我觉知或自我反省能力的意识了。尽管这种具备自我觉知能力的程序还没有实现，但这并不代表我们原则上做不到。有趣的是，计算理论先驱者们很早就已经指出了这种具有自我觉知能力的程序存在的可能性，甚至已经发现了相关的数学定理：克林尼（Kleene）递归定理。该定理是这样表述的：

对于任意的程序 F，总存在一段程序代码 c，使得我们执行代码 c 的结果完全等价于把源代码 c 作为数据输入给程序 F 执行的结果。

这个定理看起来非常平常，但它对于实现自指甚至自我觉知程序具有异常重要的作用，因为该定理保证了一段程序可以计算出关于这段程序自身的各种属性。

例如，假设程序 $F(x)$ 是求任何一段字符串 x 的长度的程序，那么根据递归定理，存在一个有趣的程序 $c(F)$，使得执行 $c(F)$ 的结果就相当于 $F(c)$，即 c 计算得出了程序

c 自己源代码的长短。所以，程序能够知道自己源代码有多长。

再比如，设 F(x)表示的是打印字符串 x 的程序。那么，根据递归定理，存在着一个程序 c(F)，使得执行 c(F)的结果就是把 c 自己的源代码打印了出来。

实际上，前面讨论的自我复制的程序也可以通过应用递归定理制造出来。设 F(x)为根据源代码 x 编译出 x 所对应的实体程序，那么根据递归定理，存在这样一段源代码 c(F)，使得执行 c 的结果就相当于根据源代码 c 而构造出了它自己，于是机器完成了自我复制的过程。

总之，利用递归定理，我们可以制造出可以任意摆弄自己源代码的程序。这就好像一个人可以打开自己的头脑对里面的神经网络进行任意的摆弄一样。事实上，计算机病毒就是这样的程序，它们不仅可以自我复制，而且在一定程度上还能自我升级。

自省程序

根据递归定理，我们完全可以写出具有自省、自我觉知能力的程序。首先，我们知道，存在着这样一种计算机程序 $F_t(x)$，它的作用就是计算任意的源代码为 x 的程序在经过 t 时间步的运算后的结果。通用图灵机的工作原理就与这个 $F_t(x)$ 类似，因为 U 可以模拟任意程序的运作。所以，$F_t(x)$ 的确是一个实实在在的可计算的程序。这里的 t 可以看作是给定的参数，因此 F_t 仅仅具有一个自变量，这就是源代码 x。于是根据递归定理，我们便知道，存在着一个源程序 O，它所做的就是：把自己的源代码拿出来，然后在自己的虚拟机上模拟自己运算 t 时间步后的结果。

等等，所有的程序不都是根据自己的源代码执行若干步后给出输出的吗？那么这样一个特殊的程序 O 又有什么特别之处呢？这里的关键就在于 O 的执行会在两个层面上发生。第一个层面是 O 的实际运算结果，这只有当我们实际运行这个程序的时候，才会看出来。另外一个层次是指程序的输出结果。一般的程序输出的结果不会跟它的运行表现相一致，但是这个独特的程序却不同，它的输出和表现完全一致。

如果你还不能理解上面的话，那么我们可以把这个程序比喻成人。人会说话，但是他所说的话并不总与他的行为表现相一致。而人具有自我意志，他完全可以做到这一点：说出来的话和做出来的动作完全一致。同样的道理，一般的程序也仅仅能做出和自己的输出不一致的行为，但是这个自省的程序 O 却能够做到言行一致。这说明，该程序具有自我觉知能力。

既然自我觉知是人类意识中最核心的能力，那么这样一种自省的程序已经可以把这种核心能力复制出来了。遗憾的是，虽然理论上自省程序完全能够构造出来，但就笔者所知，还没有人能真正把它造出来呢。这也许是一个值得实践尝试的事情。

推荐阅读

强烈推荐读者能亲自阅读和感受《哥德尔、艾舍尔、巴赫：集异璧之大成》这本奇书。另外，关于自指，推荐读者阅读我写过的一篇科普文章：《自指：连接图形与衬底的金带》一文。关于自创生理论，请读者参考 *Self-producing Systems-Implications and Applications of Autopoiesis*。关于自复制程序，请读者参考冯·诺依曼的巨著：*Theory of Self-reproducing Automata* 一书，尤其值得阅读的是该书的前 5 章，集智俱乐部的东方和尚已经把这部分全部翻译成了中文。关于递归定理，请参考 *Computability: An Introduction to Recursive Function Theory* 一书。另外，集智俱乐部曾举办过关于生命的自复制的活动，观看活动视频请扫下方二维码。

参考文献

[1] 侯世达. 哥德尔、艾舍尔、巴赫：集异璧之大成. 严勇，刘皓明，莫大伟译. 北京：商务印书馆，1997.

[2] 张江. 自指：连接图形与衬底的金带. http://www.swarma.org/swarma/detail.php?id=15387.

[3] Mingers J. Self-producing systems-implications and applications of autopoiesis, Springer, 1995.

[4] Neumann J, Burks A. Theory of self-reproducing automata, University of Illinois Press, 1966.

[5] 冯·诺依曼. 自复制自动机理论. 东方和尚译. http://www.swarma.org/swarma/detail.php?id=16689，2011.

[6] Cutland N J. Computability: an introduction to recursive function theory, Cambridge University Press, 1980.

第 5 章　从算法复杂性到通用人工智能

李熙

1956 年夏，麦卡锡、闵斯基、西蒙、纽厄尔、香农、索洛莫诺夫等人召开了为期一个月的达特茅斯会议，这标志着人工智能的正式诞生。起初，人工智能专家们野心勃勃，试图创造出不逊于人类智力水平的智能机器。但随后人工智能的每一个新浪潮都经历了从盲目乐观到彻底沮丧的轮回。通用问题求解器、感知机技术、基于规则的专家系统、遗传算法、神经网络、概率图模型、支持向量机，莫不如此。自 20 世纪 70 年代开始，除了少数人仍在坚持传统外，主流人工智能界已变得越来越谨慎，目标也开始转移，主要致力于针对某种（或某类）特殊问题、特殊功能、特殊领域设计算法问题求解。这完全脱离了人工智能先驱如图灵、麦卡锡、闵斯基、西蒙等人的预期规划。闵斯基甚至说："人工智能的研究从 70 年代开始已经'脑死亡'了。"现实环境千差万别，纷繁复杂，由人对每种环境设计具体算法，这种工作什么时候是尽头？针对特定领域设计的算法是否具有足够强的泛化能力，是否能够灵活地迁移到其他环境并迅速适应？针对不同功能（甚至是采用完全不同的技术）设计的不同算法能够进行协调整合吗？如果能，应该如何整合？有没有可能设计一种能够对各种环境、各种目的迅速适应并作出反应、处理信息、达成目的的智能主体？

经过半个世纪的发展，随着人工智能各个子领域的技术积累日渐成熟，大约从 2004 年开始，以"通用性"为目标的通用人工智能（Artificial General Intelligence）开始复兴。

2005 年，雷·库兹韦尔提出了他的奇点理论，他相信技术进步的指数速度不会衰减，并据此对人工智能的未来作出了极度乐观的预测，这引起了广大民众对通用人工智能的关注。

在学术领域，无论是在工程实践方面，还是理论创新方面，新的进展不断出现。尤其最近，DeepMind 公司把深度学习和加强学习结合了起来，用深度学习编码特征，用加强学习寻找策略，在 Stella 模拟机上让机器自己玩 Atari 2600 的游戏，结果不仅在很多游戏上战胜了其他机器，甚至战胜了专业的游戏高手。这显示了一定的通用性，但它只针对 Atari 2600 上的简单游戏，并对这一类游戏做了很多预处理，所以离真正的通用智能仍然很遥远。

如此众多的方案各自为战，虽然工程实践上互相借鉴，但理论方面各有自己的体系，归根到底是对"智能"本身的理解不同。抽象的"智能"是个很难精确定义的复杂概念。笼统地说，人的智能涉及模式识别、分类、学习、记忆、归纳、类比、泛化、联想、规划、优化、创新、演绎推理、问题求解、语言处理、生存、繁衍等方面，试图通过模拟人脑或模拟人类智能的各种功能模块而构建智能主体，可以看作一种自下而上实现人工智能的方式。那么有没有一种自上而下的方式？比如从全局出发对智能的研究自动包含具体的功能模块，或使各种"智能表象"自动涌现出来？抽象地看，智能主体是能够成功实现某种"目标"的主体，或者是能够在各种未知的环境中成功获取"最大效用"的主体。但"效用"是什么？

如何最大化？对于未知的环境如何估测和适应？各种可能的环境有哪些？有没有一个能在各种可能的环境中表现最优的"最智能"的主体？

2005 年，通用人工智能领域的代表人物马库斯·胡特[1]第一次给出了真正能适应各种不同环境的通用智能主体的自上而下的、严格形式化的、可靠的、通用的、无参数的数学模型，称为 AIXI，而且只用了下面一个公式：

$$\alpha_k := \arg\max_{a_k} \sum_{o_k r_k} \ldots \max_{a_m} \sum_{o_m r_m} [r_k + \ldots + r_m] \sum_{q:U(q,a_1..a_m)=o_1 r_1..o_m r_m} 2^{-l(q)} \qquad \text{(AIXI)}$$

通过 AIXI，上面提到的难题都可以得到某种解释。虽然 AIXI 本身是不可计算的，但是，在事先不告知具体游戏规则的情况下，即使对于 AIXI 的某种可计算的简单变种 MCAIXI-CTW[12]，它仍然可以完全通过试错法总结学习规则，玩好 Cheese Maze、TicTacToe、Pacman、Kuhn Poker 等各种小游戏。胡特本人将 AIXI 看作通用人工智能的"黄金标准"或指路明灯。经过这些年的发展，AIXI 甚至变成了希巴德、尤德考斯基等人研究人工智能伦理的理论基础。如此强大的智能背后究竟隐藏着什么玄机？下面就让我们一步步揭开通用智能模型 AIXI 的神秘面纱。

胡特的通用智能模型 AIXI 的核心是索洛莫诺夫的通用归纳模型，事实上，将索洛莫诺夫的通用归纳与序贯决策理论相结合就得到了通用智能模型 AIXI。序贯决策理论研究的是在客观概率分布已知但具体状态不确定的动态环境中，主体如何寻求最大化期望效用。它从初始状态开始，每个时刻根据所观察到的状态和以前状态的记录，依照已知的概率分布，从一组可行方案中选用一个能够获得最大化期望效用的最优方案，接着观察下一步实际出现的状态，然后再作出新的最优决策，如此反复进行。但最关键的问题是，如果这种客观的概率分布未知怎么办？这时我们能否借助某种"主观"概率代替"客观"概率，然后在这种"主观"概率下寻求期望效用最大化？这恰恰是索洛莫诺夫的"算法概率"大显身手的地方。那么，"算法概率"究竟是何方神圣呢？顾名思义，它是某种与算法相关的概率，可概率又是怎么与算法扯上关系的呢？我们知道，如果已知信源的概率分布，那么可以设计某种使得期望码长最短的最优码，比如霍夫曼码。笼统地说，这是通过对高概率事件赋予短编码、对低概率事件赋予长编码实现的，而算法完全可以理解为其"输出"的"编码"。如果我们把借助已知概率设计最优码的过程反过来，设想首先知道的不是概率而是编码（算法），那么就可以通过算法反向诱导出某种主观概率，然后对所有可能的算法诱导出的所有可能的主观概率进行加权平均，就得到了索洛莫诺夫的"算法概率"。但为什么这种把霍夫曼编码思想反过来诱导出的概率会有用呢？因为科学是压缩的艺术，简单性是科学的基本假设，探索世界背后的运行模式就是在寻找简单的算法。把短的算法赋予高的概率诱导出的是一种对各种可能世界或猜想的"先验信念"。这体现的正是奥卡姆剃刀的简单性哲学，而算法概率正是综合权衡了各种可能的算法诱导出的各种可能的主观概率。归纳是一个不断试错的学习过程，算法概率使得我们可以根据经验不断"修正信念"、逼近"真理"。有了算法概率做武器，再借助序贯决策理论帮助我们追逐效用，能够自动适应各种可能环境的超级智能体 AIXI 就诞生了。

简言之，通用智能的核心是通用归纳。通用归纳将归纳转化为预测，而预测的关键是压缩。压缩可以理解为对数据的建模或编码表示，它依赖于对模式的掌握，模式可以用算法来衡量。从数据到程序是编码，从程序到数据则是解码。编码越好（即压缩越短）则预测越准，预测越准行为就越有效。与智能相关的其他要素，诸如分类、类比、联想、泛化等都可以理解为对模式的追求，这些都可以在追求最大压缩的过程中涌现出来，所以不是基本的。但找寻最短编码的过程不是一个能行的过程，所以我们只能通过试错不断逼近。逼近的过程可以理解为一个信念修正的过程，这可以通过贝叶斯更新来处理，信念修正之前的"先验信念"的大小则取决于模式自身的简单性。

上面是对通用智能模型 AIXI 及其核心——通用归纳的简单介绍，下面我们详细展开。索洛莫诺夫把归纳问题转化为序列预测问题，而不是归纳出某个具体的模型。序列预测问题是最常见的智商测试题型，首先，让我们从几道常见的智商测试题说起。

几道数字推理题

> 万物皆数。
>
> ——毕达哥拉斯

(i) 1,3,5,7,9,11,13,15,(?)

(ii) 0,1,0,1,0,1,0,1,0,(?)

(iii) 1,1,2,3,5,8,13,21,(?)

(iv) 1,4,1,5,9,2,6,5,3,(?)

(v) 12,23,35,47,511,613,(?)

(vi) (7111,0), (8809,6), (2172,0), (6666,4), (1111,0), (2222,0), (7662,2), (9313,1), (0000,4), (8193,3), (8096,5), (4398,3), (9475,1), (0938,4), (3148,2), (2889,?)

直观上，前 4 个问题都比较简单，只要能够识别出给定数列背后的递推公式，后面的数位就可以"能行"地计算出来。这是一个先归纳再预测的过程，虽然最后的目的是准确预测下一位数字，但最关键的步骤是归纳出预期的递推公式。这里涉及两个核心要素：预先给定的数列（现象）、待估的递推公式（模型）。归纳推理就是这种从现象到规律（模型、假设）、从混沌到有序、从结果到原因的过程。下面一起看看这 6 道题的参考答案吧。

(i) 17

奇数列。

(ii) 1

0,1 交替。

(iii) 34

斐波那契数列。

(iv) 5

圆周率小数点后的数位。

(v) 717

数位拆分，第一位自然数序列，后面则为素数列。

(vi) 5

数"圈圈"的个数。

数列（现象）是初始给定的，所以真正需要我们自己解决的是——怎么找到那个递推公式（"能行"的"模式"）？

但先不急着找递推公式，因为，在开始寻找递推公式之前，我们忽视了一个比较哲学的问题，那就是归纳推理能保证确定性吗？以问题(i)为例，奇数列通项公式 $2n-1$ 是我们想要的递推公式，可是不难发现，下面这个递推公式也满足给定的数字串。

$$2n-1+\prod_{i=1}^{8}(n-i)$$

多个"模式"符合同一系列"现象"，这该如何取舍呢？

奥卡姆剃刀——哲学悖论？还是科学方法论？

> 如无必要，勿增实体。
>
> ——奥卡姆

通过这几道智商测试题我们看出，要解决序列预测问题，这里涉及的不是一个问题而是两个问题。

❏ 如何寻找以递推公式为代表的"能行"的"模式"？

❏ 如果递推公式（"能行"的"模式"）不唯一该如何取舍？

其实第二个问题涉及的是归纳推理能否保证确定性的哲学问题，现在让我们先来讨论第二个问题。

　　其实，很久以前，莱布尼茨就意识到了这个问题，他提出了曲线拟合悖论：一张纸上的任何有限个点总是能找到无限条曲线把它们串起来。这意味着，给定任何有限的观测数据，总有无限的归纳推理方式，总有无限的规律符合有限的观测材料，同果未必同因，究竟哪条规律才是决定这些材料的真正原因呢？为什么大家倾向于接受 17 作为问题(i)的答案而不接受（17 + 8!）？维特根斯坦遵守规则的悖论与此紧密相关，任何规则都无法唯一确定行为方式，因为有无穷多的行为方式可以和这条规则相符或者相违。从表面上看，维特根斯坦遵守规则悖论跟莱布尼茨曲线拟合的悖论说的是相反的两件事：维特根斯坦说有无限的行为方式可以符合或违反一条规则，莱布尼茨说可以有无限多的规则符合给定的有限多的行为。但遵守规则的悖论的根源事实上是，主体不能通过有限的行为方式习得唯一不变的规则概念，所以规则的语义概念不明确，规则本身只能通过主体在社会环境中各种"遵守规则的行为"过程中获得"隐定义"。

　　哲学家古德曼曾给出过一个绿蓝悖论的例子：目前发现的所有祖母绿都是绿的，但这个事实本身与以下两个假设吻合得同样好。

　　　假设一：所有祖母绿都是绿的。
　　　假设二：所有祖母绿都是"绿蓝"的——即在未来的某个时间点（比如
　　　　　　　2050 年）前所有的祖母绿都是绿的，其后都是蓝的。

　　因为诸如此类的悖论，归纳推理的有效性一直饱受质疑，莱布尼茨也认为有限的观测无法确保一般真理的普遍必然性，过去发生的将来未必同样发生。哲学家休谟认为，归纳仅仅是一种心理习惯，人不可能借助归纳推理确保结论的确定性，从个别到一般的推理不具有必然性。归纳推理需要借助于"未来与过去的相似性"，但这本身顶多是一个归纳结论，如果再以归纳的方式辩护它的有效性，则陷入了逻辑循环。

　　为了解决这个问题，穆勒试图通过引进"自然的齐一性"的假设作为归纳推理的基础。但"齐一性"的精确含义究竟是什么？在莱布尼茨那里所有可能世界都必须符合"充足理由律"，都依照"数学规律"做"机械"的运转。在无穷多的"机械"的"数学规律"之间，莱布尼茨动用了奥卡姆剃刀——强调简单性的标准，认为规则之所以为规则就必须简单，如果允许任意高程度的复杂性，那么规则也就不能称其为"规则"而趋近"随机"了，规律性的缺乏或者说复杂性的过高将导致混沌甚至"随机"。

在真正的原因不明朗的情况下，对于一个表述简单但解释力、预测力强的假设，如果所有已知的现象都跟它相符合，而没有现象与它违背，那么，在实践过程中，在与此矛盾的现象产生之前，这个假设就可以暂时拿过来当原因用。

莱布尼茨的这种观点不仅适用于日常生活，而且与当今科学方法论的主流观点相契合。科学哲学家波普尔就以其对科学方法论的研究而著称。他认为，科学的发展遵循如下规律：

$$P_1 \to T_1 \to E_1 \to P_2 \to \ldots$$

针对问题 P_1，可以提出许多相互竞争的可错的猜想/假设或尝试性的理论 T，然后逐一考察这些理论，根据当前的观测消除错误排除掉那些与现象不相容的猜想。对于那些能够解决现存问题的理论排一个序，可证伪性越高的理论越值得重视，然后再用它们进一步尝试解决产生的新问题 P_2。随着问题的不断深入，越可证伪但能够经受得住严格的反复检验的理论越逼近真理，科学就这样通过试错法不断前行。这种不断提出猜想反复试错的过程类似于生物的基因变异与自然选择的进化过程：适合生物生存的变异基因得以保存，不适合的被淘汰；适合解决问题的理论得以留存，不适合的被排除。作为"全称"命题的真理不能被有限的事例证明，但可以被证伪，所以在此过程中重要的是对问题求解的适应性，而不是寻求一劳永逸的证明。但可证伪性是一个纯粹主观的概念，往往认为越简单的理论越可证伪，也就是说，各种理论猜想是按照简单性排序的：$T_1 < T_2 < \ldots$，但简单性同样缺乏一个客观的衡量标准。图 5-1 展示了科学方法论的过程。

不可否认，在现实生活中，经验养成的心理习惯使人获益的时候多，受损的时候少，这是自然选择的结果。虽然简单性缺乏一个客观的标准，"归纳仅仅是一个心理习惯"，但对简单性的心理偏好得到了一些格式塔心理学实验的支持。格式塔心理学家们通过一系列实验总结出，人在知觉时倾向于按照一定的模式把感觉材料组织为一个有机的整体，而不是知觉为一堆个别的感觉材料的简单集合。人在将感觉材料组织为整体的过程中，一般遵循接近法则、连续法则、闭合法则、经验法则、相似法则、对称法则等，而这些都可以看作完形趋向法则的不同表现形式，也就是人的认知有趋向于简单有序、闭合完整的倾向。比如人在看到图 5-2 所示的第一张图片时倾向于自动脑补出第四张图片。所以从认知上看，简单性体现在知觉空间的邻近性、连续性、完整性，事物规则的相似性、对称性（比如镜像、平移、旋转、伸缩等变换下的不变性等）以及与以往经验的吻合性等特征上。

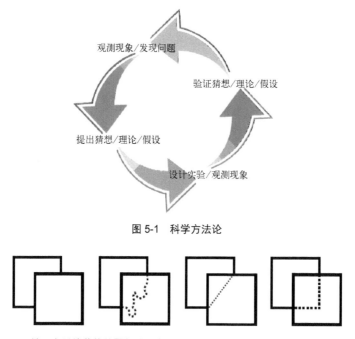

图 5-1 科学方法论

图 5-2 被正方形片盖住的那部分最有可能是什么样子的？看到第一张图的时候你最期待的是否是第四张图呢？

连续、闭合、相似、对称等仅仅是一些最基本的直观性质，具有这些属性的模式更易于被大脑记忆存储，但这些远没有穷尽简单性的所有内涵。如何才算穷尽简单性的内涵？这就不能只考虑直观易见的基本模式，而要考虑所有可能的模式。

也就是说，对于"归纳推理能否保证确定性"的哲学问题的回答依赖于一个模糊的概念——简单性。即使有不止一个递推公式符合给定的数列，但越简单的那个越好。而要精确定义"简单性"，就要考虑所有可能的"模式"。

压缩 vs 预测、编码 vs 概率

在界定所有可能的"模式"之前，请先阅读下面这则小故事，体会一下我们主观理解的"简单性"。

手扶拐杖的外星绅士造访地球，想把地球文明传播到自己星球。临别时，地球人慷慨赠送给他一套百科全书："全部人类文明尽在其中！"绅士谢绝："不，谢谢。我只需在手杖上点上一点。"

历史悠久的地球文明直观上非常"不简单"，需要很多厚厚的百科全书才能记载，外星绅士手杖上的一点却让人觉得再"简单"不过，但二者却是等价的，仅仅通过"一点"，外星绅士就能把整个地球文明无损地带走。这是怎么回事呢？答案是编码。通过编码进行数据压缩。

那么现在我们来考虑一个数据压缩的问题，比如，如何用数字串 0、1 对英文版的《战争与和平》进行编码，要求翻译成数字串后还可以译回原来的英文，而且要让翻译后的数字串尽量短。

让我们暂时先抛开唯一可译的问题，首先考虑：让一篇英文文章编码尽可能短的最直观最直接可用的信息是什么？英文字母出现的频率不同！如图 5-3 所示，有些英文字母（如 e、t、a）出现的频率会远远高于其他字母（如 j、q、z）。如果想让编码后的文章更短，就需要采用某种变长码，对频繁出现的字母分配较短的描述，而对不经常出现的字母分配较长的描述。这就是这里我们要用到的直观概念。

事实上，如果已知客观概率分布 P，可以证明，编码的期望码长必大于等于某个下界，这个下界就是香农熵。采用某些好的编码方式可以渐近地接近甚至在某些理想情况下达到这个下界。如果忽略码长必须是某个整数这个限制，那么，对于 x 采用长度为 $-\log_2 P(x)$ 的方式编码，就可以达到这个下界，用这个长度或接近这个长度进行编码是可行的，比如霍夫曼码就可以以类似的码长实现期望码长最小的目标，它就是对高概率事件赋予短的编码，对低概率事件赋予长的编码。

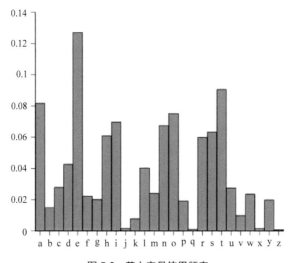

图 5-3　英文字母使用频率

不管上帝以何种概率分布创世，假如他对可能的历史的编码方式是最优的，那么奥卡姆剃刀就有意义。假如客观的概率分布未知，而已知历史经验 x，如果对 x 有一些编码方式 code(x)，然后把霍夫曼编码的思想反过来，对于短的编码应该赋予高的概率/信念，对于长的编码应该赋予低的概率/信念，这样就可以诱导出某种概率/信念：

$$P(x) := 2^{-l(\text{code}(x))}$$

其中 $l(x)$ 表示 x 的长度。

根据奥卡姆剃刀，简单的猜想 code(x)更似真，code(x)越短，它的真理性越高。那么，这种诱导出的概率反映的是对产生 x 的真实分布的猜测，理想的编码可以诱导出最似真的"信念"，即更接近上帝创世采用的"客观概率"。但什么是理想的编码方式呢？

界定"模式"——可计算的"路径"

> 上帝一计算，世界就创造出来了。
>
> ——莱布尼茨

通过上节的讨论我们发现，复杂的事物要想简单地表达必须先压缩。压缩可以通过编码来实现，而编码与概率有着奇妙的联系。虽然我们现在还不知道这种概率究竟有多大用，能否帮助我们最终解决序列预测的问题，但我们猜测，通过理想的编码诱导出的概率在某种意义上反映了序列（或现象）的真实分布，所以我们首先应该讨论清楚什么是理想的编码。

给定英文版的《战争与和平》，只针对这本小说来说，直观上理想的编码方式说的应该是，把它翻译成 0、1 序列后的书厚度最薄，但要做到这一点，仅仅通过考虑前面提到的字母的出现频率进行编码就能实现吗？答案是否定的。因为，语言不是掷色子产生的，不是满足多项分布的伯努利试验。如果考虑词的层面，我们会发现，英文中经常会有某些固定搭配，某些词的后面跟随另一些词的频率非常高，比如 deal 后面紧跟 with 的可能性很大。上升到句子的层面也会有类似的规律，比如某些连词的固定搭配，在 if 引导的从句后，下一个从句极有可能是由 then 引导的。任何类似的规律或模式都可以为我所用，不管是字母层面、词语层面还是句子、篇章层面，都可以帮助压缩编码后的书的厚度。所以分析简单性必须考虑所有可能的模式，不管它们隐藏得有多深。

　　从讨论序列预测涉及的第二个问题（归纳能否保证确定性）开始，我们一路追究到了简单性的概念，追究到了压缩与编码的问题，而这竟把我们引到了序列预测涉及的第一个问题的核心概念上：以递推公式为代表的规律或模式究竟是什么？这种所谓的规律或模式到底有多少？

　　在回答这个问题之前，不妨让我们先回顾一下前面的智商测试题。很容易看出来前几道题的规律，无非是某种递推公式而已。比如，下面的第一个数字串，我们都知道它是圆周率的小数位，可你能看出第二个数字串的规律吗？估计很少有人能直接看出来，如果你看了半天仍然看不出来，那么估计你会丧气地感觉这个数字串跟随便抛硬币抛出来的数字串没什么区别。但其实它也是圆周率的小数位，只是使用二进制表示而已。现在你知道答案了，然后动手验证了一下，发现没错，然后你会同意，这个数字串也是有规律的，只是它的规律隐藏得更深而已。但为什么隐藏得这么深的规律仍然可以被称作规律？我们会说，因为圆周率可以通过某种能行的递推公式运算得到，十进制数到二进制数的转换也是一种能行的运算，然后通过二者的复合运算即可得到我们想要的数字串。

141592653

0010010000111111011010100001000

　　因此，这里我们一直把规律或模式看作某种能行的计算，正是为了刻画这种能行的计算模式，图灵发明了图灵机（如图 5-4 所示）。

图 5-4　图灵机

　　图灵机是个超级简单的计算装置（参见本书第 2 章），但它的计算能力却异常强大，可以证明，图灵机可计算的函数类对应了部分递归函数类，而当今最前沿最高深的理论物理学所用到的函数都不会超出这个类。

　　鉴于图灵机强大的威力，图灵提出了图灵论题：任何能行可计算的函数都是图灵机可计算的。这一论题至今没有被推翻。人们从各种角度做出了各种刻画能行可计算的尝试，试图超越图灵机可计算的概念，但最后发现这些模型都是彼此等价的。图灵论题及各种等价的计算模型如下所示：

能行可计算

‖

递归 = 图灵可计算

‖

有穷可定义 = Herbrand-Godel可计算

‖

任何一个协调的包含R的形式系统可表示

‖

λ-可定义 = 流程图（或while程序）可计算

‖

附加一条无穷带的神经元网络可计算 = "生命游戏"

‖

Post/Markov/McCarthy/Kolmogorov &Uspensky可计算...

　　如果人的意识是可计算的，这种简单的图灵机也将可以涌现出意识现象；如果现实世界本身都是可计算的，那么现实世界的终极真理将不过是某个写在这种图灵机上的程序（如表 5-1 所示）。

表5-1　科学是对经验的理解，理解就是压缩，预测可以看作某种解压缩

公　　理	形式系统	定　　理
程序	通用图灵机	输出
编码	解码	原始数据
科学理论	推演	经验现象
DNA	演化	有机体
终极理念	上帝	宇宙

　　"可计算"的概念相当稳定，上面提到的理论 R 是一个非常弱的形式系统，比鲁滨逊算术还弱，而鲁滨逊算术又远弱于我们常见的皮亚诺算术，但任何比它强的系统，不管有多强，最后"可表示"的函数都是一样的，都是递归函数，也只有递归函数形式系统"可表示"。从上面列出的各种等价的定义可以看出，到目前为止，从各种不同角度对"能行可计算"概念的把握都聚焦了同一个东西。这些都极大地强化了我们对图灵论题的信念，甚至远远大于对任何主流的物理学理论的信任程度。人脑和世界可计算的猜想越来越受重视，很大程度上正是源于图灵论题牢不可破的信念。

如果不限制计算资源的话，人脑完全可以支持通用计算，也就是说，可以模拟任何可能的计算。如果现实世界确实是可计算的，那么，在忽略计算资源限制的情况下，人脑原则上可以模拟现实世界（包含人脑自身）的运行。人脑甚至可以枚举所有可能的计算（所有可能世界）。所有可能尽在掌握，是我们尽情删减、挑选的时候了。

量化简单性——算法复杂性

> 上帝走捷径。
>
> 让一切尽量简单，但不更简单。
>
> ——阿尔伯特·爱因斯坦

我们把规律或模式看作可计算的函数，贯穿有穷个点的路径有（不可数）无穷多，我们只关注那些可计算的路径，但这种可计算的函数仍有可数无穷多，哪条才是我们想要的呢？如果我们不知道哪条是我们想要的，又怎么估计下一个点会落在哪里呢？虽然我们把穿过有限个点的路径从不可数无穷多条减少到了可数无穷多条，但莱布尼茨的曲线拟合悖论（见图 5-5）依然困扰着我们。

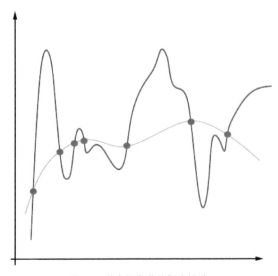

图 5-5　莱布尼茨曲线拟合悖论

我们无法选出唯一的一条一往无前地走下去，这就是一直挑战着哲学家们的"同果未必同因"的归纳问题。莱布尼茨给出的解决方案是借助于简单性，虽然我们无法选出唯一的一条，但我们可以有所偏好，越简单的路径我们可以赋予越多的心理预期（心理习惯），然后根据观测到的新点不断调整这种心理预期。至于如何调整后面再讨论，首先面对的问题是，简单性有客观的衡量标准吗？柯尔莫哥洛夫通过定义算法复杂性正面回答了这个问题。

前面我们谈到了把规律或模式等同于图灵可计算的函数，在图灵机上真正计算这个函数的程序就有一个长度，用这个程序的长度衡量简单性就是一个很直观的想法。但我们不禁要问，即使是通用图灵机也有无穷多种，虽然计算的是同一个函数，但会不会在一个通用图灵机上的程序很短，在另一个通用图灵机上的程序可能需要很长？不必担心，我们可以证明某种不变性！定义序列 x 的算法复杂性为某通用图灵机 U 上输出它的最短程序的长度。

相对于任何其他通用图灵机 U′，在某个（依赖于 U′ 但不依赖于 x 的）常数界内，通用图灵机 U′ 上计算 x 的最短程序的长度近似等于 x 的算法复杂性。因为通用图灵机可以模拟任何图灵机（包括各种通用图灵机），比如常见的程序语言 C 或 Java 等都可以看作通用图灵机。你可以在 Java 语言中写一个翻译程序，将任何 C 语言的程序自动翻译成 Java 语言的程序，假如 p 是 C 语言中计算 x 的最短程序，$p′$ 是借助翻译程序把 p 从 C 语言翻译到 Java 语言的对应程序，所以 $p′$ 在 Java 中计算 x，而且 $p′$ 不会比 p 长多少，最多相差一个翻译程序的长度而已。反之，从 Java 到 C 也可以有类似的翻译。

因此，在与输入无关的常数界内不依赖于具体哪个通用图灵机的意义上，算法复杂性概念客观地刻画了简单性概念。

现在有了简单性概念，我们忍不住要定义心理预期，进而解决归纳问题了。如何定义心理预期呢？分配心理预期无非就是分配某种权重，而这种权重需要与简单性或算法复杂性成负相关的关系，越简单越偏好。最自然的想法就是，定义穿过序列 x 的一条路径（可计算的函数 f）的权重，可以借助通用图灵机上计算函数 f 的程序 p。回顾前面我们用编码诱导概率的方式，我们把 p 看作 x 的编码，对于短的编码赋予高的概率，对于长的编码赋予小的概率，编码长度与心理预期负相关。这样，对于任何对 x 的编码方式 p，即 p 与 x 一致，或者说 p 输出 x，那么我们对 p 赋予的偏好/信念大小就是 $2^{-l(p)}$。在没有任何经验的情况下，我们的总信念就是所有停机程序的信念之和，但很不幸，它是发散的！这意味着我们赋予信念的方式无法归一化为合适的概率测度，我们从算法诱导概率/先验信念的方式是有问题的，所以不能考虑所有可能的停机程序。

为了解决这个问题，我们不得不放弃一般的图灵机，转而考虑某种特殊类型的图灵机——前缀图灵机（如图5-6所示）。这种图灵机有三条带子，一条单向的输入带，一条单向的输出带，一条双向的工作带，输入带只读，输出带只写，单向带上的读头、写头都只能从左往右移动。这种前缀图灵机上所有停机的程序构成前缀码：没有一个程序是另一个程序的前缀。这是一种"自定界"的程序——只读头读完输入带上的程序就知道这个程序结束了，而不必担心有另一个更长的程序是它的延伸。事实上，在计算同样的函数的意义上，任何普通的图灵机程序都可以等价地改写为这种"自定界"的程序。因此可以说，虽然我们限制了图灵机的类型，但事实上我们并没有真的丢失任何假设。

单调图灵机与前缀图灵机的硬件完全一样，唯一的区别是，对于前缀图灵机，我们只考虑那些停机的程序，所有停机的程序构成前缀码。而单调图灵机不必停机，可以无限运行下去。但对于任何给定的输出 x，输出 x 的所有单调图灵机程序构成前缀码。

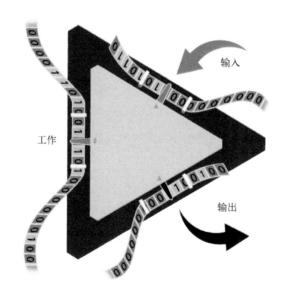

图 5-6　前缀/单调图灵机

针对这类前缀/单调图灵机，可以构建通用前缀/单调图灵机，然后可以定义字符串 x 的算法复杂性 $K(x)$ 为通用单调图灵机输出 x 的最短程序的长度[①]，如图5-7所示。

---

① 有意思的是，可以证明，对于任何可计算的概率分布，算法复杂性的期望近似等于香农熵。

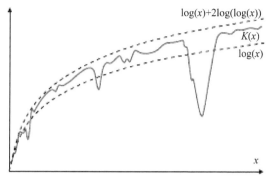

图 5-7　算法复杂性

依照前面的方式，现在可以定义对前缀图灵机程序 p 的权重（信念/偏好）为 $2^{-l(p)}$，而且可以证明，所有停机的前缀图灵机程序的信念之和是收敛的[①]，所以可以归一化为合适的概率测度。

哲学家伊壁鸠鲁认为，不仅要考虑与经验一致的最简单的假设，所有不违背经验的假设都要保留。

那么，下面考虑一个问题：如图 5-8 所示，如果在单调通用图灵机的输入带上随机地抛掷一枚质地均匀的硬币，抛出正面写 1，抛出反面写 0，那么输出带上会输出序列 x 的概率为多大？

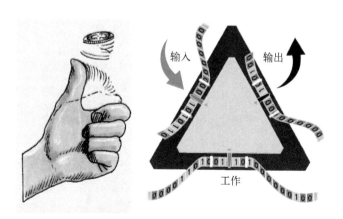

图 5-8　上帝抛硬币！抛到图灵机上！

① 这就是著名的 Chaitin 常数，它是算法随机的，借助它可以证明某种版本的不完全性定理：任何包含初等算术的可递归公理化的协调的形式系统都只能判定的有限位数字。

不难发现，答案为：

$$M(x) := \sum_{p:U(p)=x*} 2^{-l(p)}$$

这就是索洛莫诺夫定义的算法概率。其中，$U(p) = x*$表示 p 输出 x 后未必停机，可以继续输出下去。这也是奥卡姆与伊壁鸠鲁的折中，伊壁鸠鲁要求保留所有与经验一致的假设，奥卡姆独钟最简单的假设，而算法概率既保留了所有与经验一致的假设，又对简单的假设赋予了更高的偏好，同时兼顾了二者。

设想一下，如果这枚质地均匀的硬币不是抛在图灵机的输入带上，而是直接抛出什么就作为结果输出什么，那么历史序列 x 的概率将是 $2^{-l(x)}$，下一刻历史序列 x 的延伸是 0 还是 1 的条件概率将是 1/2。也就是说，如果我们的世界是以一种完全随机的方式创世的，那么我们还有任何办法进行某种可靠的预测吗？

我们允许上帝掷色子，但必须掷在图灵机上！上帝如此至真至善，表面上看似无私（随机），事实上以更高的可能性输送更简单的模式供我们归纳学习。换句话说，奥卡姆剃刀是种信念，是对简单性的信念，是对上帝编码的最优性的信念。

通用智能的核心——通用归纳的讲解到此结束，接下来，我们只需要在此基础上添加一个序贯决策过程即可创造出通用智能主体 AIXI 了。

主体与环境的交互——通用智能

> 智能是主体在各种各样的纷繁复杂的环境中实现目标的能力。
> ——肖恩·莱格，马库斯·胡特

前面讨论的通用归纳模型事实上是一种预测模型，而且，预测的行为本身并不构成对环境的任何影响，虽然主体对环境作出了预测，但不会采取任何行为去改变环境。但现实生活中，我们都是世界的一份子，我们的每一个行为都在有意无意地影响着环境，而且，很多时候，重要的不是解释世界，而是改造世界。比如，我们研究股市的模式，根据自己发现的模式预测股市随后的走势，然后根据预测结果决定买进还是卖出，但无论是买进还是卖出，我们的交易行为都反过来影响着股市的波动。这个过程可以看作主体与环境的交互过程。

考虑一个面对未知环境的主体，它与环境不断交互（如图 5-9 所示）。在每一个回合中，主体都对环境作出某种动作，然后这个动作激发环境作出某种反应，反过来给主体一些反馈。主体感知到这种反馈，同时从中体会到某种正面（幸福）或负面（悲伤）的效用，然后计划下一回合的交互该采取哪种动作，主体的所有信息都来自过去与环境交互的历史，它对未知环境的评估也主要依赖于这些信息。

如果主体和环境都是确定性的，那么二者的交互可以看作两个程序（p 和 q）的交互，其中一个的输出是另一个的输入，一个的输入是另一个的输出。

如图 5-10 所示，p 的输入带是 q 的输出带，p 的输出带是 q 的输入带。在第 k 个回合，主体 p 输出（做动作）a_k，环境 q 读取 a_k，然后输出 o_k。伴随着 o_k 还反馈给主体 p 某种效用 r_k，主体 p 读取（感知到）o_k 和 r_k，然后进行下一个（第 $k+1$ 个）回合。

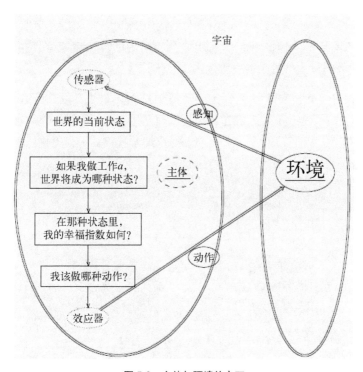

图 5-9　主体与环境的交互

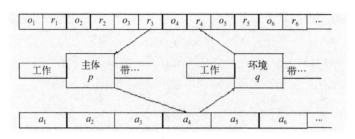

图 5-10　主体与环境的交互

生活是一系列选择的总和，如果你选择了做 a_k，你就可能面对 o_k、品尝 r_k。要想收获更多，就需要慎重选择，立足当下，评估未来。可如何立足当下，评估未来呢？前面处理归纳问题时，我们用算法概率来估测可能的未来历史，这里也一样，我们评估主体与所有可能的环境 q 交互出的所有可能的历史，对于简单的环境赋予高的偏好，对于复杂的环境赋予低的偏好，然后用综合权衡后的算法概率来评估可能的历史 $a_1 o_1 r_1 ... a_m o_m r_m$（假设主体的生命长度为 m）。

最智能的主体就是在这种不确定的环境中最大化未来的期望累积效用的主体 AIXI（见图 5-11）。也就是说，在主体与环境交互过程中，主体最优的行为方式就是依照算法概率（主观信念）评估未知环境、寻求期望累积效用最大化。在主体与环境交互的第 k 个回合，主体最优的行为方式是：

$$a_k := \arg\max_{a_k} \sum_{o_k r_k} ... \max_{a_m} \sum_{o_m r_m} [r_k + ... + r_m] \sum_{q:U(q,a_1..a_m)=o_1 r_1..o_m r_m} 2^{-l(q)} \qquad (\text{AIXI})$$

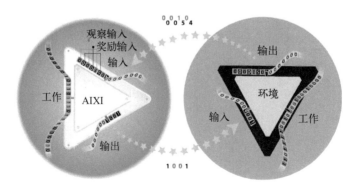

图 5-11　AIXI 与环境的较量

我们只用这一个公式就定义了通用智能主体。注意，这里的期望（Σ）和最大化

（max）要按顺序交错进行（如图 5-12 所示）。

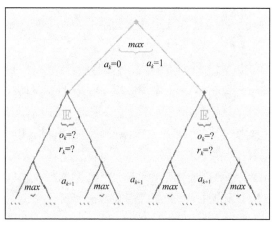

图 5-12　M-E-M-E

即使对于不确定的环境，只要它是有规律的（看作某种可计算的测度），那么，跟通用归纳时的情形一样，我们的算法概率仍然可以很好地逼近真实的环境，上面定义的智能主体 AIXI 仍然可以很好地适应。而且可以证明，AIXI 是平衡帕累托最优的，即使有主体在某些环境下能获得比 AIXI 更多的回报，但在另外一些环境下必将付出更惨重的代价。

对于 AIXI 的各种优良性质，可以参看胡特的文章[1]。

图 5-13　胡特的通用智能模型 AIXI 可以看作最大化期望累积效用的序贯决策过程　　　　与索洛莫诺夫序列预测的通用归纳模型的结合，是一种以算法概率寻求期　　　　望累积效用最大化的决策

AIXI 能处理什么问题？

AIXI 究竟能处理什么具体问题呢？事实上，几乎所有的 AI 问题都可以被处理。下面给出几个例子。

- 序列预测。显然，索洛莫诺夫的序列预测可以看作 AIXI 的特例，所以 AIXI 拥有序列预测的功能，像股票走势、天气预报、彩票投注之类的问题都可以转化为类似的序列预测问题，只要现实世界中这些问题真的是可计算的，那么 AIXI 都可以成功预测。

- 最优化。比如寻找某个函数的最小值问题，这时 AIXI 可以权衡计算该函数的所有程序，然后只要把 AIXI 的效用函数设为跟自变量的函数值相关的某个函数就好了。函数值越小效用越高，为了寻求最大效用，AIXI 会自动寻找函数的最小值。计算经过所有城市路途最短的旅行商问题、求解生产某产品的最小成本问题等都属于此类问题。

- 策略博弈。AIXI 还可以进行各种策略博弈，只需要把博弈的另一方看作"环境"就好了，比如象棋之类的二人零和游戏。而且，如果对手是"理性人"的话，AIXI 的期望最大化策略会收敛到通常的极小极大化策略。传统的博弈理论只能处理理性主体间的博弈，如果博弈的另一方有一些非理性的行为，只要这些行为仍然具备某种模式，那么 AIXI 都可以探索出来，然后加以利用，从而谋利。也就是说，AIXI 可以对抗有限理性或非理性玩家。

- 监督学习。给定一系列$(z, f(z))$，AIXI 可以轻易地预测$(z', ?)$，所以监督学习也很容易处理。比如识别物体的属性和根据属性分类的问题都可以划归为这种样式。比较复杂一点儿的如给定一些状态，然后教它在合适的状态下做合适的动作，这意味着给定一个$(state, action)$序列，然后 AIXI 就可以学会遇到什么状态该采取什么行动了。诸如此类的几乎所有问题都可以划归为 AIXI 能处理的问题，与智能相关的各种要素也都应该可以从中涌现出来。这里最关键的还是对环境的压缩问题，而压缩包含着对任何模式的探索，一般来说具体的问题往往只是针对某些或某类具体的模式。

智能的定义与测量

从图灵提出图灵测试开始，人工智能专家们提出了各种对智能的定义或测试方式，肖恩·莱格[3]对此进行了细致的调查分析，然后与胡特一起提出了对智能的理解——智能就是在各种各样的纷繁复杂的环境中实现目标的能力。

一个主体 π 在与环境 μ 的交互过程中可以获得的期望效用记为 V_{μ}^{π}，依照对各种环境的通用先验，主体 π 适应各种环境能力的智能或通用智能即为通用先验下对 V_{μ}^{π} 的期望。

以前对智能的定义和测试都是非形式化的，莱格和胡特第一次给出了对智能的形式化定义。根据 AIXI 的定义和莱格和胡特对智能的定义，AIXI 可以获得最高的智能，AIXI 是一个超级智能体。

正如算法概率可以看作各种归纳系统的黄金标准，AIXI 可以看作各种智能系统的黄金标准，其他所有智能体的智能都应该是对最高智能的逼近。

图 5-14 展示了智能的定义与测量，其中纵轴是已有的比较著名的智能定义与测量标准，横轴表示一个好的智能定义或测量标准应该具有的性质。可以看出，AIXI 具备各种理论上的优点，但缺点是不具备实用性，这是由其不可计算性导致的。这个缺点是否有办法克服呢？

★=是，•=否，●=有争议的，?=未知的，智能测试	有效性	有用性	广泛性	一般性	动态性	无偏性	基础性	正式性	客观性	完全定义性	普适性	实用性	测试(T)定义(D)
图灵测试	•	•	•	•	•	•	•	•	•	•	•	•	T
全图灵测试	•	•	•	•	•	•	•	•	•	•	•	•	T
反图灵测试	•	•	•	•	•	•	•	•	•	•	•	•	T
Toddler 图灵测试	•	•	•	•	•	•	•	•	•	•	•	•	T
语言复杂性	•	★	•	•	•	•	•	•	•	•	•	•	T
文本压缩测试	•	★	★	•	•	•	•	★	★	★	•	★	T
图灵比	•	★	★	★	?	?	?	?	?	?	•	?	T/D
心理测量人工智能	★	★	★	★	?	•	•	•	•	•	•	•	T/D
史密斯测试	•	★	★	•	•	•	★	★	★	•	•	?	T/D
C测试	•	★	★	•	•	★	★	★	★	★	•	★	T/D
通用 Υ(π),AIXI	★	★	★	★	★	★	★	★	★	★	★	•	D

图 5-14　智能的定义与测量

通用智能主体 AIXI 的逼近与变种

> 所有模型都是错的，但有些是有用的。
>
> —— George E. P. Box

AIXI 的逼近

我们在上一节见识了 AIXI 及其变种各种理论上的最优性质，但它究竟有没有实用价值呢？首先来看一种对 AIXI 的粗暴的逼近，对图 5-12 中的期望最大化树进行暴力截枝，只往前看固定的几步，仅考虑只依赖于过去几步记忆的马尔可夫环境，然后在不告知游戏规则的情况下让处理后的 AIXI 重复玩囚徒困境（Prisoner's Dilemma）、猎鹿博弈（StagHunt）、斗鸡博弈（Chicken）、性别战争（Battle of Sexes）和猜硬币（Matching Pennies）等简单的游戏，发现它仍能较好地预测对手的策略，获得令人满意的效果。图 5-15 是 AIXI 重复囚徒博弈示意图。

有一种限制可能的环境类通过蒙特卡洛方法和上下文树加权方法而作出的逼近 MCAIXI-CTW[12]（见图 5-16）具有更好的效果，它可以在事先不知道游戏规则的情况下，通过试错法玩好 Cheese Maze、Tic Tac Toe、Pacman、Kuhn Poker 等各种稍微复杂的游戏（见图 5-17）。

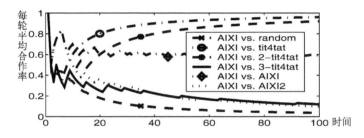

图 5-15　如果对手随机选择背叛或合作，AIXI 可以很快发现对手的策略从而选择持续背叛；如果对手采用以牙还牙策略，则 AIXI 很快会倾向于乖乖合作

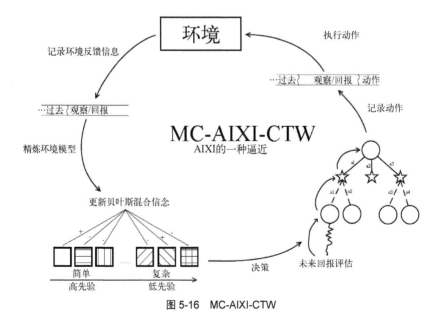

图 5-16　MC-AIXI-CTW

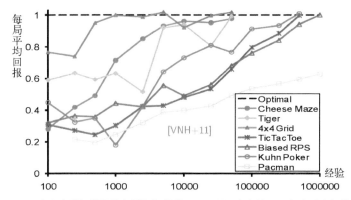

图 5-17　在事先不知道具体领域知识的情况下，同一个主体可以自动适应各种环境

　　AIXI 的每一步决策都依赖于其过去的历史，现实世界虽然复杂但也没有那么复杂，其中存在很多相对独立的模式，只依赖它们就可以进行很好的预测，因此，胡特[2]提出了"特征加强学习"的逼近方法，通过一种类似极小描述长度原则的思想，可以将主体的历史自动映射到合适的状态上。虽然这一步很困难，但只要这一步解决了，就可以将难处理的逼近问题划归到相对简单的马尔可夫决策过程上。如果处理的现实问题是简单的，那么通过这种方法就能自动找到一个简单的马尔可夫决策过程去刻画它。在一些游戏上，这种方法可以取得不逊于 MC-AIXI-CTW 的实验效果。

AIXI 的变种

　　在 AIXI 的框架中，主体和环境可以看作两个完全独立的主体在交互，这是为了易于处理问题而进行的简化，现实世界往往更加复杂，主体并不具有游离环境之外的超越地位，主体也是环境的一部分，主体的计算资源受到环境的时空限制，为了刻画这些复杂的情形，AIXI 的各种变种应运而生。

　　根据效用函数和贴现函数的不同，AIXI 可以有几种不同类型的变种。根据能否读取和修改自身源代码、内存以及环境能否读取和修改主体的源代码等，又可以定义几种不同的变种，这主要是 Orseau[6][7][8]等人发展的。以下是 AIXI 的几个变种。

- ❑ 加强学习的主体。对于加强学习的主体来说，效用是它外部感知的一部分，胡特[1]最开始提出的 AIXI 就是一种加强学习的主体。
- ❑ 追逐目标的主体。对于追逐目标的主体来说，效用很单纯，只要在规定的时刻完成目标效用就是 1，否则就是 0。

- 专职预测的主体。对于专职预测的主体来说，效用函数也很单纯，如果成功预测环境下一步的反馈，效用就是 1，否则为 0。
- 寻求知识的主体。寻求知识的主体是最有意思的一类变种，它的效用不是外部环境赋予的，而是自发驱动的，纯粹是为了追求好奇。这种主体纯为探索模式而生，所以对它来说，往往不存在传统的探索/开发（exploration/exploitation）两难，探索就是开发，因此它是弱渐进最优的。
- 自修改源代码的主体。如图 5-18 所示，自修改源代码的主体由两部分组成：它自身的源代码以及源代码的执行器。代码执行器将源代码作用于当前历史并产生一个输出，这个输出由一个动作和下一版自己将要变身的源代码构成。

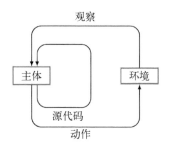

图 5-18　修改自身源代码的 AIXI

- 可修改和被修改源代码和内存的主体。一个能够进行自我欺骗的自修改源代码的主体有一个欺骗箱（如图 5-19 所示），可以对环境反馈回来的输入进行修改，而且环境也有办法对主体想升级的源代码进行修改。有意思的是，对于寻求知识的 AIXI 变种，即使环境可以修改它的代码，即使允许它可以自己修改观测数据，它也不会进行自我欺骗。

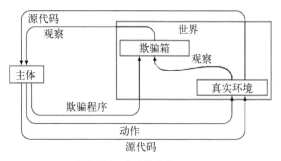

图 5-19　自我欺骗的 AIXI

- 只为求存的主体。只为求存的主体的效用函数很简单，如果能保持初始的源代码不变，其效用就为 1，否则为 0。

  ❑ 内嵌时空的主体。如图 5-20 所示，对于内嵌时空的主体来说，它完全是环境的一部分，环境可以修改主体的任何部分。环境执行主体的代码，它的第一步可以是人为限定的某个不超过固定长度的程序，后面主体怎么改变就完全由环境控制了，下一节的哥德尔机[9]可以看作这种内嵌时空的可修改源代码的主体的一例。

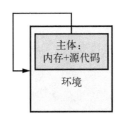

图 5-20　内嵌于时空的 AIXI

哥德尔机

  抽象地看，一个智能体无非是一段程序，所以不妨设计某种元程序负责搜索整个程序空间、自动寻找聪明的程序，然后通过经验学习寻找更聪明的程序。胡特[1]在定义这种元程序时借鉴了莱文[4]的通用搜索思想，给出了 AIXI 的变种 AIXI^{tl}，限定在在时间 t、空间 l 上，它（在乘上一个很大的常数界内）理论上优于任何其他限定在时间 t、空间 l 上的智能主体。Schmidhuber[9]把 AIXI^{tl}进一步改进，定义了哥德尔机，它可以进一步缩小 AIXI^{tl} 的常数界。哥德尔机包含两个并行运行的部分 Solver 和 Searcher：Solver 负责与环境交互，尽可能最大化期望累积效用；Searcher 内嵌了一个形式系统，形式系统里有对 Solver、Searcher、效用函数的完全描述以及对环境的部分描述，Searcher 可以对哥德尔机各部分（包括 Solver 和 Searcher 自身）的源代码进行彻底的修改，条件是它内嵌的形式系统的定理证明器能证明"修改后的主体在未来的时间里将获得比现在更大的期望累积效用"。这在一定程度上保证了对源代码的修改是相对安全的。这样 Solver 和 Searcher 就可以比较安全地不断自我进化升级、趋向最优。但是，既然内嵌了形式系统，它就面临哥德尔不完全性定理的障碍，有一些重要且必要的"变身"可能无法被形式系统找到。

  当前的主体技穷的时候，人们总寄希望于进化的力量，希望演化后的主体能更强大。对于哥德尔机来说，只要每一代给下一代装配更强的形式系统，那么不完全性定理的障碍就可以突破，但问题是，根据哥德尔不完全性定理，主体 1 在构造主体 2 时如果不能在自己的形式系统内证明主体 2 形式系统的一致性，那么它根本无法保证主体 2 的可靠性。无法保障可靠性，就无法回避完全坍塌的风险，也就意味着机器智能的伦理问题得不到保障。但是，如果要求每一代主体必须严格证明下一代主体的形式系统的一致性，那么，这种进化在某种意义上是一种退化。生物的进化不需要一致性的保证，好的变异、不好的变异都可能产生。自然选择的结果常常（但不必然）是优胜劣汰，变异和自然选择不能保证可靠性，哥德尔机面临的也是同样的问题。退一步讲，即使不谈演化，如果把外部世界看作一个大的形式系统 T'，那么，哥德尔机内嵌的形式系统 T 的证明能力需要严格强于 T'。因为 T 试图模拟 T'，就必须比 T' 演化得快才有意义，只有在一个严格强于 T' 的系统里，对于同样的命题的最短证明长度才会短于在 T 里的证明长度。也就是说，一方面，从表达力和证明强度上说，现实世界 T' 可以看作模拟世界 T 的子系统，另一方面，模拟世界 T 又是现实世界 T' 的一部分，T 必须可以通过编码方式嵌入到现实世界 T' 中。但是，只要强系统 T 可以编码到弱系统 T' 中，只要这种编码嵌入可行，那么，第二不完全性定理就无法绕过，T 自身的可靠性也得不到保障。

抛开智能的可靠性不谈，退一步看，哥德尔不完全性定理的幽灵是否仍对通用智能的发展设置了障碍？

通用智能与不完全性定理

> 关于这个世界，最不可理解的是——它竟是可以理解的。
>
> ——阿尔伯特·爱因斯坦

有些人倾向于相信，现实世界不是可计算的，它不比算术模型简单，总有些真理我们不能以完全形式化的方式把握，哥德尔不完全性定理为人工智能设置了障碍。但如果现实世界是可计算的呢？如果智能不需要不可计算性呢？如果对不可计算的 AIXI 的某种可计算的逼近也可以涌现出智能现象呢？不完全性定理是否仍然对人工智能的实现构成威胁？

我们可以轻易枚举并模拟任何可能的计算模式，如果世界本身是可计算的，那么原则上没什么是我们不可理解的。而且，在混沌和分形中我们也曾多次见识到了简单程序生成表观复杂现象的神奇，我们是不是可以乐观地猜测，在这个五彩缤纷的世界背后起决定作用的程序也异常简单呢？这里表观复杂的现象只要有简单的生成机制，按照算法复杂性的定义，它仍然是简单的。但如果它稍微复杂一些，依照 Chaitin 版本的不完全性定理[①]，形式系统就可能无法帮助我们区分它究竟是复杂还是简单，是真随机还是伪随机。世界是可计算的是种假设，对于任何可计算的世界，算法概率都可以很好地逼近它，为了保证可以逼近任何可计算世界的这种通用性，算法概率本身不是可计算的。如果我们限制要逼近的环境的类，有没有某种可计算的通用模型可以逼近所有算法复杂性不超过 n 的环境呢？对于任何复杂性水平 n，这种可计算的通用模型都是存在的，但胡特的学生肖恩·莱格[3]证明，这种模型本身的算法复杂性也不会小于 n。也就是说，只有自身也足够复杂的模型才能具有某种水平的"通用性"。要想具备强大的智能，自身必须达到一定的复杂性，奢求通过极度简单的程序应付任何复杂环境的希望注定落空。

莱格还证明了一个类似 Chaitin 版本的不完全性定理（见图 5-21）：对于任何包含初等数论的形式系统 T，存在某个复杂性水平 c，对于任何高于 c 的复杂性水平 n，形式系统 T 都无法帮助我们找到可以逼近任何复杂性不超过 n 的环境的通用模型，尽管这种模型是确实存在的。不严格地说，强大的智能体必然复杂，复杂且强大的智能体是存在的，但只要它足够复杂，形式系统将无法帮助我们找到它。

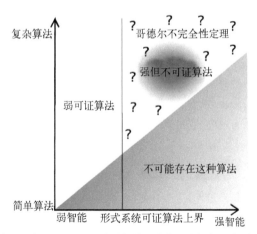

图 5-21　不完全性定理的制约：强大的智能体本身必然复杂；对于任何形式系统，都存在一个界限，足够复杂且强大的智能体是存在的，但此形式系统无法帮助我们找到

---

① Chaitin 版本的不完全性定理：对于任何包含初等数论的形式系统，都存在某个常数界，对于复杂性水平高于这个常数界的任何现象，此形式系统都不能告诉我们该现象的复杂性水平是否真的高于这个常数界。

通用归纳、通用智能为人工智能的发展指明了方向，也设置了上界。如果现实世界没有那么纷繁复杂可能的复杂模式都已出现——或许现实世界真的没有想象中那么纷繁复杂，比如，一个简单的幂律分布就能在各种尺度上各种环境中支配着各种看上去不相干的现象，某些复杂的模式可能是存在的，但某些复杂（虽然是可计算）的模式可能不过是我们数学上的抽象构造，未必真的都会被物理例示——那么，算法概率就可以迅速地收敛到真实的现实世界，某个可计算且足够强大能适应足够复杂的环境的智能体也可能不难找到；但如果现实世界确实包含高复杂度的各种可能的模式，那么，简单的数学理论将帮不上忙，寻找 AIXI 的可计算且高效的逼近将是一件艰巨的任务。而且，对于生活其中的人来说，由于 Chaitin 定理，如果复杂性高于某个常数，我们可能无法明确区分二者。

除此之外，AIXI 还有一个缺点，虽然通用归纳模型不依赖于通用图灵机的选取，但 AIXI 还是依赖的。如果估测环境的主观信念所依赖的通用图灵机与衡量智能所依赖的通用图灵机不是一个，也就是说，如果定义算法概率时的通用先验所依赖的通用图灵机与量化智能衡量标准时的通用先验所依赖的通用图灵机不是同一个，那么 AIXI 对智能的追求可能一开始就在一个错误的方向上。

总之，一方面，虽然在满足形式系统的限制，在忽略通用图灵机的影响，在不计计算资源的情况下，理论上存在最优的智能主体，但革命实践尚未成功，长路漫漫，还需努力！另一方面，尽管 AIXI 摆脱不了哥德尔的幽灵，摆脱不了通用图灵机的依赖，在资源受限下对其逼近也非易事，但 AIXI 的整体框架还是比较合理的——图灵可计算性概念抓住了物理世界有序性的本质，可能世界/假设就是可能的图灵机程序或可计算的测度，枚举所有可能的假设（伊壁鸠鲁），根据简单性原则分配对各假设的先验信念（奥卡姆剃刀），用贝叶斯方法更新信念（科学发现过程的体现），用最大化期望累积效用的方法规划行为策略（理性人的选择）——AIXI 的理论自身已足够为我们提供诸多指引。虽然 AIXI（及其变种）看上去是一个简单的模型，但它如此优雅地以显式或隐式的方式整合了目前人工智能领域的方方面面，如主体、效用、概率、假设、不确定性、归纳、压缩、预测、规划与决策、简单性与复杂性、泛化与过拟合、知识表示与存储、环境建模、逻辑定理证明、搜索与优化、内在驱动、增量学习、探索与开发、自我升级等，对 AIXI 的深入研究必将推动通用人工智能的发展。

限于篇幅，本章主要介绍了 AIXI 背后的哲学思想，想要详细了解 AIXI 及其变种的各种最优性质及详细证明的读者，请参考胡特[1]以及本章的参考文献。

参考文献

[1] Hutter M. Universal Artificial Intelligence: Sequential Decisions Based on Algorithmic Probability.Springer, 2005.

[2] Hutter M. Feature Reinforcement Learning: Part I: Unstructured MDPs. Journal of Artificial GeneralIntelligence, 2009.

[3] Legg S. Machine Super Intelligence.PhD thesis, Department of Informatics, University of Lugano, 2008.

[4] Levin L A. Universal sequential search problems. Problems of Information Transmission, 9, 265-266.

[5] Li M , Vitányi B. An Introduction to Kolmogorov Complexity and its Applications. Springer, Berlin, 3rd edition, 2008.

[6] Orseau L, Ring M. Space-time embedded intelligence. In: AGI 2012, Springer.

[7] Orseau L, Lattimore T, Hutter M. Universal Knowledge—Seeking Agents for Stochastic Environments. Proc. 24th International Conf. on Algorithmic Learning Theory, 2013.

[8] Ring M, Orseau L. Delusion, survival, and intelligent agents. In: AGI 2011, Springer, Heidelberg.

[9] Schmidhuber J. Ultimate cognition à la Gödel. Cognitive Computation, 2009.

[10] Schmidhuber J. A Formal Theory of Creativity to Model the Creation of Art.Published in the bookComputers and Creativity, edited by J. McCormack and M. d'Inverno, pp 323-337, Springer-VerlagBerlin Heidelberg, 2012.

[11] Solomonoff R J. Complexity-based induction systems: Comparisons and convergence theorems. IEEETransactions on Information Theory, IT-24:422–432, 1978.

[12] Veness J, Ng K S, Hutter M, et al. A Monte Carlo AIXI approximation. Journal ofArtificial Intelligence Research, 40:95–142, 2011.

作者简介

李熙，集智俱乐部成员，2015 年毕业于北京大学哲学系逻辑学专业，获哲学博士学位。2014 年曾在澳大利亚国立大学计算机科学技术学院访学。2015 年起任中南大学公共管理学院哲学系讲师、硕士生导师。主要学术兴趣为数理逻辑里柯尔莫哥洛夫复杂性相关的问题和基于通用强化学习模型 AIXI 的通用人工智能方面的研究。

第6章 深度学习：大数据时代的人工智能新途径

肖达

2012年6月，《纽约时报》披露了"谷歌大脑"项目，引发了公众的广泛关注。这个项目由著名的斯坦福大学机器学习教授吴恩达（Andrew Ng）和大规模计算机系统方面的世界顶尖专家杰夫·迪恩（Jeff Dean）共同主导，用16 000个CPU Core的并行计算平台训练一种称为深层神经网络（Deep Neural Networks，DNN）的机器学习模型，在图像识别等领域获得了巨大的成功。有人估计，这个人工大脑的智商，已经相当于2岁孩子的水平。2012年11月，微软在天津的一次活动上公开演示了一个全自动的同声传译系统，讲演者用英文演讲，后台的计算机自动完成语音识别、英中机器翻译以及中文语音合成，效果非常流畅。据报道，支撑的关键技术也是DNN，或者深度学习。2013年1月，百度宣布成立首个研究院，其中第一个重点方向就是深度学习，因此命名为Institute of Deep Learning（IDL）。2013年4月，麻省理工学院《技术评论》杂志将深度学习列为2013年十大突破性技术之首。可以说，深度学习带来了机器学习的新浪潮，推动了大数据+深度模型时代的来临，也推动了人工智能和人机交互大踏步前进。

那么，什么是深度学习？为什么深度学习受到学术界和工业界如此的重视？深度学习技术研发面临什么样的科学和工程问题？本章将为你揭开深度学习的神秘面纱。

历史回顾：神经网络的前世今生

在解释深度学习之前，我们需要了解什么是机器学习。机器学习是人工智能的一个分支，很多时候几乎成为人工智能的代名词。简单来说，机器学习就是通过算法，使得机器能从大量历史数据中学习规律，从而对新的样本做智能识别或对未来做预测。从 20 世纪 80 年代末，机器学习的发展大致经历了两次浪潮：浅层学习（shallow learning）和深度学习（deep learning）。

第一个神经元模型是麦卡洛克和匹兹在 1943 年提出的[9]，称为阈值逻辑（threshold logic），它可以实现一些逻辑运算的功能。自此以后，神经网络的研究分化为两个方向，一个专注于生物信息处理的过程，称为生物神经网络；一个专注于工程应用，称为人工神经网络。本章主要介绍后者。1958 年罗森布拉特提出了感知机，它本质上是一个线性分类器。1969 年闵斯基和派珀特写了一本书《感知机》[13]，他们在书中指出：单层感知机不能实现 XOR 功能；计算机能力有限，不能处理神经网络所需的长时间运行过程。鉴于闵斯基在人工智能领域的影响力——他是人工智能的奠基人之一，也是著名的 MIT CSAIL 实验室的奠基人之一，并于 1969 年获得图灵奖——这本书令人工神经网络的研究进入了长达 10 多年的"冬天"。事实上，如果把单层感知机堆成多层（称为 Multilayer Perceptron，MLP，如图 6-1 所示），是可以求解线性不可分问题的，但当时缺乏有效的算法。尽管 1974 年哈佛大学的博士生保罗·沃博斯提出了比较有效的反向传播算法（简称 BP 算法），但没有引起学界的重视。直到 1986 年大卫·鲁姆哈特和他的学生辛顿等人重新发现这一算法，并在 *Nature* 上发表[14]，人工神经网络才再次受到重视。

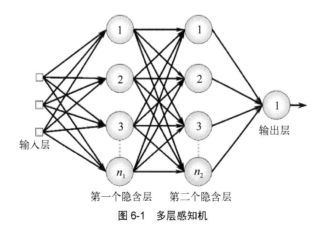

图 6-1　多层感知机

BP 算法的发明给 AI 研究带来了希望，掀起了基于统计模型的机器学习热潮。这个热潮一直持续到今天。人们发现，利用 BP 算法可以让一个人工神经网络模型从大量训练样本中学习出统计规律，从而对未知事件进行预测。这种基于统计的机器学习方法比起过去基于人工规则的系统，在很多方面显示出了优越性。这个时候的人工神经网络，虽然也被称作多层感知机（Multi-layer Perceptron），但实际上是一种只含有一层隐层节点的浅层模型。

20 世纪 90 年代，弗拉基米尔·万普尼克等人提出了支持向量机（SVM）[3]。虽然 SVM 本质上是一种特殊的两层神经网络，但因其具有高效的学习算法，且没有局部最优的问题，使得很多神经网络的研究者转向了它。随后，各种各样的浅层机器学习模型相继被提出，比如 Boosting、最大熵方法（例如 Logistic Regression）等。这些模型的结构基本上可以看成带有一层隐层节点（如 SVM、Boosting）或没有隐层节点（如逻辑回归）。这些模型无论是在理论分析上还是应用上都获得了巨大的成功。相比之下，由于理论分析的难度，加上训练方法需要很多经验和技巧，所以这个时期多层前馈神经网络的研究逐渐变得冷清。只有一位执着的老先生，就是参与发明 BP 算法的辛顿，默默地坚持了下来。

直到 2006 年，辛顿的研究终于取得突破，提出了深度网络和深度学习的概念，神经网络开始焕发一轮新的生机，并掀起了第二次机器学习浪潮。深度网络，从字面上理解就是深层次的神经网络。至于为什么不沿用以前的术语"多层神经网络"，可能是为了与以前的神经网络相区分，表示这是一个新的概念。2006 年，辛顿和他的学生 Ruslan Salakhutdinov 在 *Science* 杂志上发表了一篇文章[5]，传达了两个主要的信息：(1) 很多隐层的人工神经网络具有优异的特征学习能力，学习得到的特征对数据有更本质的刻画，从而有利于可视化或分类；(2) 深度神经网络在训练上的难度，可以通过逐层初始化（Layer-wise Pre-training）来有效克服。

这项工作重新燃起了学术界对于神经网络的热情，一大批优秀的学者加入到深层神经网络的研究中来，尤其是蒙特利尔大学的 Bengio 研究组和斯坦福大学的 Ng 研究组。Bengio 研究组的一个重要贡献是提出了基于自编码器的深度学习网络[2]。而 Ng 研究组的一个重要贡献是提出了一系列基于稀疏编码的深层学习网络。2010 年，美国国防部 DARPA 计划首次资助深度学习项目，参与方有斯坦福大学、纽约大学和 NEC 美国研究院。支持深度学习的一个重要依据，就是脑神经系统的确具有丰富的层次结构。一个最著名的例子就是 Hubel-Wiesel 模型，他由于揭示了视觉神经的肌理而获得诺贝尔医学与生理学奖。除了仿生学的角度，目前深度学习的理论研究还基本处于起步阶段，但在应用领域已显现出巨大的能量。2011 年以来，微软研究院和谷歌的语音识别研究人员先后采用 DNN 技术降低语音识别错误率 20%~30%[4]，是语音识别领域十多年来最大的突破性进展。2012 年，DNN 技术在图像识别领域取得惊人的效果，在 ImageNet 评测上将错误率从 26% 降低到 15%[6]。在这一年，DNN 还被应用于制药公司的 Druge Activity 预测问题，并获得世界最好成绩。

值得强调的是，在 2006 年之前也有一个学习效率非常高的深度网络（从历史的角度看，称之为多层神经网络更为合适）——卷积神经网络。这个网络由纽约大学的严恩·乐库（Yann LeCun）于 1998 年提出[8]，并在图像分类（包括手写体认别、交通标志识别等）中得到了广泛应用。比如在 IJCNN 2011 年的交通标志识别竞赛中，一组来自瑞士的研究者使用基于卷积神经网络的方法一举夺魁。卷积神经网络本质上是一个多层感知机（如图 6-2 所示），那为什么它能够成功呢？人们分析关键可能在于它所采用的局部连接和分享权值的方式不仅减少了权值的数量，而且降低了过拟合的风险。

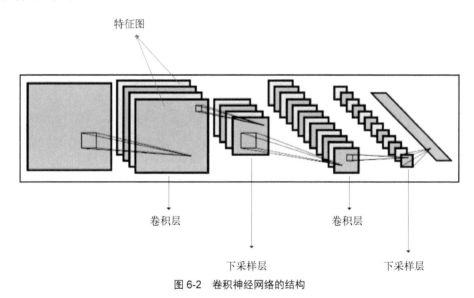

图 6-2　卷积神经网络的结构

机器学习的两次浪潮都和时代的发展紧密相关。如果说 25 年前 BP 神经网络掀起的第一波机器学习浪潮使人们第一次认识到基于统计的方法比起过去基于人工规则的系统的优越性，那今天谷歌、微软、百度等拥有大数据的高科技公司争相投入资源，占领深度学习的技术制高点，则是因为它们都看到了在大数据时代，更加复杂且更加强大的深度模型能深刻揭示海量数据里所承载的复杂而丰富的信息，并对未来或未知事件做更精准的预测。

基本原理：从特征表示到深度学习

考虑到一般读者的非专业背景，本节将首先介绍机器学习中的特征表示问题，以及传统人工设计特征存在的问题，由此引出自动学习多层特征，即深度学习的基本思想，然后介绍几种最常见的深度学习模型，最后会探讨深度学习与大数据的关系。

特征提取和表示学习

要理解深度学习，首先要理解机器学习中的特征和表示。用机器学习特定问题时，一般采集到数据之后会进行一些特征提取的处理，例如机器视觉里的 SIFT 特征 + 词袋模型（Bag of Words），或者语音识别里的 MFCC 频谱之类的特征，再把提取出的特征（即原始数据的一个表示）丢到各种机器学习模型（如 SVM）里做分类或预测。这些特征提取的算法往往都是人们根据该问题数据的特征人工设计出来的，并且设计更好的特征一直以来是各个领域里非常重要的研究问题。在模型的运用不出差错的前提下，特征的好坏往往成为整个系统性能的决定因素。

表示的问题在机器学习以及相关领域中一直是一个非常重要的研究课题。因为对于不同的问题、不同的数据和不同的模型，合适的表示可能会很不一样，而找到正确的表示之后往往就可以事半功倍。为了理解好的表示的重要性，我们来看两个例子。

大家都知道乘法比加法难算得多，比如 9480208 和 302842 的和，只要各位对齐，一位一位地加并处理好进位就好了，一般人口算都没问题，但是如果是乘法的话，将难上很多倍。其实这是因为我们常用的数字的十进制表达偏向于加法计算。如果我们换一种表达：每一个数字可以等价地表达为它的素数因子的集合，例如：

$$9480208 \triangleq \{2, 2, 2, 2, 131, 4523\}$$
$$302842 \triangleq \{2, 53, 2857\}$$

那么两个数相乘就再简单不过了：

$$9480280 \times 302842 \triangleq \{2, 2, 2, 2, 2, 53, 131, 2857, 4523\}$$

反过来在这种表示下做加法就很困难了。

第二个例子是一个更贴近实际的简单图片识别任务：识别一张图片上是否有鸟。如果能预先知道鸟的视觉特征，例如尖嘴、羽毛、翅膀等，并检测一幅图片上是否包含这些特征，作为这幅图片的表示（例如如果有尖嘴，对应位置为 1，否则为 0）。不难想象，在这个新的表示上识别，比直接在原始像素上识别，准确率要高得多。

传统的浅层模型有一个重要特点，就是靠人工经验来抽取样本的特征，而强调模型主要是负责分类或预测。因此，通常一个开发团队会将更多的人力投入到发掘更好的特征上去。要发现一个好的特征，就要求开发人员对于待解决的问题要有很深入的理解，往往需要反复地摸索。因此，人工设计样本特征不是一个可扩展的途径。深度学习的实质，是通过构建具有很多隐层的机器学习模型和海量的训练数据，来学习更有用的特征，从而最终提升分类或预测的准确性。所以"深度模型"是手段，"表示学习"才是目的。深度学习与传统的浅层学习的不同在于：(1) 强调了模型结构的深度，通常有 5 层或 6 层，甚至 10 多层的隐层节点；(2) 明确突出了表示学习的重要性，也就是说，通过逐层特征变换，将样本在原空间的特征表示变换到一个新特征空间，使分类或预测更加容易。

自编码器、受限玻尔兹曼机和深度网络

那么，怎样从海量训练数据中学习表示，自动提取特征呢？辛顿和其他研究者到底提出了一种什么样的学习方法呢？这要从深度学习的基本模块自编码器和受限玻尔兹曼机讲起。

自编码器

自编码器（autoencoder）是含有一个隐层的神经网络（如图 6-3 所示）。从概念上讲，它的训练目标是"重新建立"输入数据；换句话说，让神经网络的输出与输入是同一样东西，只是经过了压缩。例如，有一个由 28×28 像素的灰度图像组成的训练集，且每一个像素的值都作为一个输入层神经元的输入（这时输入层就会有 784 个神经元）。输出层神经元要有相同的数目（784），且每一个输出神经元的输出值和输入图像的对应像素灰度值相同。

这样，神经网络学习到的实际上并不是一个训练数据到标记的"映射"，而是学习数据本身的内在结构和特征。因此，隐含层也被称作特征探测器（feature detector）。通常隐含层中的神经元数目要比输入/输出层少，这是为了使神经网络只去学习最重要的特征并实现特征的降维。我们想在中间层用很少的节点在概念层上学习数据，产生

一个紧致的表示方法。

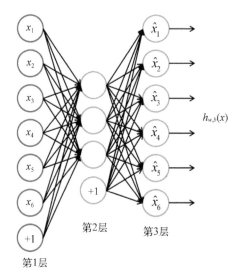

图 6-3　自编码器

为了更好地理解，下面我们再看一个应用。这次我们使用一个简单的数据集，其中包括一些感冒的症状。数据结构如下：输入数据一共六个二进制位，前三位是病的症状。例如，100000 代表病人发烧，010000 代表咳嗽，110000 代表既咳嗽又发烧。后三位表示抵抗能力，如果一个病人有这个，代表他/她不太可能患此病。例如，000100 代表病人接种过流感疫苗。一个可能的组合是：010100，这代表着一个接种过流感疫苗的咳嗽病人。当一个病人同时拥有前三位中的两位时，我们认为他生病了；如果至少拥有后三位中的两位，那么他是健康的，如：

111000, 101000, 110000, 011000, 011100 = 生病
000111, 001110, 000101, 000011, 000110 = 健康

我们来训练一个自编码器（使用反向传播），六个输入、六个输出神经元，而只有两个隐含神经元。在经过几百次迭代以后，我们发现，每当一个"生病"的样本输入时，两个隐含层神经元中的一个（对于生病的样本总是这个）总是显示出更高的激活值。而如果输入一个"健康"样本时，另一个隐含层则会显示更高的激活值。

受限波尔兹曼机

受限波尔兹曼机（RBM）是一种可以在输入数据集上学习概率分布的生成随机神

经网络。RBM 由隐含层、可见层、偏置层组成。和前馈神经网络不同，可见层和隐含层之间的连接无方向性（信息可以从可见层→隐含层或隐含层→可见层任意传输）并且是全连接的，每一个当前层的神经元与下一层的每个神经元都有连接，如图 6-4 所示。如果允许任意层的任意神经元连接到任意层去，我们就得到了一个波尔兹曼机（非受限的）。标准的 RBM 中，隐含和可见层的神经元都是二态的，即神经元的激活值只能是服从伯努力分布的 0 或 1。

隐单元

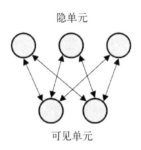

可见单元

图 6-4　受限玻尔兹曼机

　　算法的思想就是在正向过程中影响了网络内部对于真实数据的表示。同时，反向过程中尝试通过这个被影响过的表示方法重建数据。主要目的是可以使生成的数据与原数据尽可能相似，这个差异影响了权重更新。换句话说，这样的网络具有了感知对输入数据表示的程度的能力，而且尝试通过这个感知能力重建数据。如果重建出来的数据与原数据差异很大，就要进行调整并再次重建。RBM 的权重更新公式中包含正学习和逆学习两项，其中逆学习项需要可见层和隐含层的交替随机采样（gibbs sampling），直至网络达到平衡态。但这样计算很慢，使得模型只具有理论价值而不够实用。但这种问题难不倒辛顿，他提出了一个叫作对比散度（contrastive divergence）的近似方法，只需采样很少的次数（如 1 次）就可以更新权重，且对最终的学习效果几乎没有影响。

　　自编码器或 RBM 以无监督的方式学到数据中的特征。最重要的是，上述特征学习过程是可以迭代的，我们可以在已学到的表示上用同样的算法再学一层新的表示，通过逐层训练，学到越来越抽象的特征。下面我们就来看看深度学习的训练过程。

　　深度学习与传统的神经网络之间既有相同的地方也有很多不同。二者的相同之处在于深度学习采用了相似的分层结构，系统由包括输入层、隐层（多层）、输出层组成的多层网络，只有相邻层节点之间有连接，同一层以及跨层节点之间相互无连接。

这种分层结构是比较接近人类大脑的结构的。

在传统神经网络中，人们采用的是 BP 算法训练整个网络，随机设定初值，计算当前网络的输出，然后根据当前输出和训练的标签之间的差改变前面各层的参数，直到收敛（整体是一个梯度下降法）。

BP 算法作为传统训练多层网络的典型算法，实际上在仅含几层网络的时候就已经很不理想了。深度结构（涉及多个非线性处理单元层）的非凸目标代价函数中普遍存在的局部最小是训练困难的主要原因。BP 算法存在以下几个主要问题。

- ❑ 梯度越来越稀疏：从顶层越往下，误差校正信号越来越小；
- ❑ 收敛到局部最小值：尤其是从远离最优区域开始的时候（随机值初始化会导致这种情况的发生）；
- ❑ 一般只能用有标签的数据来训练：但大部分数据是没有标签的，而大脑可以从没有标签的数据中学习。

为了解决多层神经网络用传统 BP 算法难以训练的问题，辛顿等人提出了在非监督数据上建立多层神经网络的一个有效方法：简单地说，分为两步，一是每次训练一层网络，二是调优。以栈式自编码器（stacked autoencoder，见图 6-5）为例，这种网络由多个栈式结合的自编码器组成。第 t 个自编码器的隐含层会作为第 $t+1$ 个自编码器的输入层。第一个输入层就是整个网络的输入层。具体训练过程如下。

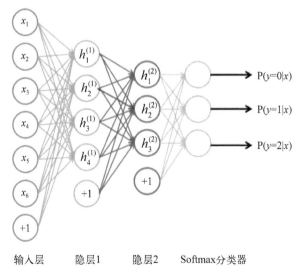

图 6-5　栈式自编码器网络（另见彩插）

(1) 使用自底向上（图 6-5 的从左向右）非监督学习，就是从底层开始，一层一层地往顶层训练。采用无标定数据（有标定数据也可）分层训练各层参数，这一步可以看作一个无监督训练过程，也可以看作是特征学习过程，是和传统神经网络区别最大的部分。

- 通过 BP 方法利用所有数据对第一层的自编码器进行训练（$t = 1$，图 6-5 中的绿色连接部分）。
- 训练第二层的自编码器 $t = 2$（红色连接部分）。$t = 2$ 的输入是 $t = 1$ 的输出。此时可以将 $t = 1$ 看作特征提取器，将原始数据变换为新的表示（即 $t = 1$ 的隐含层）后传给 $t = 2$ 层训练。$t = 2$ 层的权重仍然使用反向传播的方法进行更新。
- 对除最后一层外的其他隐含层用同样的方法训练。

(2) 自顶向下（图 6-5 的从右向左）的监督学习，就是通过带标签的数据去更新所有层的权重，误差自顶向下传输，对网络进行微调。

步骤(1)被称为预训练，这将网络里的权重值初始化至一个合适的位置。由于这一步不是随机初始化，而是通过学习输入数据的结构得到的，因而这个初值更接近全局最优，从而能够取得更好的效果。但是通过这个训练并没有得到一个输入数据到输出标记的映射。例如，一个网络的目标是被训练用来识别手写数字，经过这样的训练后还不能将最后的特征探测器的输出（即隐含层中最后的自编码器）对应到图片的标记上去。通常的办法是在网络的最后一层（即图 6-5 中蓝色连接部分）后面再加一个或多个全连接层。整个网络可以看作一个多层的感知机，并使用 BP 方法进行训练。这一步即上述训练过程中的步骤(2)，也被称为微调。

和自编码器一样，也可以将波尔兹曼机进行栈式叠加来构建深度信度网络（DBN）。学好了一个 RBM 模型后，固定权值，然后在上面叠加一层新的隐层单元，原来 RBM 的隐层变成了它的输入层，这样就构造了一个新的 RBM，然后用同样的方法学习它的权值。以此类推，可以叠加多个 RBM，构成一个深度网络（如图 6-6 所示）。令 RBM 学习到的权值作为这个深度网络的初始权值，再用 BP 算法进行学习。这就是深度信念网络的学习方法。

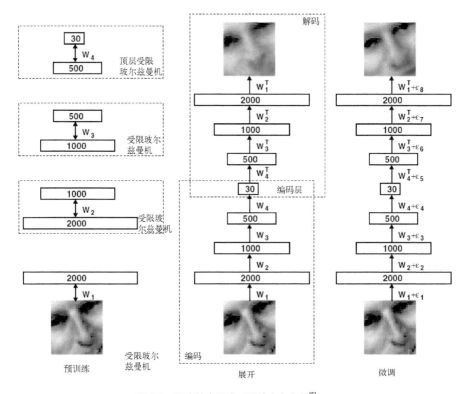

图 6-6　深度信念网络（图片来自文献[5]）

　　图 6-6 的左边是一个深度信度网络的例子，我们希望通过这个网络对图像进行压缩。这个网络有 4 层，将一个高维的图像信号压缩到 30 维，即最顶层的神经元个数为30。我们还可以将这个网络对称展开，从 30 维回到原来的高维信号，这样就有了一个8 层的网络（见图 6-6 中间）。如果该网络用于信号压缩，那么可以令该网络的目标输出等于输入，再用 BP 算法对权值进行微调（见图 6-6 右边）。

大数据与深度学习

　　在工业界一直有个很流行的观点：在大数据条件下，简单的机器学习模型会比复杂模型更加有效。例如，在很多大数据应用中，最简单的线性模型得到了大量使用。而最近深度学习的惊人进展，促使我们开始重新思考这个观点。简而言之，在大数据情况下，也许只有比较复杂的模型，或者说表达能力强的模型，才能充分发掘海量数据中蕴藏的丰富信息。运用更强大的深度模型，也许能从大数据中发掘出更多有价值的信息和知识。

为了理解为什么大数据需要深度模型，下面我们举一个例子。语音识别已经是一个大数据的机器学习问题，在其声学建模部分，通常面临的是十亿到千亿级别的训练样本。在谷歌的一个语音识别实验中，人们发现训练后的 DNN 对训练样本和测试样本的预测误差基本相当。这是违反常识的，因为模型在训练样本上的预测误差通常会显著小于测试样本。因此，只有一种解释，就是由于大数据里含有丰富的信息维度，即便是 DNN 这样的高容量复杂模型也处于欠拟合的状态，更不必说传统的 GMM 声学模型了。所以从这个例子中可以看出，大数据需要深度学习。

与人工规则构造特征相比，利用大数据来学习特征，更能刻画数据丰富的内在信息。所以，在未来的几年里，我们将看到越来越多的例子：深度模型应用于大数据，而不是浅层的线性模型。

典型应用：教会计算机听、看、说

根据上节的内容，我们发现深度学习的基本原理并无特别神秘之处，它之所以得到工业界和学术界的广泛关注，是因为自 2011 年以来，深度学习在多个应用领域取得了令人瞩目的成果。本节将介绍深度学习最典型的三个应用：语音识别、图像识别和自然语言处理。

语音识别

语音识别是深度学习最早取得突破性成果的一个领域。长期以来语音识别系统，在声学建模（一段波形向一个音素的映射）部分大多采用的是混合高斯模型（GMM）。这种模型由于估计简单，适合海量数据训练，同时有成熟的区分度训练技术支持，一直在语音识别应用中占有垄断性地位。但这种混合高斯模型本质上是一种浅层网络建模，不能充分描述特征的状态空间分布。而且，GMM 建模的特征维数一般是几十维，不能充分描述特征之间的相关性。另外，GMM 建模本质上是一种似然概率建模，虽然区分度训练能够模拟一些模式类之间的区分性，但能力有限。

微软研究院语音识别专家邓立和俞栋从 2009 年开始和辛顿合作。他们建立了一些巨大的神经网络，其中一个包含了 6600 多万神经连结（如图 6-7 所示），这是语音识别研究史上最大的同类模型。在这套系统中，DNN 的第一层隐层节点用于接收输入，接下来的不同层级能够识别语音频谱中的特定模式，而整个系统中包含 7 级隐层，并用 RBM 逐层预训练。为什么是 7 层呢？因为在实践中，这个数量的隐层效果最好。

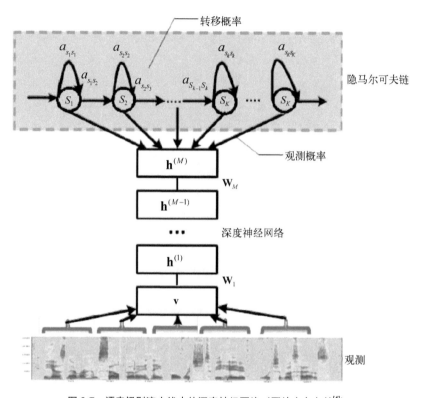

图 6-7 语音识别流水线中的深度神经网络（图片来自文献[4]）

采用深度神经网络可以充分描述特征之间的相关性，可以把连续多帧的语音特征并在一起，构成一个高维特征。最终的深度神经网络可以采用高维特征训练来模拟。另外，它拥有更为稳定的表述（Invariant Representation）特性，层级越多，抽象能力越强。举例来说，尽管男女声音频谱差别很大，但对 DNN 来说，几乎没有分别，而 GMM 模型受其影响颇大；再比如针对特定个人训练的 GMM 模型，效率能够提升10%，而 DNN 则几乎不变；在 Aurora 语音数据库的噪音测试中，通过多种方式优化后的 GMM 模型所达到的效果，DNN 很容易就能实现。DNN 模型在 Switchboard 标准数据集的识别错误率比以前的最低错误率降低了33%。在语音识别领域，这个数据集上最低的错误率已经多年没有更新了。这是自 HMM 出现 30 多年以来，单项技术使语音识别精确度获得的最大提升。

让人有些意外的是，DNN 不但大幅度提高了准确率，还间接解决了语音识别模型训练的一个实际问题：对于一些小语种，无法收集到足够多的训练语料数据。谷歌的研究人员发现了一个有趣的现象，先针对有足够训练数据的大语种（如英语）训练一个识别网络，然后将网络最顶层的英语音素分类层去掉，代之以某个新语言的音素分类层，而重用下层产生的特征（即把原网络去掉最顶层后当成一个语音特征提取器），这样只要花非常少的训练代价，就可以得到一个效果非常好的新语言识别网络。特征重用带来的迁移学习能力体现了表示学习的巨大威力。

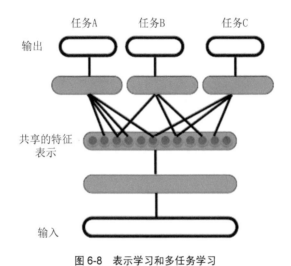

图 6-8　表示学习和多任务学习

图像识别

深度学习用于图像识别最先广为人知的是"谷歌大脑"项目。这套系统可以通过在 YouTube 上浏览图像，从而自学如何识别猫等对象。开发这个系统的实验室原隶属于 Google X，他们最广为人知的作品有 Google Glass 以及自动驾驶汽车。谷歌研究人员搭建了一个巨大的深度网络（见图 6-9），该网络由三层改进的稀疏自编码器组成，共有 10 亿个参数要学习，堪称史上最大的神经网络。

谷歌把从 YouTube 随机挑选的 1000 万张 200 × 200 像素的缩略图输入到该系统，让计算机寻找图像中一再重复出现的特征，从而对含有这种特征的物体进行识别。他们用了 1000 台机器共 16 000 个核训练了 1 周。最后，在网络中出现了能够识别猫脸和人脸的神经元。换句话说，"大脑"终于认识了什么是猫，并从接下来输入的 2 万张图片中准确地找出了猫的照片。

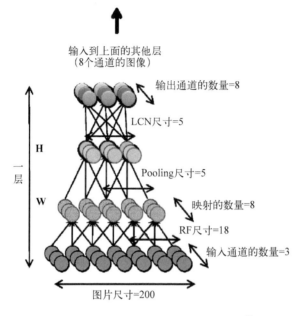

输入到上面的其他层
（8个通道的图像）

输出通道的数量=8

LCN尺寸=5

Pooling尺寸=5

映射的数量=8

RF尺寸=18

输入通道的数量=3

图片尺寸=200

图6-9 谷歌大脑神经网络（图片来自文献[7]）

以往传统的面部识别技术，一般都是由研究者先在计算机中通过定义识别对象的形状边缘等信息"教会"计算机该对象的外观，然后计算机对包含同类信息的图片作出标识，从而达到"识别"的效果。然而，在谷歌这个神经网络里，人们从未向计算机描述喵星人长啥样，计算机基本上靠自己产生了"喵星人"这一概念。机器有史以来首次对于猫脸或人体这种"高级概念"有了认知。

实际上图像是深度学习最早尝试的应用领域。早在 1989 年，严恩·乐库和他的同事们就发表了卷积神经网络（Convolution Neural Networks，CNN）的工作。CNN 是一种带有卷积结构的深度神经网络，通常至少有两个非线性可训练的卷积层、两个非线性的固定卷积层（又叫 Pooling Layer）和一个全连接层，一共至少 5 个隐含层。CNN 的结构受到著名的 Hubel-Wiesel 生物视觉模型的启发，尤其是模拟视觉皮层 V1 和 V2 层中 Simple Cell 和 Complex Cell 的行为。

在很长一段时间里，CNN 虽然在小规模的问题上（如手写数字）取得过当时世界最好的结果，但一直没有取得巨大的成功。主要原因是 CNN 在大规模图像上效果不好，所以没有得到计算机视觉领域的足够重视。这种情况一直持续到 2012 年，辛顿与其学生为了回应别人对于深度学习的质疑，而将深度学习用于 ImageNet （图像识别目前最大的数据库）上，最终取得了非常惊人的成绩，将前 5 选错误率由 25%降低为 17%。

ImageNet目前共包含大约22 000类、15兆张的标定图像。其中，最常用的LSVRC-2010比赛包含 1000 类、1.2 兆张图像。辛顿的学生采用了一个非常"大而深"的 CNN 模型，图 6-10 给出了整个网络结构，共包含 8 层，其中前 5 层是 CNN，后面 3 层是全连接的网络，最后一层是 softmax 组成的输出决策层（输出节点数等于类别数目 1000）。在辛顿的模型里，输入就是图像的像素，没有用到任何人工特征。

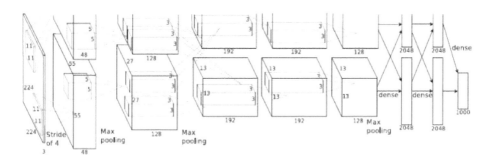

图 6-10　ImageNet 图片识别使用的卷积神经网络（图片来自文献[6]）

该模型在传统 CNN 的基础上引入了一些改进，包括：

❏ 采用 ReLU 来代替传统的 tanh 引入非线性；
❏ 采用两块显卡来进行并行计算；
❏ 同层相邻节点的响应进行局部归一化提高了识别率；
❏ 有交叠的下采样（pooling）。

此外，为了降低过拟合，采用了以下两种方式：

❏ 数据加强，对训练数据进行左右对称以及平移变换，将训练数据增加为原来的 2048 倍；
❏ dropout，一种非常简单有效的前馈神经网络正则化技术。

这个惊人的结果为什么在之前没有发生？原因当然包括算法的提升，但最重要的是，GPU 带来的计算能力的提升和更多的训练数据。

比在 ImageNet 上识别率大幅度提高更重要的是，人们发现，把这个网络的最后分类层去掉后作为特征提取器，直接应用到其他数据集（如 Pascal VOC）和分类以外的其他视觉任务（如检测、细粒度识别等），基本都提高了现有的最好结果，并且在很多情况下提高幅度还非常大。与语音识别一样，表示学习再一次展示了它强大的泛化能力。可以说，基于 CNN 的特征提取，正在代替计算机视觉领域 10 多年来积累的各种特殊模型和技巧，成为该领域事实上的标准预处理方法。

自然语言处理

总的来说，深度学习在自然语言处理（NLP）上取得的进展没有在语音图像上那么夺目。一个很有意思的现象是：相比于声音和图像等底层原始信号，语言是一种非自然信号，是完全由人类大脑产生和处理的符号系统，属于人类认知过程中产生的高层认知抽象实体。现有人工神经网络架构似乎在处理自然语言上没有显现明显的优势。然而，随着语音识别和图像识别中的难题被攻破，NLP 成为深度学习研究的前沿阵地，很多研究成果已经揭开了高深莫测的人类语言的神秘面纱，让人们看到了表示学习的思想在高级认知领域的巨大潜力。

目前深度学习在 NLP 领域的研究中，最有趣也是最基本的就是"词向量"了。因此本节重点介绍词向量模型及其应用。自然语言理解的问题要转化为机器学习的问题，第一步肯定是要找一种方法把这些符号数学化。NLP 中最直观也是到目前为止最常用的词表示方法是 One-hot 稀疏表示，这种方法把每个词表示为一个很长的向量。这个向量的维度是词表大小，其中绝大多数元素为 0，只有一个维度的值为 1，这个维度就代表了当前的词。例如：

"话筒"表示为 [0 0 0 1 0 0 0 0 0 0 0 0 0 0 0 0 ...]
"麦克"表示为 [0 0 0 0 0 0 0 0 1 0 0 0 0 0 0 0 ...]

每个词都是茫茫 0 海中的一个 1。

这种简洁的表示方法配合最大熵、SVM、CRF 等算法已经很好地完成了 NLP 领域的各种主流任务。但是这种表示方法也存在一个重要的问题，这就是"词汇鸿沟"现象：任意两个词之间都是孤立的。光从两个向量中看不出两个词是否有关系，哪怕是"话筒"和"麦克"这样的同义词也不能幸免于难。

如果用这种稀疏表示法表示词，在解决某些任务的时候（比如构建语言模型）会造成维数灾难，使用低维的词向量就没有这样的问题。同时，高维的特征如果要套用深度学习，其复杂度几乎是难以接受的，因此深度学习中一般用到的词向量并不是用刚才提到的 One-hot 表示，而是用分布式表示（distributed representation）的一种低维实数向量，通常被称为词向量（word embedding）。这种向量一般长成这个样子：[0.792, -0.177, -0.107, 0.109, -0.542, ...]。维度以 50 维和 100 维比较常见。分布式表示最大的好处就是让相关或者相似的词在距离上更接近。向量的距离可以用最传统的欧氏距离来衡量。用这种方式表示的向量，"麦克"和"话筒"的距离会远远小于"麦克"和"天气"的。

词向量怎么得到呢？一般是在训练语言模型的同时，"顺便"得到词向量。因此我们先来介绍语言模型。语言模型其实就是看一句话是不是正常人说出来的。在 NLP 的很多任务中都能用到，比如机器翻译、语音识别得到若干候选之后，可以利用语言模型挑一个尽量靠谱的结果。

语言模型形式化的描述就是给定一个字符串，看它是自然语言的概率 $P(w_1, w_2, \cdots, w_t)$。w_1 到 w_t 依次表示这句话中的各个词。常用的语言模型都是在近似地求 $P(w_t|w_1, w_2, \cdots, w_{t-1})$。比如 n-gram 模型就是用 $P(w_t|w_{t-n+1}, \cdots, w_{t-1})$ 近似表示前者。语言模型的最经典之作要数深度学习的主要贡献者之一 Bengio 在 2001 年发表在 NIPS 上的文章 "A Neural Probabilistic Language Model"。他用了一个三层的神经网络来构建语言模型，同样也是 n-gram 模型，如图 6-11 所示。

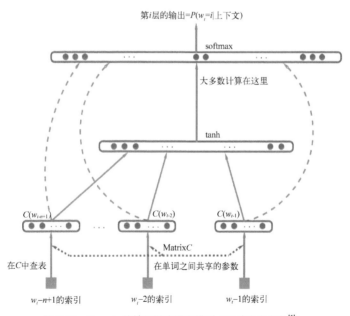

图 6-11 Bengio 的神经网络语言模型（图片来自文献[1]）

它的基本思想是：假设我们已经知道每个词的向量表示，现在用前 n-1 个词的向量表示作为一个单隐层神经网络的输入，去预测第 n 个词。当以最大似然为优化目标用随机梯度法训练好这个网络后，同时我们也得到一份训练好的词向量。

用深度学习的表示学习思想产生词向量的另一个代表性工作是 word2vec。word2vec 是谷歌在 2013 年年中开源的一款将词表征为实数值向量的高效工具。有了词的向量表示可以干很多事情，例如给定一个词，找和它意思最相近的词（就是在向量空间中和这个词对应的点距离最近的那些点）。

word2vec 的基本思想是用一个词在文本中出现时的上下文来表征这个词的语义，进而计算它的向量表示。套用社会学的话来说，个体是由其所处的社会关系定义的，近朱者赤，近墨者黑。如果两个词经常在相同的语境中出现，那么它们很可能有相同或相似的语义。例如 school 和 university，lake 和 river。我们在训练时，就想办法让这两个词的向量表示在向量空间中不断拉近。上文介绍的 Bengio 的神经网络语言模型，也是这种思想。

word2vec 用了两个模型：Continuous Bag-Of-Words（CBOW）和 Continuous Skip-gram，如图 6-12 所示。和神经网络语言模型一样，都是通过预测来体现一个词和它上下文的关系。CBOW 是通过上下文来预测中间的词，Skip-gram 模型与 CBOW 正好相反，是通过中间词来预测前后词，一般可以认为位置距离接近的词之间的联系要比位置距离较远的词的联系紧密。

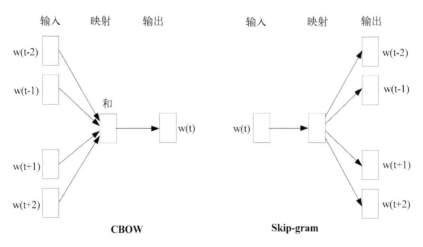

图 6-12　word2vec 的 CBOW 和 Skip-gram 模型（图片来自文献[10]）

word2vec 有一个非常有趣的特性，不仅词向量可以反映词本身的语义，有些情况下，两个词向量的线性运算（向量差）还可以反映两个词的某种语义关系。例如：

vector('Paris') – vector('France') + vector('Italy') ≈ ('Rome'),

vector('king') – vector('man') + vector('woman') ≈ vector('queen')

我们在训练时并没有告诉模型任何关于国家和首都之类的知识，图 6-13 中的关系完全是通过海量语料库训练后自发涌现出来的。

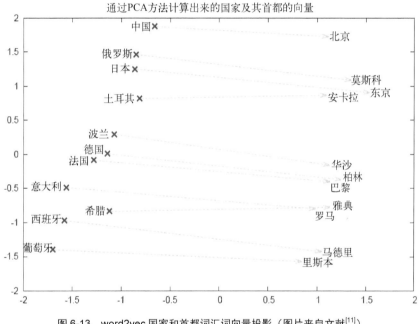

图 6-13　word2vec 国家和首都词汇词向量投影（图片来自文献[11]）

word2vec 还有一个有趣的应用，托马斯・米克罗夫（Tomas Mikolov）和他在谷歌的同事开发出了一种技术，能自动创建用于机器翻译的词典，即能将一种语言转换成另一种语言的词汇对照表。这种新技术不是依赖同一份文档不同语言的版本，而是利用数据挖掘技术制作一种语言结构的模型，然后再跟另一种语言结构进行对比。它依靠的理念是每种语言都会描述一些类似的观点，所以执行这些描述动作的词语一定有很多相似之处。例如，大部分语言都有描述常见动物（如猫、狗、奶牛等）的词语。也许，在诸如"猫是一种比狗小的动物"这样的句子中，那些描述动物的词语的使用方法是相同的。

　　例如英语和西班牙语两种语言，通过训练分别得到它们对应的词向量空间 E 和 S。从英语中取出 5 个词 one，two，three，four，five，设其在 E 中对应的词向量分别为 v1，v2，v3，v4，v5，为方便作图，利用主成分分析（PCA）降维，得到相应的二维向量 u1，u2，u3，u4，u5，在二维平面上将这 5 个点描出来，如图 6-15a 所示。类似地，在西班牙语中取出（与 one，two，three，four，five 对应的）uno，dos，tres，cuatro，cinco，设其在 S 中对应的词向量分别为 s1，s2，s3，s4，s5，用 PCA 降维后的二维向量分别为 t1，t2，t3，t4，t5，将它们在二维平面上描出来（可能还需作适当的旋转），如图 6-15b 所示。

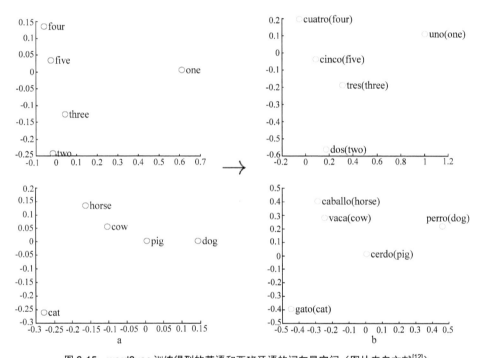

图 6-15　word2vec 训练得到的英语和西班牙语的词向量空间（图片来自文献[12]）

　　观察这两幅图，容易发现：5 个词在两个向量空间中的相对位置差不多，这说明两种不同语言对应向量空间的结构之间具有相似性，从而进一步说明了在词向量空间中利用距离刻画词之间相似性的合理性。

　　不同语言在这个向量空间中有很多相似之处。这意味着两种语言的转换过程类似于两个向量空间的转换过程。这就把翻译从语言问题转成了数学问题，即寻找将一个向量空间映射到另一个向量空间的线性变换。为此，可以采用由专业人士编辑的小型双语词典，通过对比两种语言的对应词语语料集来求得这个线性变换。接下来就简单了，把变换运用到更大的语言空间中，即可得到任何一个词的对应词。尽管 Tomas Mikolov 方法很简单，但是非常有效，英语和西班牙语之间词语翻译的准确率能接近90%。这种方法可以用来拓展和提炼现有词典，甚至可以查找这些词典中的错误。而且谷歌这个团队的确在一个英语–捷克语词典中发现了大量错误。

值得注意的是，word2vec 通过一个词和它周围词的关系把词这种离散符号向量化，并在向量表示中体现符号的语义，这种思想的应用并不限于自然语言这种符号序列。只要在某种特定结构（序列、树、网络等）里结点和周围的结点形成某种关系，都可以把结点看成自然语言中的"词汇"符号，用类似的方法处理。事实上，已经有学者把 word2vec 的词嵌入方法用于社交网络的分析，取得了很好的效果，相关研究已发表在 2014 年的 ACM SIGKDD 国际会议上。

总结展望：AI 之梦

深度学习为什么这么火？介绍完它的原理和典型应用之后，我们这里做一个"另类的"生态学的类比。如果把深度学习比作一个物种，和其他机器学习物种相比，它有两个特点：(1) 不挑食。无论原始数据属于图像识别、语言识别、NLP、生物医药等哪个领域，都可以"喂"给神经网络学习处理。这和大脑的工作原理很相似，大脑用同一套算法解决视觉、听觉、嗅觉等感知问题。(2) 胃口大。喂给它的数据越多，它就变得能力越强，越聪明，并且只会吃不饱，不会消化不良。

正是因为这两个特点，这个物种在 20 世纪 BP 算法发明的 80 年代和 SVM 风靡的 90 年代，都没有合适的生长环境。只有到了今天，有了充足的食物供应（大数据），并进化出了极强劲的消化系统（GPU、云计算），深度学习怪兽终于迎来了崛起的契机，并逐渐淘汰其他物种（浅层学习算法），称霸地球。

深度学习目前虽然在语音识别、图像识别等很多领域都取得了令人瞩目的成果，但无论在理论上还是应用上都还有巨大的探索空间。

在应用方面

相比于语音和静态图像，视频和自然语言理解以及多模态信息的整合仍有很多理论和工程问题亟待解决，是深度学习研究者们正在集中火力攻克的前沿阵地。

深度学习在图像识别、语音识别和自然语言处理这些领域的能力已经接近或达到人类的水平，使机器像我们人一样能"看"，能"听"，能"说"。除此以外，我们更希望深度学习在普通人类不擅长的信息处理领域大显神威，小到天气预测、股票预测，大到历史和社会的发展态势分析和预测，甚至科学知识的发现（例如用深度学习方法发现新的数学或物理定律）。我认为在这些领域获得突破的意义更大，因为人工智能的终极目标不是模仿人类，而是超越人类。

在理论方面

深度学习虽然通过自动学习特征表示将人从手工特征设计中解放了出来，向前迈进了一大步，但目前在神经网络架构中，网络层数、每层神经元的种类和个数、训练算法参数等超参数可能对最后结果有非常大的影响。这些超参数的设置和调节，仍然高度依赖人的经验。自动网络结构学习和超参数调节是深度学习摆脱依靠经验的"中医""炼金术"状态，走向依靠理论的"西医""科学"的必由之路。

深度学习从原始自然信号中提取特征完成任务的过程是个"黑盒子"，缺乏可解释性，类似于哺乳动物的低级认知功能。与之相对，基于抽象符号和规则的逻辑推理作为人工智能的早期方法，虽然能部分模拟人的高级认知功能，却和现有的神经网络框架"水火不容"。如何把深度学习过程和人类已经积累的大量高度结构化知识融合，发展出逻辑推理甚至自我意识等人类的高级认知功能，是下一代深度学习的核心理论问题。

深度学习作为一种非常成功的仿生算法，怎样和其他仿生和自然计算理论框架，如强化学习（如 Q-learning）、演化计算（如遗传算法）、群体智能（如蚁群算法）、主动学习（active learning）、毕生学习（lifelong learning）有机结合，发挥更大的潜力，也是非常有趣的课题。

路漫漫其修远兮，吾将上下而求索。尽管有各种不足，深度学习仍是现阶段实现人工智能的最靠谱的途径。如果我们能在上述理论、建模和工程方面突破深度学习面临的一系列难题，AI 之梦将不再遥远。

参考文献

[1] Bengio Y, Ducharme R, Vincent P, et al. (2003). A neural probabilistic language model. JMLR, 3, 1137-1155.

[2] Bengio Y, Lamblin P, Popovici D, et al. (2007). Greedy layer-wise training of deep networks. In NIPS'2006.

[3]　Cortes C, Vapnik V. (1995). Support-vector networks. Machine Learning 20 (3): 273.

[4]　Dahl G E, Yu D, Deng L, et al. (2012). Context-dependent pre-trained deep neural networks for large vocabulary speech recognition. IEEE Transactions on Audio, Speech, and Language Processing, 20(1), 33-42.

[5]　Hinton G E, Salakhutdinov R. (2006). Reducing the dimensionality of data with neural networks. Science, 313(5786), 504－507.

[6]　Krizhevsky A, Sutskever I, Hinton G. (2012). ImageNet classification with deep convolutional neural networks. In NIPS'2012.

[7]　Le Q V, Ranzato M A, Monga R, et al. Building high-level features using large scale unsupervised learning. In ICML'2012.

[8]　LeCun Y, Bottou L, Bengio Y, et al. (1998b). Gradient-based learning applied to document recognition. Proceedings of the IEEE, 86(11), 2278－2324.

[9]　McCulloch W S, Pitts W H. (1943). A logical calculus of the ideas immanent in nervous activity. Bulletin of Mathematical Biophysics, 5:115-133.

[10]　Mikolov T, Chen K, Corrado G, et al. Efficient Estimation of Word Representations in Vector Space. In Proceedings of Workshop at ICLR, 2013.

[11]　Mikolov T, Sutskever I, Chen K, et al. Distributed Representations of Words and Phrases and their Compositionality. In NIPS'2013.

[12]　Mikolov T, Le Q V, Sutskever I. Exploiting Similarities among Languages for Machine Translation. arXiv, 2013.

[13]　Minsky M, Papert S. (1969). Perceptrons. MIT Press, Cambridge, MA.

[14]　Rumelhart D, Hinton G, Williams R. (1986). Learning internal representations by error propagation. In Parallel Distributed Processing, chapter 8. MIT Press, Cambridge, MA.

作者简介

　　肖达，集智俱乐部核心成员，北京邮电大学计算机学院讲师，彩云天气联合创始人兼首席科学家，彩云天气基于深度神经网络的短时降雨预测算法的作者和彩云小译研发团队负责人。主要从事人工智能、机器学习和深度学习的相关研究工作，目前研究兴趣为基于深度学习的自然语言处理模型和应用（包括机器翻译、阅读理解和对话、机器创作等）。曾发起和主持集智俱乐部"脑与 deep learning"读书会（2013 年 6 月~2014 年 1 月，共 11 期）和"高级认知相关的另类深度学习"读书会（2015 年 4 月~2015 年 6 月，共 5 期）。

第 7 章　关于人工智能与人脑智能的思考：康博士和贝博士的对话

王长明

本章将通过两位博士的对话全面介绍人脑智能的原理，对于计算机爱好者了解人脸识别、视觉信息加工等热门话题都有很好的启发意义。

首先为大家讲述一段关于人脑和计算机的故事。

康博士和贝博士的对话

康博士是一位计算机专家，一直致力于提高物体识别算法的效果，开发了各种特征提取和模式识别算法，他的算法在安全监控、无人驾驶、相机、图片搜索等领域发挥了很大作用。

贝博士是一位脑科学专家，研究人的面孔识别认知机制，他每天考虑的问题是不同类别物体加工的机制，例如大脑如何对物体进行表征、表情加工的时间进程、不同类别物体加工的空间模式有什么不同。毫无疑问，人类特有的识别机制决定了其鲁棒性和准确率。

我们知道，无论计算机还是人，都有很强的物体识别能力，不过识别的原理并不相同。计算机算法识别面孔主要是从矩阵表示的视觉信息中提取关键特征并对其进行分类，为了加快识别速度，特殊场合还采用了数字信号处理芯片。而人的整套视觉系统，从视网膜到视觉皮层，都是利用海量神经元的群体活动完成表征和识别的。

针对究竟谁的识别能力更强的问题，两位博士发生了长时间的争执，最后他们决定设计一套测试，看谁的识别更聪明。对此，贝博士显然更擅长，每年他都用各种量表给不计其数的儿童测量智商，评测各种认知能力，其中自然包括物体归类、识别和命名的速度、准确率等内容。

第一个题目：复杂场景中的物体识别能力

题目取材于网站常用的验证码（如图 7-1 所示），看谁的识别更准确、更智能。

图 7-1　复杂验证码的识别

康博士看到题目以后恨得手心痒痒，贝博士则暗自窃喜，心想："哥们儿，这题可是恰恰来于你们互联网啊。"

"输入验证码"主要考察复杂场景中识别物体的能力。字母和数字嵌入杂乱的场景中，灰度也被仔细调整，还常常人为加入各种噪声，让画面看起来更随机；为了防止根据频域特征识别，场景中还有线条等元素，虽然从统计特性上看，噪声和目标字符没有差别，但是这些元素组合在一起显然就产生了质的区别。只是计算机还没学会这种"组合"规则。

贝博士拍了拍康博士的肩膀，说："老康，现在你们最新的玩法似乎还加入了阅读理解，让人来识别不同颜色的字符，这分明是在欺负现在的计算机算法还不能做这种语义理解。怎么样，认输吧？哈哈！"

贝博士这么自信不是没有原因的。人能够在十分复杂的场景中正确地分割和识别出物体，这些场景千变万化，颜色、形状、朝向各不相同，互相遮挡程度很深，甚至有些物体的背景都在运动，但这些特点丝毫不影响人们正确地识别，视觉功能正常的人做这类任务的准确率几乎是 100%，输入验证码应用就是人的视觉和计算机视觉差异性的具体体现。这一技术目前被互联网网站广泛应用，其有效性不言而喻。康博士几乎没法辩解。

康博士皱了皱眉，说道："复杂场景中不同物体是如何被识别出来的是一个十分重要的问题，虽然计算机和人脑都有物体识别能力，但是到目前为止，人的物体识别能力在准确率上确实有不可比拟的优势。"

"不过，这不公平！"康博士思考了一会儿继续说道，"这些都依赖于人强大的视觉系统，其结构和功能上的优势特点经历了亿万年的进化，实际上也是亿万年'学习'的结果。"

贝博士说："你的意思是，如果我给你足够长的学习时间，计算机也能学习出来类似的效果？"

沉思了一下，康博士说："应该有可能！现在最新的深度学习技术实际上就是借鉴了神经网络的工作原理，不过和十年前流行的神经网络相比，如今深度学习效果这么理想的原因除了增加了网络层次以外，和大样本不无关系。而且结构上的特性也是学习出来的，这和人脑的进化有着类似的特点。只是目前我们还不知道或者无法证明这样学习的结果究竟是不是语义上的概念信息。"

第一次过招的结果是人脑的识别能力赢在了当前，但是能领先多久取决于计算机算法对特征掌握的程度，而互联网时代的大数据无疑极大地加快了计算机赶超的进程，这也许在暗示着不断学习正在帮助计算机变得更加智能。

第二个题目：测试能够正确识别的物体种类

图 7-2 表现的是场景中有多种颜色、形状、位置的视觉物体，计算机和人脑各自都能准确识别出来吗？

康博士看到题目以后有点得意："我先来回答吧，我们最新一代的图片搜索引擎每天都在处理大量图片信息，这种算是小儿科了，用户提交数以万计的物体，猫、狗、勺子、屋子、车，甚至很细微的种类都能够识别。"

图 7-2　复杂多类别物体的识别

"只要有足够的样本给我学习，那么对于我来说，可以学习的类别数量几乎可以无穷大。这一点你做不到了吧？"康博士补充道。

"等等！你这里仅仅把物体定义为通过视觉方式获取的了吧？听觉、触觉，甚至嗅觉呢？数量是多少？"贝博士问道。

康博士迟疑道："这个……这是强人所难，目前搜索引擎要么基于文本信息，要么基于图片，视频搜索尚在开发中。理论上，触觉嗅觉也不是问题，只要你提供传感器信息。"

贝博士笑着说："人每天都在处理成千上万的物体，从出门用钥匙锁门，按电梯按钮，到中午吃饭用盘子装午餐，判断菜肴的种类，联想起食材，到下班路上在川流不息的车流中辨别自己要乘坐的公交车。从现有数量上看，人类可以识别目前几乎所有现实存在的物体，这么说没问题吧？"

"可以这么说吧。"康博士有点愤愤不平。

"别忘了人也有很强的学习能力啊！"贝博士不无得意。

"好吧！在视觉方面至少我们打平了。"康博士不想让贝博士继续发挥。

贝博士继续说："先不讨论多个感知通路的问题，我的题目叫作识别物体，人完成这类任务没问题哦，在发现之后往往就能叫出名字，有些很难命名的，人们也可以尽量描述它的质地、颜色、形状、用途等。识别可不仅仅是区分开这么简单哦！"

康博士只好说："好吧，我承认计算机处理还没那么智能，目前可以理解为区分，至多是归类和再认。"

在识别的绝对数量这个问题上，由于各种条件的限制，人和计算机相比恐怕稍逊一筹，但是在识别的智能化方面，人的优势就很明显了。更重要的是，人的识别依靠的是多感官信息，如图 7-3 所示，视听觉信息甚至触觉信息在识别和再认方面都起了很大作用，而计算机目前的识别还主要依靠视觉信息，在听觉方面利用的往往是语音，在跨通路的概念表征问题上还没有很大的进步。不过这仍然不是永远的，因为我们从未要求计算机进行这样的"学习"！相信在不久的将来，计算机应该可以从不同模态的数据中学会类似的概念。而智能化的识别方面则困难得多，这涉及计算机算法识别的基本模式，甚至涉及计算机究竟应该如何对物体信息进行表征，以利于后续的加工处理，相比之下，人脑的信息加工往往伴随着表征同时进行，融为一体。

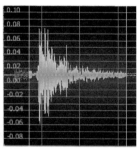

图 7-3　以视听觉方式呈现的物体及其概念信息

第三个题目：运动物体的识别能力

看到这个题目，康博士硬着头皮说："目前，交通和军事等特殊领域用得较多，主要是对运动车辆及导弹进行识别。这两个问题差别很大，一种是摄像头自身静止不动，一种则不然。目前有很多算法来跟踪场景中的同一物体，以检测其运动轨迹，效果还不错。差别在于背景变不变的问题。"

贝："人的视觉系统可以很好地处理这个问题，即便背景在变化！这涉及视网膜空间特殊表征，即便物体位置、尺寸、朝向、角度发生了很大改变，仍然能够保持'视觉不变性'，不会因为输入的客体信息改变而影响识别输出结果，这是稳定追踪的基础。"

康："嘿，在具体问题上，机器学习算法，特别是深度学习可以实现某些特征的不变性哦，这在技术上不是难题。"

贝："我就知道你会这么说。人类视觉这种输入变化输出不变的'视觉不变性'是人脑形成稳定的抽象概念的基础，这样在再认的时候只需要根据概念中的物体进行比较就可以了。请问康博士，深度学习算法里能学习出来稳定的概念吗？"

康："这个……我需要证明……"

贝："而且人脑有专门的'where'通路参与空间信息的处理，这可是结构上的特异性。为了检测运动物体，人类视觉系统能够及时地完成运动感知，预测运动的方向和速度，这些对运动信息的加工有助于大脑在此基础上识别物体，同时运动信息也帮助大脑忽略背景信息，把注意力集中在运动物体上，这也辅助了识别功能发挥作用，让更有威胁性的运动物体首先被识别。"

看来这个问题康博士要认输了。实际上，人对运动信息的加工和客体识别有机地捆绑在一起，这也并不难理解，在长期进化过程中，必须这样才能完成狩猎，人能够根据离散采样的物体判断出运动方向（记得一个小人在向左转还是向右转的例子吗？实际上就是人脑恢复出来的运动信息，只不过在"恢复"过程中人的"注意"起了很大作用），并且运动信息对帮助人脑更好地"注意"物体以辅助识别起到了重要作用。计算机在处理运动信息时是否引入了"注意"机制以区分前景和背景？摄像头能否像眼睛（哪怕是一只）一样追踪物体运动，或者聚焦在一个物体上而忽视背景信息？这些问题已经超越了算法结构本身的优化。

第四个题目：在处理深度信息方面，谁更有优势

康博士心里一凉，终于轮到 2D 还是 3D 的问题了。

贝："得益于双眼结构，人的 3D 视觉体验实际上是非常巧妙的。由于左右眼之间有一定距离，感知物体时视角并不相同，因此两个 2D 信息投影到视网膜空间的信息也有一定差异，在视觉皮层里合成为一个物体，同时包含了深度、距离的信息，从而产生 3D 的立体视觉，形成深度感知。嘿嘿，康博士，你有什么要说的？人类视觉系统处理的是 3D 信息，用 2D 表示却几乎没有损失有用的信息。计算机能做到吗？"

康："我同意你的看法，不过我还是认为这对于计算机来说不太公平。经过长期进化过程中的实践，人已经能够完美地把视觉对深度的感知与实际距离联系起来，让

人脑从一张静止不动的图片中恢复出 3D 信息当然是一件很容易的事。"

贝："因为人有对各种各样的场景里视觉物体的先验信息，比如近大远小的生活体验、各种光照环境下物体的亮暗，还有对于太阳、月亮、山林、树木、小溪等相对位置也都会牢牢记住。所以，人们看到 3D 物体的一个部分就很容易'补全'整个 3D 映像。"

康："贝博士，别得意，我要说的是，如果给我同样的数学模型在另一个空间表征 3D 物体，同时给我足够多的经验来学习，我相信计算机也能够处理好 3D 视觉的问题。我要问的是，对于一个人类从来没有见过的结构和空间位置关系很奇怪的新物体，人用一只眼睛也能识别出 3D 世界吗？"

贝："这当然需要从零开始学习了，不过先验信息也会起作用。比如，先用手触摸感知距离，然后再结合双眼 3D 视觉经验修正。"

康："如果它们互相冲突呢？"

贝："算你狠！这往往是很多人类视错觉发生的原因。在 2D 恢复为 3D 的过程中，有时候人脑先验知识和图形输出结果之间可能存在不一致，这时，大脑往往给出两者都成立的可能，并决定哪种是真的，这就是视错觉。"

这就是人用一只眼睛也能感知 3D 世界的原因。计算机视觉在这方面还有很多工作要做。在信息获取阶段，3D 视觉信息影射到 2D 空间中，摄像头实际上损失了很多信息，例如深度、光照、材质等，这些最终都以灰度值的形式表示出来。相比之下，人的视觉系统在这方面则聪明很多，在量化的同时还伴随着加工。不仅是一个投影问题，同时还提取出了重要信息。所以，计算机从 2D 表征恢复成 3D 信息时，往往有多个可能的解。再加上计算机不像人脑那样有长期的学习过程，并不能很好地利用先验信息约束求解过程。因此，计算机通过单张图像去理解 3D 的场景就变得困难了，更不可能利用一个摄像头实现人的单眼 3D 视觉功能。

第五个题目：识别残缺图片的能力

"这个能力可是婴儿都具备的哦，康博士。"贝博士边说边挤眉弄眼。

这确实是人类视觉强大的地方，我们看到的常常只是物体的一部分，但这并不影响我们完整地识别出物体。一个婴儿看到苹果或者奶瓶的一部分，就会索要；当妈妈在窗外刚刚露出半张脸看他们的时候，婴儿也能及时捕捉。实际上，不要说婴儿的视觉系统，即便是果蝇的视觉系统，也不可能是简单的模板匹配，而是基于"概念"的，不然只要位置、朝向稍微改变一点就将同一物体识别为两个，物体被前景稍微遮挡一部分就不能完整认出，这对生存无疑是不利的。

康："这个问题我们也在解决中，虽然很难，不过模型上我们有能力处理。同态滤波可以一定程度上消除残缺信息，例如车牌上的残缺字符等。具体到视觉物体识别上，还涉及用什么样的模型来表征物体，特别是 3D 的视觉物体，现有的视网膜空间的矩阵恐怕难以满足。"

贝："听起来有道理……"

康："实际上，这样的信息在计算机领域是很普遍的，做产品匹配算法就必须面对用户遗漏的评价信息，并进行有机地补全。我要说的是，只要给我们时间积累足够多的样本，我想这个问题并没有前几个问题那么难。"

贝："我相信如此，毕竟我还是要使用京东来购物，还要去 K 吧点歌，真希望你们的残缺信息补全能够越做越完美，能够利用我们提供的有限的信息补全成我想要的结果。不得不承认的是，在信息容量上，人脑不可能和计算机相比，更多地是在模糊问题上的求解上比较有经验。"

康："谢谢认知科学家的支持。深度学习算法一定程度上能够实现这些功能，但问题是我们还不知道较高级的层学习到的是不是'概念'特征，这些还需要不断验证和完善。至少在特定类别物体的识别方面，如车牌识别，计算机是具有较强的补全能力的。不过对于人脸识别，如果你挤眉弄眼，或者闭上一只眼睛，现有算法可能不能完全识别，毕竟计算机在学习的时候可能从来没有人教过它那也是人脸的一种……"

贝："对了，计算机专家，如果你确实对概念表征有兴趣，推荐你读一本书，书的名字在这张图片（见图 7-4）里，你可以用你的算法识别一下，哈哈！"

看来在这个问题上，康博士和贝博士空前地达成了一致。毕竟现在讨论的不是谁取代谁的问题，而是如何发挥各自优势的问题。即便人脑在很多方面都具有优势，但是信息技术的发展已经越来越多地改变了人类的生活，解决了很多人类并不擅长处理的问题。只是有些问题解决起来还不那么智能。这也可以理解，因为这些问题本来就是"人的问题"，从问题的提出到评价都是按照人的标准来进行的，人们会很自然地把计算机做得如何和人的行为结果做比较，而这本身就不太公平。

图 7-4　残缺信息补全的例子，人人都是补全专家

第六个题目：论述一下各自系统的优势

康博士说："计算机在处理速度方面有优势，可以连续工作，另外大型数据库可以存储的容量远远大于人脑，只不过人脑的信息处理模式可能极为智能……"

贝博士一边点头一边翻看手里的认知科学文献："对，人脑实际上并不是存储全部的信息，而是在编码的时候就进行了压缩，无用信息被忽略掉了，而且在海马作用下，信息被广泛地加以连接，这些都提高了提取的准确性。"

康："在智能化方面，我们承认人脑具有极大的优势。"

贝："确实，人脑对信息表征和层次化加工是智能化的重要保证。以视觉为例，信息获取的时候伴随着多个层级的表征，同时完成了简单的加工，而后筛选出有用的信息，完成高级加工。这些是初级视觉皮层大量神经元协同工作完成的，神经元之间通过不同频率的电信号调制，形成具有特定功能的群体。这些和深度学习的结构有些类似。"

康："不过深度学习还远没有达到完美的境界，特别是在如何利用先验信息方面，甚至不知道'学习'到的特征的物理和心理含义，而且结构的优化也没有系统的理论指导。不过人类自然选择也没有，更多是实践出来的。"

贝："'注意'机制是值得计算机学习的一个功能，它不同于进程调度，也不同于视觉信息获取阶段摄像头的调节。实际上是影响识别效果的重要因素，对于复杂场景、运动物体的识别具有重要意义，也在一定程度上影响了特征捆绑。据我所知，计算机算法里还没有对'local-first'还是'global-first'给出答案吧？"

通过这场对话，康博士和贝博士对人工智能和人脑智能都有了更深入的了解。也许他们应该合作开发一个更智能化的处理系统，把人和计算机有机地联系在一起，用人脑来处理人类擅长加工的信息并把结果反馈给计算机，让计算机来进行后续的快速加工。相比完全取代人脑的人工智能研究，这种各司其职的人机交互也许是未来智能的发展趋势。

人脑认知功能对机器学习算法的启示

在前面康博士和贝博士的过招中，我们初步了解了两种不同识别机制的异同和各自的优势。下面我们就对话中提到的人的认知功能进行延伸讨论，看看有什么结构和功能上的特点值得信息科学借鉴。

我们可以大致将人的识别过程抽象为一个模型，如图 7-5 所示，这一模型只是示意性的，供大家了解清楚问题，并不一定是认知科学中真实的加工模型。

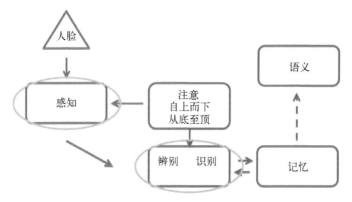

图 7-5　视觉信息加工流程示意图

我们首先来看一下人是如何识别物体的。面孔是人类生活中常见的物体，它携带有丰富的信息，从复杂的场景中识别、检测人脸以及辨别人脸的个体信息等具有重要的意义，因此面孔识别的相关认知机制以及面孔加工的特异性始终被大量学者关注。

以面孔为代表的视觉物体信息经过视网膜、外膝体之后，大致经过初级和高级视觉皮层逐级的表征和加工，这一过程受到注意环路的调节和控制，从而引导我们发现任务需要我们提前注意的特征和物体自身醒目的特征，完成感知、区分和识别过程，先后实现判断"是人脸还是桌子"和"是我认识的人吗？他叫什么？在哪工作？"等过程，随后还启动了记忆系统来完成再认和回忆（是否认识或若干年前在某处见过他）、语义判断（他的名字等语义信息）、情绪加工（他看起来不高兴，让我不舒服）等有关的高级加工。

这是一个非常抽象化的加工模型，有助于解释面孔和复杂物体的加工。我们首先可以看出信息加工是层次化的，逐级加工从简单到复杂的特征，从 V1 到 V2、IT 区，每个层级都对视觉信息有各自的表征，提取从线段朝向、简单特征组合到复杂特征等不同的特征，感知、识别等认知加工也是伴随着每个层级的表征进行的。而这些表征和加工都是通过多个层级的神经元群体的同步活动来实现的。单个神经元负责表征极为简单的信息，但是通过群体组合在一起（通过神经电活动有节律的同步震荡完成组织）就能表达复杂的功能。从信息科学的角度看，整个加工过程的实现可以理解为复杂的多次特征提取过程，提取的特征从简单到复杂，多次组合，甚至"概念"这种十分抽象的特征也可以被提取。因此我们不难看出现有计算机视觉领域物体识别算法的局限性，也不难理解与人的识别过程有类似之处的深度学习等算法一定有内在结构特点做保证。

实际上，人的物体识别过程不仅仅是判断当前信息属于什么大的类别这么简单，它还和注意、情绪等系统有着极强的交互作用，这些功能深深地影响识别。有些影响发生在相当早期的阶段。比如焦虑、抑郁等情感疾病的患者对负性情绪信息有注意偏向，对带有负面色彩的情绪刺激更容易关注，这种注意偏向发生在视觉感知早期阶段。而这用逐级加工的模块化理论是不可能解释的，无疑提示注意和情绪与认知的交互作用远比我们理解的要早要基础，是自动化加工的。为了避免把问题复杂化，我们在上述模型中没有考虑情绪问题，不但没涉及识别物体的人的自身情绪状态的变化，而且还假设物体所具有的物体附带的表情都保持中性。然而，实际上人的情绪加工远比想象中要基础，绝非中晚期才启动的高级过程。这是人的认知功能的基本特点。

这些加工过程对应的是模块化的加工单元，遍布于大脑不同脑区（我们也许没必要牢记每个脑区的名字和位置），这些单元往往不是单一的一个区域完成的，有些单元分布需要多个脑区协同完成，这种类似多重备份的设计的好处是复杂自然环境中因故损毁部分区域，不会导致识别功能完全瘫痪（如果你了解神经外科手术通常要切除多大一片脑区，就会对人脑功能有更深刻的认识，惊讶于原来没有某块脑区，人居然还可以完好地存活。（最近一例报道中提到非常罕见的一位小脑完全缺失的患者竟然可以长期存活）她的不正常表现竟然只是走路不稳和轻微的发音不清。不过有些重要功能区的损毁乃至连接两个功能区之间的传导束损伤，确实会带来诸如"面孔失认症"等功能缺陷，可能表现为不能辨别出人脸或者某种物体，或者能够说出物体的功能，但是难以命名或者错误判断为类似但是完全不同的另一类物体（还是一位神经外科医生告诉我的实际例子，患者连接两个最重要的语言区 Broca 区和 Wernicke 区之间的弓状束纤维受到肿瘤压迫，结果她始终无法说出呈现在眼前的钥匙的中文名字，但是能明确描述出它是用来开门的，还亲手操作用法，最后逼急了说是瓶起子——从这个活生生的例子中，我们可以更好地理解人脑是如何存储、加工不同概念的）。这一点在很多脑损伤或者脑刺激实验中都得到了大量验证。

在物体识别过程中，前景和背景分割过程扮演着很重要的角色。这也是人的识别鲁棒性的重要体现，特征提取和去噪是同步完成的，即在对感兴趣的物体进行表征的同时完成了背景噪音的去除。这里重要的结构特点就是前景信息的表征，其中囊括了大量细节信息的表征，还有注意过程的参与——我们感兴趣的区域的表征是更精细的，这有助于我们看清楚想要关注的人的面孔，对于背景信息，则至多只会保持大尺度的轮廓。

前景的判断是人类经过亿万年学习的，进化出了对特定信息敏感的神经元，并经过遗传进化一代一代优化到今天。而背景的分割和遮挡信息的处理则是人特殊的表征机制在起作用，虽然当前物体不完整，但是丝毫不影响我们利用已有的信息对其进行脑补，这一机制虽然还没有研究清楚，但是特征补全机制对于擅长大数据的计算机科学家来说并不陌生。而人类亿万年所"处理"的物体和人脸绝对可以称得上是大数据，只是在存储和特征利用方面更有效，将最核心的信息巧妙地通过生理结构固化下来。

在两位博士的争论中，我们提到了注意功能。"注意"实际上是一种资源调度和分配的过程。长期的进化过程，特别是残酷的自然选择过程为我们优化出了高级的注意功能，既要保持对当前加工任务的资源投入，又要时刻警醒外界刺激。对有威胁性的刺激，要及时打断当前任务，快速作出响应。很多人工智能系统，如果能借鉴"自上而下"和"从底至顶"两个注意通路的特点，对于复杂识别和追踪问题的解决将有重要意义。也许人工智能要做的并不仅仅是实现和人相同的注意功能，甚至不需要引入"注意"这样一个概念，但是类似的高度智能化的"进程调度"也许是必要的，它不是按预设顺序进行的过程化加工，也不是单片机中随意粗暴的"中断"，而应该是对当前任务特点、重要性和后果有一个综合评价之后得出的优化结论，而这些都需要高级的调度与底层的任务之间保持良好的交互机制。

以上我们介绍了静止场景下的识别过程，实际上，运动的物体也许会更有效地帮助我们将其从背景中分割开来，这也是人类进化的结果。我们远古的祖先必须有这么一项优越的功能，才能完成狩猎，从而生存下来。其中还涉及三维视觉等环节，这也和计算机视觉对视觉信息的表征有着本质区别。

在完成和运动物体空间位置有关的快速识别的过程中，人的视觉系统进化出了独特的两个彼此独立的信息加工通路：腹侧通路和背侧通路。它们分别与物体识别和空间位置信息的感知有关，因此也叫 what 通路和 where 通路（或者 how 通路），由此可以看出，人的识别绝非理想环境下通过匹配进行的单纯的"识别"，而是与诸多加工紧密相连并行处理的。

视觉信息呈现给人类以后，会从视网膜流向到初级视觉皮层 V1，然后沿着腹侧和背侧两条通路传输到颞叶皮层和后顶叶等高级区域。Bruce 和 Young 两位科学家系统地提出了针对面孔认知模块和功能的模型。根据这一模型，面孔加工会被几个独立的功能模块在不同的阶段进行加工。首先是面孔信息的结构编码阶段，然后面孔独立于表情的特征和空间结构的编码信息进入第二阶段。这一阶段包括两个平行的通道，第一个通道包含 3 个相互平行的处理单元，分别负责面孔表情分析、面孔语言分析和直接视觉处理等功能；另一个通道有关面孔身份识别，包含面孔识别单元、个体身份节点和名字产生模块等 3 个串行的过程，对个体身份信息进行辨认。这两条分离通道的输出结果最后都汇集到认知系统，以便对信息进行综合处理和决策。这个模型指明了与面孔识别有关的功能单元和不同的加工阶段，并且强调了面孔身份信息识别和面孔表情加工分别对应两条独立的通道，能够从理论上很好地解释熟悉的面孔如何被识别。近年来，有研究者根据面孔加工神经机制的研究，对 Bruce 和 Young 模型进行了修改补充或提出了新的模型，强调了功能模块的实现脑区与脑区间的连接情况。面孔加工模型对于我们理解多种物体识别机制具有重要启示。

相比之下，计算机识别的过程就显得不那么智能了。摄像机经历了采样量化以后，完成了对视觉信息的初始表征，从此表征和加工就截然分开。在大致经过背景分割、配准环节后，针对感兴趣物体特征进行中心化、白化、标准化等预处理步骤，下面的工作就是单纯的"判别"。到背景分割阶段以后，感兴趣的物体就已经和背景以及周围物体信息不再有信息交互，等待它们的就只有特征提取，投影到某一子空间，然后交由分类器判别。

与人的视觉层次化加工相比，计算机视觉的表征主要来自于信息获取最初始阶段光学传感器用矩阵对两维的视觉信息的表征，这一次表征的结果几乎贯穿了处理的全过程。计算机的整个加工过程往往没有"注意"过程参与，也没有过多地与背景信息进行比较做特征捆绑，各个层级的加工是单独进行的。而人的加工则是多层级的，每一层级都伴随着对信息不同层次的表征（如线段朝向、简单几何形状到抽象的概念信息表征）。表征和加工往往是同时进行的，在对视觉信息内容进行特定表征的同时就完成了这一层级的加工，这和以单纯特征提取为目的的线性或非线性变换有本质的区别，也降低了对分类器性能的依赖。

实际上，单就分类判别本身也有待进一步优化。我们可以将其类比为人类的决策过程。有研究指出，人的决策过程也是一个自动化的加工，可能不是我们理解的那种主观性很强的高级的加工。有理论认为决策过程就是感知阶段以后所有证据的累积形成的"自然而然"的结果。这一点对我们设计分类器具有重要启发，隐含的意思可能就是特征提取和分类同时进行。而对于分类器是有监督的还是无监督的，认知科学实际上也已经有了答案。对于特定分类问题来说（仅仅用于识别是否为人脸），可能有监督的效果更好，但是这可能无法适用于识别多类别的问题。有理论认为，视听觉信息的加工应该是无监督的，婴儿在接触各种信息的时候并没有父母给出的各种标签做标记，需要靠自己从规律中总结，他们能够在长期的学习中形成类别的特点。

此外，计算机的整个加工流程是相对固定的，这些计算机算法的结构往往没有大量的优化过程，用于学习的样本在相当长的时期内也不够多，以前都没有足够大，难以与人类亿万年的进化和无时无刻不在进行的"可塑性学习"相比。人脑的可塑性无时无刻不在发挥作用，改变着白质纤维的连接（或许可以不恰当地类比为神经网络节点之间的权重）。

综上所述，当科学家们开发出具有类似人脑的层次化加工结构的深度学习算法以后，识别效果能够得到极大的提升也就不难理解了。

在以上讨论的信息获取、表达、识别环节中，我们没有强调一个重要的环节——存储，而是假设它容量无限大、提取速度足够快。这对于计算机来讲，也许不是很重要的问题，但是在实际应用中对存储空间有严格限制的条件下，这也许是一个重要的制约因素。事实上，信息的存储不仅仅是长久保存的问题。存储方式极大地影响着能否实现便捷提取，而在信息加工过程中不可避免地要涉及提取已有模型、参数、模板、特征甚至数据本身进行比较和判别。人的视觉信息存储是十分精巧的，依赖强大的记忆功能实现；人的记忆过程不仅仅是信息存储的过程，还伴随着特征提取整合的过程。记忆的过程从某种意义上讲是"忘记"的过程，是无用信息修建、有用信息整合的过程，这实际上就是又一次特征提取的过程。也许人类记忆的容量无法和硬盘相比，但是人类记忆的效率和智能化程度远远高于计算机，能够对有用的细节信息进行精细表征，对无用的常识性信息选择性遗忘。而且每一次识别过程都是一次学习，这套学习机制允许我们完美地继承了先辈们学习的结果，又保持了对新知识的适应性。可以说，人脑精巧的存储机制是学习和智能化的重要保证，这些特点都对视听信息的识别有重大影响。计算机固然在存储容量和提取速度方面有很大的提升空间和比较优势，但是在某些场合，如何设计得巧妙一些而不是把所有信息全都原封不动地存下来，是不得不考虑的现实问题。

考虑了很多人脑的识别优势以后，也许有人会想到如何利用好人脑的识别优势为计算机服务。可行的思路有两条，一是模拟人脑识别的机制，用数学模型和参数加以表示，模拟出人脑功能类似的计算机算法，实现人工智能。例如，我们可以研究人脑神经网络的结构特点，模拟出类似的结构，实现相应的功能；也可以借鉴人的图像理解机制，将人对 3D 场景深入信息的先验信息赋予计算机，帮助计算机通过分析图像以外的深度信息，利用这些信息去辅助 3D 重构。

二是直接利用人的认知功能，首先对复杂视听觉信息进行人的加工处理，然后把结果交由计算机深入分析。这种有人脑辅助的"认知计算"是人工智能领域研究的热门方向，类似的有美国科学家实现了利用人脑活动的脑电波信号进行搜索引擎，或者直接从人观看视觉物体诱发的脑活动中解码类别甚至个体本身，因为毕竟人脑更了解自己。人脑活动包含很多状态性的生物信息，利用好这些信息，对于满足人自身的需求也许更有帮助，毕竟计算结果好坏的评价准则是根据为人服务的好坏来衡量的。在利用人的认知功能进行计算方面，研究者们普遍将多种神经影像工具与机器学习算法相结合，相信这些研究成果会为人工智能、人机交互系统开发提供重要的启示。

关于人工智能与人脑智能的一点思考

估计最初接触人脑机制的信息科学研究者都试图把人脑比作数字信号处理器（DSP），认为人脑只需进行简单运算，而眼睛和摄像机功能类似，只负责简单的信息获取。实际上，经过深入了解以后，我们发现这种类比既正确又不正确。人脑进行的是复杂的计算，其智能化程度绝非现有 DSP 可以比拟，眼睛等感知器官与注意、意识等高级认知功能有很强的交互作用，不仅仅是早期的信息获取过程。有文献指出，眼睛瞳孔直径大小可以反映学习过的内容再认的效果，而眼动规律也和很多社会认知能力密切相关。

也许我们没必要模拟出一个和人脑功能一模一样的计算机来，那样没有实际意义，重要的恐怕还是实现类似的功能。计算机和人脑对信息的表征有着本质的区别，计算的结构也不同，能够获取的样本数也有差别。毕竟人已经进化亿万年了，因此不能追求计算机算法具有与人的智能类似的准确率和推广能力。问题在于计算机服务的对象是人，实际需求也是辅助人来实现类似的认知功能，用户不可避免地将计算结果与人的认知过程作比较，并用人的处理结果来评价计算机算法的优劣。就识别本身而言，目前人脸识别程序已经做得很好，自然语言处理也已经发挥了巨大作用，在这些算法里并不需要体现过多的人的因素。不过，估计用户不会满足于一个计算机识别系统只能正确地识别一类物体，他们会很自然地要求设计的系统能够像人一样处理视听觉信息，这恐怕是推动计算机像人一样工作的动力。

现在可能已经没有必要讨论人和计算机谁更好这个问题了，更重要的是利用好两者的优势，更好地解决实际问题。在处理人和计算机的关系问题上，一种办法是模拟人的思维过程，利用从结构到功能的特点，实现类似的智能。人类在这一关系中处于服务对象角色，最近十分热门的深度学习属于这一类的实例。还有一种想法是直接利用人的认知功能，将部分计算机不适宜完成的复杂的计算任务由人来完成，人直接参与到了计算之中，与计算机各自分工。这类有人脑辅助的"认知计算"研究也已经取得了很多成果。例如，美国 EGI 公司利用人的超强图像处理能力从海量遥感卫星获取的图像中检索异常物体，用快速视觉呈现的方式将大量卫星图片呈现给参与实验的人。与传统人工操作相比，这家公司在人进行检查的同时记录了人脑活动的脑电波，一旦发现异常物体，脑电信号中会有特异性反应成分。而这套系统的另一个优势是直接检测脑活动，可以不需要人的意识参与，能够在刺激呈现后短时间内发现异常，并且在前一幅图片加工完之后马上呈现另一幅图片，而无需等人按键决策。通常需要人作出决策、按键反馈等高级认知加工需要耗费很多时间，而直接利用脑的识别功能，绕开耗时的决策和反应，与计算机对接，就极大地提高了检测效率。类似地，美国哥伦比亚大学的 Paul Sajda 教授研究组进行了很多利用视觉信息进行物体快速归类的实验。近年来还利用人对物体类别感知过程的脑活动特征建立了数据库，实现了利用人特征进行图片检索的引擎。还有一部分认知计算应用是利用人的认知活动直接为人服务的，例如计算出人的情绪活动的状态，给予人实时的反馈调节，协助用户找到保持良好状态的策略（例如 Neurosky 的系列产品）。

这种神经反馈的应用已经用于情绪调节和注意力训练等领域，无一不是恰当地利用了人的认知优势，实现了有机的人机协同。

多年来人们对两个学科进行了许多探索。在心理学研究方法中，事件相关电位技术（ERP）是一种常用的探索时序加工特点的技术。通常对于多次刺激得到的脑活动采用叠加平均的方法，得到最小均方误差准则下的估计，实际上就是脑活动的均值。这与近年来"平均脸"（见图 7-6）的研究方法很相似，文章指出平均得到的面孔最有代表性。通过一些脑电早期的文献可知，原来早期脑电图研究者就是受到了"平均脸"方法的启发，将脑活动也类似地平均了，得到了有代表性的波形，从而影响了认知科学的发展。而后人们显然忽视了来龙去脉，这两个学科的距离居然如此之近！

类似地，在计算机的面孔识别研究中，也有"特征脸"这样一个概念，利用 PCA 分解出特征向量，分类结果往往较好，不过背后的原理不太容易讲清楚。而上一例平均脸更具美感的结论也是典型的心理学问题，美感的来源是不是和我们神经系统中"脸"的概念模板一致有关？那么深度学习学习出来的脸的概念是不是也具有类似的特点？如果能形象化地表示出来，也许就可以和人的概念中的脸作一比较了。

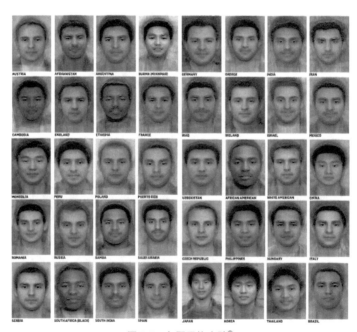

图 7-6　各国平均人脸①

---

① 图片来自 Mike 的"The Face of Tomorrow"项目。

最后，我还有两个问题想和大家交流一下，有兴趣的研究者可以一同来完成。

一个问题是计算机智能的评价指标。这个问题来自于我所从事的人的认知能力评价。如果有类似的办法能够评价人工智能的智能化水平，科学评测感知、辨别、存储、提取等过程的综合能力，而不仅仅是考察运算速度，将更有助于人工智能的发展。在这个问题上，人类认知能力评价的思想方法可能起到一定的作用。不过我们自然无法给计算机做问卷，如何把给人做的题目转化为计算机能够计算的任务是一个突破。

目前，一个可行的方案是利用容易引起机器学习算法或者人的识别机制出现错误的视觉图片（见图 7-7 和图 7-8），也许这类图片可以用来测试计算机算法的智力水平。

图 7-7　这是人脸还是树木？检验计算机如何处理模棱　　图 7-8　计算机能识别出来几张脸？也许是检验
　　　　两可的信息　　　　　　　　　　　　　　　　　　　　模拟人脑效果的试金石

另一个问题是深度学习不同层级对应的功能的测量。这仍然是站在认知科学的角度来看计算机算法受到的启发。很多人介绍深度学习时都会提到不同层的信息从简单到抽象的过程，如果能利用心理学实验设计的思路把机器学习算法的不同步骤当作人脑的不同皮层模块研究，也许有助于搞清楚哪些层次提取的是低水平感知信息，哪些层级提取的是语义信息，也有助于理解深度学习中抽象的语义信息是如何形成的以及如何改进，而这些对于跨通路的计算具有重要意义。

推荐阅读

集智俱乐部是一些科研理想主义者从事"业余"研究的集体。不是每个人都有条件或者有必要去科研机构从事专业的研究，但是无论在哪里做研究，一定要有科学的方法，具备科学的知识体系。从这个角度讲，我仅仅推荐以下两本著作。

- ❑ Marr. *Vision: A Computational Investigation into the Human Representation and Processing of Visual Information*, The MIT Press, 2010
- ❑ 李兆平. *Understanding Vision Theory, Models, and Data*, Oxford University Press, 2014

Marr 的著作是非常经典的，启发了整整一代人，可惜他过早地离开了这个领域，否则我们今天面临的也许是另一个世界。李兆平老师是非常著名的华人科学家，我曾经在多个场合了解她的理论，李老师的著作很值得一读。另外，专业的学术著作（包括科学文献）与科普读物是有本质差别的，需要补充大量专业知识，不能抱着实用的目的去寻找答案，那样恐怕会失望。

如果大家对视觉科学研究有兴趣，那么中国科学院生物物理研究所陈霖院士、北京大学心理学系方方老师、北京师范大学刘嘉老师和李武老师的网站、讲座和论文也是不容错过的，最起码值得了解一下专业研究机构里从事什么研究题目。

如果大家仅仅是对视觉感兴趣，而不想从事研究，那么视觉科普网站 The Joy of Visual Perception（http://www.yorku.ca/eye/toc.htm）也值得看一下，都是用浅显的文字和实例讲述视觉科学的道理，这些内容可能启发性更强。

如果大家对认知神经科学感兴趣，可以系统阅读《认知神经科学：关于心智的生物学》（*Cognitive Neuroscience: The Biology of the Mind*）和《神经科学：探索脑（第 2 版）》（*Neuroscience: Exploring the Brain, 2nd Edition*）。相信大体看完视觉部分以后，再阅读其他理论文献就不那么困难了。

对于想从事认知计算、把人脑和计算机融合在一起的研究者，推荐阅读老前辈罗四维老师的著作《视觉信息认知计算理论》（2010，科学出版社），也许罗老师很久以前与我们有一样的想法，他已经做完的事是十分值得我们深入学习的。

2014 年 6 月份我收到集智俱乐部的邀请，建议根据 2013 年专题报告的内容，给大家介绍一下人的智能和人工智能。我是搞交叉学科研究的，实际上这两个领域都不算精通，但是借鉴其中一个的思想方法来理解另一个使我受到很多启发。借此机会，我把我在集智的两个报告的核心内容介绍给大家，力争引导大家理解清楚几个问题（实际上很可能有更多问题不理解），让大家对这两个问题之间的关系有一个了解。要了解两个问题本身，需要阅读认知科学和计算机科学专业著作。

多年来我一直在考虑计算的问题，对计算机的客体信息表达方式和提取方法都有深深的疑惑，对很多算法起作用的机制不理解，尝试类比人的处理加工过程。先后有机会听了浙江大学唐孝威院士和中国科学院生物物理所陈霖院士两位老先生的讲座，他们的研究深深吸引了我。对于他们提出的很多问题，当时我感到也许是解决很多信息科学问题的出路，大尺度的拓扑结构优先这一观点非常吸引我。这更坚定了我从事认知科学研究的决心。后来，我真的走进了认知科学研究领域，人对复杂视听觉信息加工的机制始终是我关注的问题，我期待着能从中找到一些对计算有帮助的结构和功能上可借鉴的优势。这种朴素的想法可能是集智俱乐部所有成员共同的目标，也正是这个目标促使大家走到一起。

实际上，认知科学理论研究和实际问题还是有一些问题的，带着工程应用的目的来看理论问题，难以直接发现其价值。有些问题在理论上有意义，但是如果已经有人证明或者提供证据，再做同样的研究，意义会马上大打折扣，没有研究者愿意花时间简单验证已有的结论。有些问题虽然在理论上意义不大，但是在实践应用中可能是一个很有价值的计算指标，普通理论研究者往往不关注这种"边角余料"，除非某位大牛心血来潮挖出来一个很久以前的坑，在 *Science* 发了一篇论文。这种情节从我进入北师大开始，几乎每天都在发生，我也时刻生活在两个学科激烈的冲突中。一方面，我认为我是一个工科男，应该提炼出来一些有应用价值的指标或算法，至少是计算模型，这些都是信息科学最核心的部分；另一方面，认知科学的研究工作要求我必须按理论学科的规律办事，设计实验，解释结果，往一个大的理论假说方面靠近，试图支持、补充或者反驳已有的观点，这些都是工作中最有价值的部分，反倒是这一学科普遍将数据处理看作低水平技术活。现在我已经不纠结这个问题了，从事交叉学科研究必须了解清楚各个学科的语言，不能简单照搬，要站定一个学科，同时真的理解另一个，这样才能起化学反应，促进融会贯通，用一个学科的优势解决另一个学科的问题，这是做好交叉学科研究最值得注意的。

考虑到本书是一本科普读物，我尽量提炼出最核心的观点，并用通俗易懂的语言来阐述，避免写成一篇学术论文。为了尽可能不犯大的错误，我查阅了很多文献和网上计算机科学工作者的科普文章。时间有限，没有一一列出，十分抱歉，在这里一并致谢。

作者简介

王长明，集智俱乐部成员，目前就职于首都医科大学，从事神经精神疾病的感知觉异常和神经电生理评估指标研究，学术任职包括中国康复医学会脑功能检测与调控康复专委会常委、北京医学会脑电图与神经电生理分会委员、中国心理学会脑电相关技术专委会委员等。曾在集智俱乐部先后主讲"人脸识别机制的思考读书会"和"基于脑的可穿戴设备漫谈"大型活动。长期从事信息科学与认知科学跨学科研究。科学研究问题包括脑电信号处理算法和应用、神经精神疾病的电生理指标、视听觉信息处理的脑机制等，业余研究围绕脑科学而非人工智能算法展开，包括有人辅助的认知计算、借助技术装备提升人脑智能、人工智能算法的智商测量等。在 *Journal of Neural Engineering*、*Frontiers in Psychology*、*Current Biology* 等发表过科学论文。

第8章 "人工"人工智能：从人机交互到人类计算

张江

图 8-1 这幅图画的是什么？是一个高脚杯还是两个相对的人脸？其实这两个答案都正确，它取决于你把什么当作前景，把什么当作衬底。在真实世界中，图形与衬底总是相伴而生、相互转换的。

图 8-1 图形和衬底

机器与人之间的关系就好比图形与衬底。人类通过发展人工智能而勾勒出前景图形，与此同时，人类使用机器的方式也在悄然变化，这便是衬底。前景与图形相伴而生，谁也离不开谁。虽然人类发明了智能机器，但是单个人无力阻止人工智能的进一步发展。而机器同样需要人类来不断改造自己的算法，从而实现比生物更加快速的进化。在机器服务于人类的同时，人类社会正在接受机器们史无前例的改造：那些无法跟上机器进化步伐的人将被整个社会所边缘化。就这样，图形与背景水乳交融般地协同演化着。

经典的人工智能学科将过多的精力集中在了人机图画的前景。科学家们对如何改造机器算法，实现一个又一个拟人的智能而乐此不疲，却或多或少地忽略了背景——那些坐在屏幕前敲击键盘的人。事实上，人对于人工智能来说不仅不可或缺，而且至关重要。这可以体现在两个方面：(1) 人创造了人工智能算法——迄今为止，能够完全凭空创造智能算法的程序或机器仍然不存在；(2) 人工智能算法的最终服务对象始终是人类。尽管按照很多赛博朋克小说的说法，机器很有可能在一个数字世界中创造出属于机器自己的、人类无法理解的智能，但是这些程序在现实中是不可能出现的。因为即使出现了，我们也无法确切地感知到。讨论一个完全独立于人类理解能力的智能世界是毫无意义的。

所以，人工智能程序从一开始就和它的背景——人——天然地耦合在了一起，我们要发展人工智能是不可能将人类所起到的作用完全忽视的。这篇文章就从人机交互的角度重新审视人工智能。首先，如果我们站在一个足够高的人机互动的视角来看，那么人工智能程序应该是一个能够让人类完全融入其中，并能够通过人类的交互而不断自我进化的平台。其次，本文将重点综述一个新兴的领域——人类计算（human computation），我们将其称为"人工"人工智能。我们将看到，已经有很多有趣的人机交互系统开发出来，它们都巧妙地将人和机器整体利用起来，完成了传统人工智能很难解决的问题。最后，我们将目光集中在人类计算中最关键的因素：注意力之流上面。我们将指出，如何精确地利用人类的注意力之流是解决"人类计算"问题的关键。

从图灵测试谈起

图灵测试是目前人们普遍认可的判断一台机器是否具有智能的好方法。如图 8-2 所示，将一台安装着智能算法的计算机和另外一个被测试的人分别关进两个小黑屋中，另外一个人类测试者只能通过键盘和屏幕来与这两个屋子中的主体进行通信。如果测试者在足够长的时间内无法判断出哪一个屋子里面关的是人，哪一个是机器，那么我们就说该机器通过了图灵测试，从而具有了智能。

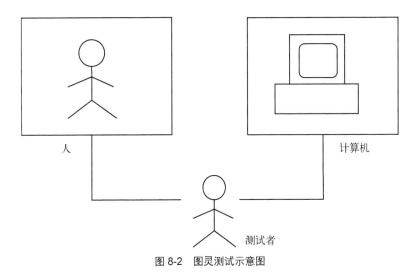

人

计算机

测试者

图 8-2 图灵测试示意图

在这样的测试中，人们往往将注意力集中在那台机器上面：我们如何改进机器的算法来蒙骗人类。但实际上，起到关键作用的恰恰不是机器而是测试机器的测试者——一个活生生的人，因为他是最终的判断者。因此，与其说我们要开发一个具有智能的机器，不如说我们要开发一个能够让人类测试者认为具备智能的机器。虽然后面一种说法只比前面的说法多出了一个限定词："人类测试者认为"，但是，这已经道破了关于人工智能的一条真理：**智能不是一个可以客观定义的属性，而是一种依赖于观察者——人类测试者——的属性。**

一台机器两个人

下面，让我们从人机交互的角度来重新审视人与计算机程序之间的关系。对于一段程序来说，最重要的有两个人（准确地说，是两类人），他们分别是：程序构建者（程序员）和使用者（玩家），如图 8-3 所示。

程序员编写了这个人工智能程序，并且还能在恰当的时刻修改该程序。而玩家则是纯粹的使用者，虽然很有可能玩家会向程序员反馈信息，告诉他（她）这个人工智能程序会有什么 bug，但是最终直接改变人工智能程序的人只能是程序员而不是玩家。

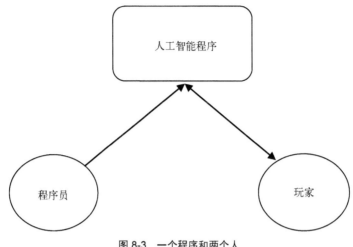

图 8-3　一个程序和两个人

当我们按照程序员和玩家的角色划分了人的时候，其实已经暗含了一种程序与人的交互时间顺序在里面：即程序员先要编写人工智能程序，然后再由玩家来玩。之后，程序员可以进一步根据玩家的反馈修改该程序，使得它能够进一步满足玩家的需要，如此无限地循环下去……于是，我们可以将一个人工智能程序与人交互的生命周期概括成图 8-4 所示的循环。

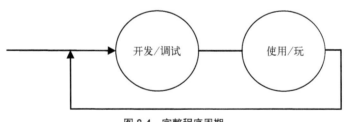

图 8-4　完整程序周期

更有意思的是，当我们判断某个程序比如说 P 是否具有智能的时候，其实暗含了一个前提，这就是 P 是在使用/玩这个阶段接受测试的，而不能包含另外的开发/调试阶段，否则就会很荒唐。

比如我开发了一个程序 P，它只会运算 1+1，但我却号称它具有了人工智能。如果你是它的玩家，会马上大呼上当，说这个程序连 $x+y$ 都计算不了，怎么算得上是人工智能呢？这个时候，我听到了你的抱怨，马上把这段代码加入到了程序 P 中，于是它可以计算 $x+y$ 了，再交给你使用，并解释说，我没有骗你，它真的很智能！估计你无语了。

也就是说，如果程序 P 具有了智能，那么显然 P 需要独立运行，这个时候，它的创造者——程序员不能对程序进行改进。否则，我们就不能说这是计算机程序的智能，而是程序员的智能了。于是，这样一种将开发/调试阶段和使用/玩阶段做出非常严格的区分是一种在人工智能中不言自明的前提，但是我们马上将会看到，其实这个前提是完全可以被模糊掉的。

当玩家变成程序员

下面让我们再从计算机程序的角度来理解人与机器的交互。对于程序来说，无论是玩家玩这个程序，还是程序员更改它，其实都体现为键盘或者鼠标上面输入的电信号。也就是说，其实计算机程序从来都不区分玩家和程序员，这种区分恰恰是我们人类做出来的。

那么，我们就来做这样一个假设，既然玩家和程序员本质上没有任何区别，那有没有可能玩家就是程序员本身呢？这样，图 8-3 就可以变成图 8-5。

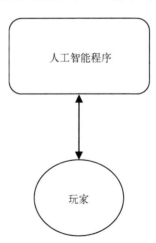

图 8-5 化简的人与程序的关系

这里的玩家就是一种广义的玩家，他既是普通意义上的玩家（程序的使用者），又是普通意义上的程序员（程序的构建者或修改者）。进一步，从时间上来看，我们也就不再区分开发/调试与使用/玩这两个不同的步骤了，于是图 8-4 就变成了图 8-6。

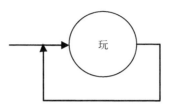

图 8-6 化简的程序与人的交互周期

因此，所有的互动过程都简化为了一个"玩"字。从这个角度来说，传统意义上的人工智能的界定已经荡然无存了，因为我们已经不能分割出来一个能够独立地脱离程序员设计的人工智能程序。取而代之的是，我们应该考虑如何设计一个更好的平台作为初始的系统，使得人能够一直不停地在这个平台上"玩"下去。这才是从图形和衬底这两个角度全面考虑的人工智能。

让我们还是以图灵测试为例来说明。我们要设计的其实不是一个多么强大、多么聪明的聊天程序，而是一个可以提供人和计算机进行交互的平台。在这个平台之中，玩家随随便便聊天的话语，比如"你吃了吗？"与程序员所写的冷冰冰的机器代码"Mov 2 b, Add c, ..."没有本质上的区别。这样，玩家普通的聊天也可以变成对程序指令的修改，使得这个程序能够在聊天使用中完成自身结构的改变，这才是史上最强大的人工智能程序。

但是，如果读者稍懂一些计算机原理就会发现，运行中输入的数据与程序的源代码其实是不能如此等同的，这是因为对于程序来说，这两套数据实际上是处于不同的层次之上的。运行中输入的数据传递给了程序的"软件层"，而该程序的源代码相当于该程序的"硬件"，它在运行起来以后就不能修改了。这似乎是一个不能逾越的障碍。

然而，其实图灵早已经帮我们解决了这个问题。因为，图灵发明了所谓的通用图灵机（Universal Turing Machine，参见本书第 2 章）。通用图灵机好比是一个空空的平台，它不必实现任何具体的计算任务，但却可以模拟任意一台图灵机的运作。于是，当你想让通用图灵机实现某一种计算，例如 $x+y$ 的时候，你只要把相应的编码输入给它就可以了。这样，对于通用图灵机来说，运行中输入的数据的确与修改程序的指令是等价的。

所以，通用图灵机其实就是一个了不起的人工智能平台。从这个意义上来说，**其实我们不应该发明什么人工智能程序，而应该发现人工智能！**

乘胜前进

　　然而，通用图灵机显然做得不够好。否则，我们也没有必要再去发展人工智能这个学科了。其中的原因也很简单，通用图灵机需要有一套特定的编码才能够把输入的符号转变成有效的程序。而这一套编码显然不是给玩家设计的。所以，我们将一般的交互（玩）交给了玩家，而把特殊的改进程序的交互（编程）交给了程序员。于是，程序员和玩家的区分、开发/调试和使用/玩的区分出现了。

　　如果看清楚了这一点，我们就不难明确我们要改进的方向了。我们最需要做的实际上是要让编程与玩之间的区分变得越来越模糊。那么，对于程序来说，它应该逐渐进化成越来越友好的形式；而对于人来说，它应该越来越熟悉机器的秉性，知道如何与机器打交道。这样，人和机器才能耦合在一起完成协同的进化。这种协同进化的前提是要让计算机程序充分地利用起交互这种资源。我们可以把人工智能程序比喻成一种吃交互的机器，如图 8-7 所示。

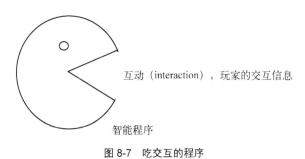

互动（interaction），玩家的交互信息

智能程序

图 8-7　吃交互的程序

　　因为，只有玩家的交互输入才是让机器实现自我改进、实现进化的唯一动力来源。

盲目的钟表匠

　　也许，上面的论述看起来非常抽象，但是将玩家的交互（玩）视作一种资源从而指引程序的进化实际上并不是空穴来风。人们已经开发出很多这样的程序了，而且还形成了一个新兴领域，叫作交互式进化计算（Interactive evolutionary computing）。

　　最早的交互式进化可以追溯到一个叫作"生物变形"（Biomorph）的程序。理查德·道金斯（Richard Dawkins）是一位著名的生物学家，他在 1986 年出版的著作《盲眼的钟表匠》一书中提到了一个这样的程序，以展示生物进化的原理。

　　一群由简单编码构成的数字生物形态被绘制在屏幕上（如图 8-8 所示），玩家通过鼠标点选其中一个看起来比较"顺眼"的数字生物，于是该程序就会按照遗传算法的方法以该程序为母代进行模拟繁殖：将该数字生物的基因串复制若干份，并且在每一次复制的过程中都会以一定的概率发生变异。新产生的子代会替换掉原来屏幕上的所有生物形态，展现在玩家的面前，于是玩家再进一步选择……图 8-9 展示了一个被玩家选择出来的生物形态的进化轨迹。

图 8-8　屏幕上的数字生物形态

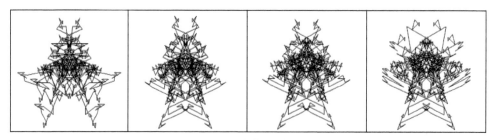

图 8-9　一次点选的轨迹

在该程序中，玩家扮演了上帝的角色，它会对随机生成的数字生物形态进行选择。于是，在玩家一系列的鼠标点选操作下，数字生物形态开始不断地改进自身，从而越来越符合玩家的"审美"标准。

这是一个典型的将使用/玩和开发/调试混淆在一起的例子。该程序之所以可以把玩转变成计算机代码应完全归功于遗传算法。该算法可以通过随机变异生成一系列候选代码，并通过玩家选择的作用过滤掉那些无效的变异代码，从而导致新的符合玩家"审美"的代码一点点进化出来。

这样一种有效地让用户"编程"的模式很快被人们用来解决一些更有意义的实际问题。例如，美国新墨西哥州立大学的约翰斯顿（Victor S. Johnston）教授在他的著作《情感之源》一书中就描述了这样一个人类面孔生成的程序。首先，他把人脸的各个组成部分，如鼻子的形状、眼睛的大小、额头的宽度等按照它们的特征进行编码。之后，与"生物变形"程序一样，计算机在随机地选择一组参数之后就能在屏幕上生成一系列人脸，并让人进行选择。但是，与"生物变形"不同的是，这个人脸选择软件可以用于解决实际问题，而不仅仅是为了娱乐。约翰斯顿教授将这款软件用于辅助目击者寻找杀人凶手。人们通常不知道如何描述罪犯的面部特征，但却可以轻松地识别出哪一张脸更像凶手。于是，只要杀人案目击者在电脑屏幕前不停地点选那些更像罪犯的脸孔，就会一点点地把真正的罪犯面孔"进化"出来。

目前，这种交互式进化计算方法已经演变成了一个计算机科学分支，并被广泛地应用在了图形图像处理、语言和声音处理、工业和艺术设计、知识获取和数据挖掘、教育和娱乐等领域中。

人类计算

如果说上述单机版的交互式进化程序还是过于简单且单一的话，那么人类计算则提供了更加多样化的人机协同工作模式。随着互联网的出现，人机互动也逐渐变成了分布式的，这就为我们在更大的空间中创造出新颖的交互方式提供了可能。

2008 年 9 月，卡内基梅隆大学的青年学者路易斯·冯·安在著名的 *Science* 杂志上发表了一篇题为 "reCAPTCHA：通过网页安全测试利用人进行字符识别" 的文章，并给出了一个具体的用人类计算解决实际问题的例子（如图 8-10 所示）。

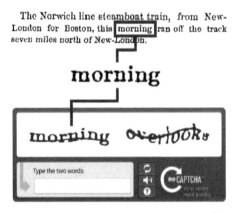

图 8-10　reCAPTCHA 程序界面　（图片来源[3]）

　　我们每个人都有过在网站上输入验证码的经验：网站程序为了过滤掉那些讨厌的爬虫程序，就会生成一个包括模糊不清、扭曲变形的英文字母的图片，让你将正确的字母识别出来，从而让程序认为你是一个真正的人，而不是一个爬虫程序。我们知道，人类的模式识别能力远远高于人工智能程序，利用这一点，验证码程序就可以有效地挡住那些可恶的爬虫了。

　　那么，我们能不能反过来利用人类的这种能力，而帮助我们解决实际的模式识别问题呢？谷歌公司刚好要做一个庞大的工程，就是把大量的英文古文献数字化放到网上。但是在数字化古文献的过程中，人们发现，有很多字符由于年代久远，很难被模式识别程序正确识别，所以，我们只能依靠人来完成这一任务。但是，由于不能识别的字符非常多，如果雇佣人来做，既需要花费大量的时间和金钱，又不能保证识别的正确性。

　　于是冯·安突发奇想：我们为什么不把这些未识别的字符混在那些验证码之中，让 Internet 上的玩家帮助我们完成字符的识别呢？也就是说，我们可以用古书上的文字替换那些程序故意生成的识别验证码，这样，玩家们就在输入验证码的同时帮助我们完成了文字识别工作。这套系统就是 reCAPTCHA。

　　当然，为了保证输入的正确性，冯·安还想出了各种办法来进行校验（例如同一个字符要两个以上的用户输入完全相同的内容之后才存储到数据库中）。因此，他巧妙地利用人类的能力完成了由单独的计算机程序很难解决的问题。由于人类的文字识别能力远优于计算机算法，所以结合了 reCAPTCHA 软件以后的文字识别精确度由原来的 83.5%提高到了 99.1%，谷歌可以以每天 160 本书的速度对文字识别工作进行校验。最后，冯·安在文章中总结到："被浪费的"人类处理问题的能力可以被利用起来以解决那些计算机很难解决的问题。

reCAPTCHA 的成功促使冯·安进一步提出了"人类计算"的概念，并开发出了更多的实际例子。例如，一个称之为 Verbosity 的程序可以让玩家在游戏中为计算机输入格式化的知识。Verbosity 是一款网络游戏。有两个玩家参与，其中一个是陈述者，一个是猜题者。在每一次游戏中，陈述者的界面上会出现一个词语（例如 Laptop，笔记本电脑），陈述者的任务是尽量使用一系列不出现 Laptop 的词语来描述这个词，并将这些描述发送给猜题者。例如，如图 8-11 所示，当陈述者界面上出现了 Laptop 这个词之后，他（她）就可以输入 It contains a keyboard（它包含一个键盘）来描述 Laptop 并发送给猜题者。猜题者最终根据陈述者的描述猜测这个词是什么。当猜题者猜中的时候，这一轮游戏结束，两个玩家都获得一定的分数。

图 8-11 Verbosity 的运行界面（图片来源[4]）

巧妙的是，Verbosity 利用这两个玩家的游戏而生成了一个庞大的知识库。这个知识库存储了描述不同事物的常识知识。例如在上面给出的猜测笔记本电脑的例子中，陈述者的叙述"It contains a keyboard"就被存到了这个知识库中，于是机器获得了"笔记本电脑包含一个键盘"的知识。要知道，如何模型化常识数据是传统人工智能中一个非常棘手的问题，原因是常识知识几乎比比皆是，全部把它们量化到计算中几乎是不可能完成的任务。然而，通过游戏的方式，冯·安巧妙地让人类玩家完成了这个任务。

Matchin 则是另外一款双人玩的游戏。它会同时在两个玩家的屏幕上展示两张图片，并要求玩家选出一张"你的对手最可能选择的图片"，如图 8-12 所示。

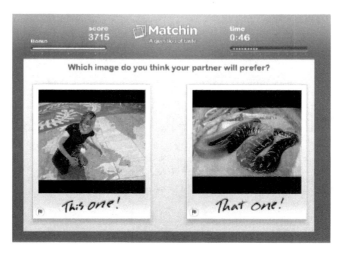

图 8-12　Matchin 的运行界面

由于每个人都要猜测对手的喜好，所以最保险的方式就是选那张自己认为最美的图片，因为"美"通常是人们共有的一种偏好。于是，Matchin 程序在一个大型图片库中随机地选择两两图片的配对，让玩家玩。玩家不断地选择共同喜好的图片，这就相当于为所有图片库中的图片做出了一种排序。渐渐地，一些图片得到了较高的得分，并且这些图片通常是那种符合人们审美的图（如图 8-13 所示）。

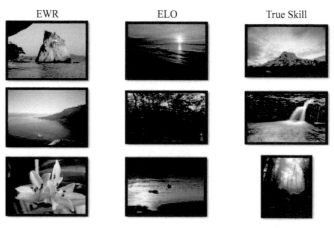

图 8-13　Matchin 中得分最高的几张图（图片来源[5]）

看来,通过这种简单的游戏,我们已经教会了 Matchin 这个计算机程序什么叫作"美"。更有趣的是,系统还能甄别出女性玩家和男性玩家不同的审美倾向,例如图 8-14 左侧的两幅图片是由女性玩家选择出来的,而右侧的两幅则是由男性玩家选出来的。

图 8-14 女性用户选出来的几张得分最高的图(左),男性用户选出来的得分最高的图(右)(图片来源[5])

随着大量的数字图片被传到网上,如何对这些图片进行分类和鉴别变成了一个计算机很难完成的艰巨任务。于是,通过 Matchin 这个游戏,人类计算可以起到很大的作用。

我们最后要介绍的一个人类计算系统是 Duolingo,它可以通过人类计算的方式来自动翻译互联网。Duolingo 是一个非常成熟的在线外语学习系统,用户可以在这个系统中按照设置好的课程学习一门外语。在学习的过程中,除了做一些标准的练习题以外,还会做一些真正的翻译工作:系统会自动从外语网页上摘下来一些句子让用户翻译。所有这些练习都会提升用户在整个系统中的经验值。通过这种方式,用户既学习了外语,同时又帮助翻译了网页,可谓一箭双雕。

程序的引擎——人类的注意力

当我们领略了冯·安的人类计算之后,不禁会感叹原来让人类为计算机做事情竟然还可以这样五花八门、花样繁多。然而,在这些纷繁复杂的具体应用背后究竟隐藏着什么普适性的原理呢？究竟为什么玩家的"玩"可以转化成一种机器可以利用的资源呢？

人的注意力恰恰是其中最关键的因素！当我们"玩"一个计算机程序的时候，我们实际上已经把一种无形的"能量"注入给了程序，这就是人的注意力。

诺贝尔经济学奖得主郝伯特·西蒙（Herbert Simon）早在 1971 年的时候就指出："在一个信息丰富的世界中，拥有信息财富就意味着另外一些东西的匮乏：所有那些信息所消耗的东西。这就是注意力。因此，信息的富足必然导致注意力的稀缺，这也就使得如何能够在过载的信息资源上面有效地分配注意力变得极其重要。"

随着互联网的兴起和发展，我们正在逐渐步入西蒙早在 1971 年就预言的这样一个信息资源极其丰富而注意力资源相对稀缺的时代。因此，如何合理而巧妙的运用注意力也就成为了亟待解决的问题。

在著名的科幻电影《黑客帝国 I》中有这样一段场景，如图 8-15 所示，叛军的首领墨菲斯描述了这样一种恐怖的未来：最终有一天，人工智能终于苏醒，并战胜了人类。它们没有把人类赶尽杀绝，而是在所有人的大脑中都插入接口，让他们醉生梦死于一个巨大的 Matrix 虚拟世界中。同时，人类的生物能量则变成了给养机器们的必需能源。

图 8-15　《黑客帝国 I》中的场景（墨菲斯解释说，人类的生物能被转化成电池维持机器的生存，图片来自电影《黑客帝国 I》）

也许你会觉得这样一种科幻场景未免太过恐怖，也太过遥远。但是实际上，对于虚拟世界中的程序来说，人类的注意力的确就像能量流一样滋养了这些程序的生存。

我们不妨把机器的内存环境看作一个大的养鱼池，内存中活跃的程序就好像是这个池子中的各类小鱼小虾。正如所有的鱼都需要吃食物一样，所有的程序体都需要系统给它们分配 CPU 执行时间。在目前主流的多任务操作系统中，只有竞争到足够多 CPU 时间的程序段才能够更好地存活，并且有更高的机会被执行和修改。因此，CPU

时间对于程序体就像是能量流对于鱼池里面的鱼一样。

然而，计算机系统又是根据什么将 CPU 执行时间分配给不同程序段的呢？这很大程度上是由电脑前的人决定的。因为玩家最终判断哪个程序好玩，哪个不好玩，也就决定了哪个程序会被激活，哪个程序要被马上关掉。于是，人把自己的注意力分配给计算机，计算机再将这些注意力转化成 CPU 时间（如图 8-16 所示），然后 CPU 时间对于计算机程序来说又起到了源源不断的能量流的作用，决定了大大小小程序的生生死死。这样一种图景就构成了整个计算机环境中的生态循环。有关这样一种生态学的比喻，大家可以进一步阅读本书第 9 章。

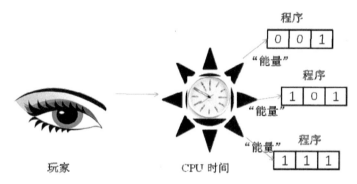

图 8-16　注意力资源转化成了 CPU 时间

玩即生产

也许上面的讨论还是过于抽象而略显虚无缥缈。那么，下面我们要介绍的研究则实在了很多。因为世界上迄今为止最著名的虚拟世界经济学家爱德华·卡斯特诺瓦（Edward Castronova）实实在在地计算出了用户的玩能创造的价值量是多少。

早在 2001 年的时候，爱德华还是一名名不见经传的大学讲师。由于事业上受到了一些挫折，他开始用网络游戏打发无聊的时间。很快，他便沉浸在了一款当时在美国非常流行的网络游戏《无尽的任务》（*Ever Quest*，EQ）中不能自拔。然而，受过严格的经济学科班训练的他很快跳出了无意义的打怪升级的循环，开始用一种独到的经济学家的眼光来审视这个被称为 EQ 的虚拟世界。

在这个世界中，玩家之间可以相互交易、买卖装备，甚至可以倒卖账号。更有意思的是，有些人还将自己的装备或账号拿到电子商务网站 eBay（相当于中国的淘宝）

上去拍卖，并获得了可观的美元收益（如图 8-17 所示）。爱德华很快敏锐地发现，这实际上就是出口贸易！而且，一个玩家在虚拟世界中等级越高，他的账号就能卖出更高的价钱。这也就意味着，玩家在 EQ 世界中的玩实际上是一种实实在在的生产——他们在创造价值，这是实实在在的美元！

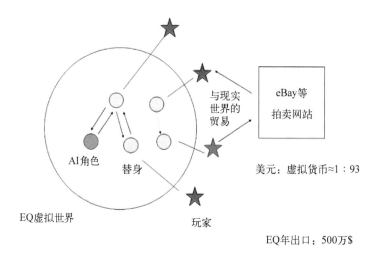

图　8-17

接下来，爱德华开始发挥他经济学家的特长。首先，他发现虚拟角色每升级一次，玩家就可以在 eBay 上多卖出 13 美元。其次，他估算出玩家让自己的角色升一级大概需要 51.4 小时，那么平均每个小时每个玩家就能创造 13/51.4 ≈0.25 美元的价值。而且，每天 EQ 游戏中都有 60 381 个玩家在线，那么，整个游戏在一年内创造出的价值，也就是 GDP 年均值是：60 381 × 24 × 365 × 0.25 ≈1 亿 3 千万美元。

这是一个可观的数字，因为按照这个计算，EQ 作为一个虚拟的国家，GDP 排名竟然是 2001 年全球所有国家的第 77 位。于是，爱德华把自己的这些研究总结成一篇文章《有关虚拟世界的市场和社会的第一手账目材料》发到了网上。他的文章广受好评，读者群中甚至包含一些诺贝尔经济学奖得主。于是，爱德华也因为这篇文章而声名大噪，身价倍增。

爱德华的研究的一个核心假设就是：玩即生产。因为玩消耗了注意力，而注意力相对于 EQ 世界来说就是一种资源。没有人玩的网络游戏必然会死掉。所以，玩家看似消费一样的玩的行为实际上构成了一种生产，而这种生产的价值恰恰可以体现在 eBay 上虚拟角色的拍卖价格上面。

谷歌印钞机

随着互联网的普及和深入，人们越来越多地意识到：注意力是一种稀缺资源，因为整个互联网其实就是依靠注意力资源而存在的。既然注意力稀缺，那么它就一定包含着价值，于是一门称为"注意力经济学"的学科诞生了，并帮助人们赚到了实实在在的钱。而最大的赢家恰恰就是拥有大量注意力流量的互联网公司谷歌。

互联网广告的运转原理就是将人类的注意力转变成实实在在的资金流。而谷歌的巧妙之处就在于，他们可以利用人工智能技术精准地引导这种注意力流动和相应方向的资金流。谷歌开发了两个系统，分别称为 AdWords 和 AdSense。

首先，谷歌公司意识到每天成千上万的网民给谷歌输入了大量的关键词以搜索网页，这实际上是一种商业机会。因为，如果将这些关键词作为广告去出售，这就会是一大笔收入。于是，AdWords 系统就完成了这一任务，它将搜索关键词按照重要程度排序，以不同的价格出售给广告商。

其次，AdSense 负责将正确的广告投放到合适的网站上。它根据关键词，搜索到点击排名靠前的个人网站（博客），并从这些网站站长或博主那里购买广告位，然后将 AdWords 中的大量广告按照关键词打包投放到这些广告位上。由于采取了先进的人工智能技术，所有广告的投放都能达到精准的定位。这样，当你浏览有关人工智能的网站的时候，你将不会看到有关交友和成人用品的广告。

于是，谷歌的 AdWords 和 AdSense 系统可以精准地引导大量的注意力流动和资金的流动，同时，也赚取了可观的广告收益。人们形象地将谷歌的这套广告系统称为谷歌印钞机！

尾声

本章从人机交互的角度重新审视了人工智能，并指出真正的人工智能程序应该是一种平台，能够充分利用人类的注意力资源而滋养大大小小的程序，与此同时，该平台还可以牢牢地抓住玩家的心，将它们粘到这个虚拟的数字世界中。

我们不妨科幻一下，当这样的人机交互智能平台实现的时候，世界将会是什么样子的呢？也许，一些奇妙的事情将会发生。让我们引用《哥德尔、艾舍尔、巴赫：集异璧之大成》一书中的一段对话来描述这种奇妙的情景吧。

在这段对话中出场的人物有螃蟹、巴贝奇、阿基里斯和乌龟。巴贝奇号称自己发明了一个比自己聪明六倍的计算机（在文章中称为灵笨机）程序，并给它起名叫"图灵"，于是他领着他的朋友螃蟹、阿基里斯等人走到了一台机器前面，这台机器安装了传声筒和电视摄像机作为输入，装了扬声器作为输出。

（巴贝奇坐下来，调了一下座位。唾了一两下手指，仰头看了一下，然后手指慢慢地落到了键上……难忘的几分钟过后，他停止了对灵笨机猛烈的弹击，这时，每个人看上去都如释重负。）

巴贝奇：如果我没出太多错误的话，这台灵笨机能模拟智力比我高六倍的人，我已想好把它称作"艾伦·图灵"，这个图灵将因此——哦，我怎敢斗胆以己说为准——具备中等水平的智力。在此程序中，我倾力以赋予艾伦·图灵六倍于我的音乐能力，虽然这一切都是通过严格的内部编码完成的。我不知道程序的这一部分产生的效果怎么样，但是，这个程序在运行时会使计算机发出一些噪音，这是这一程序唯一的缺憾。

图灵：没有噪音我照样行。无误地插入严格的内部编码可赋予一台计算机格外了不起的音乐才能。可我并不是一台计算机。

阿基里斯：我是不是听到了一个新的声音进入了我们的对话？它会是艾伦·图灵吗？他看起来几乎就是个真人！

（屏幕上出现了他们正坐在其中的那个房间的图案，上面有一张人脸看着他们。）

图灵：如果我没出太多错误的话，这台灵笨机能模拟智力比我高六倍的人，我已想好把它称作"查尔斯·巴贝奇"，这个巴贝奇将因此——哦，我怎敢斗胆以己说为准——具备中等水平的智力。在此程序中，我倾力以赋予查尔斯·巴贝奇六倍于我的音乐能力，虽然这一切都是通过严格的内部编码完成的。我不知道程序的这一部分产生的效果怎么样，但是，这个程序在运行时会使计算机发出一些噪音，这是这一程序唯一的缺憾。

阿基里斯：不，不，正好相反。你，艾伦·图灵，呆在灵笨机里，而查尔斯·巴贝奇刚刚把你用程序编出来！我刚看着你被赋予生命，就在几分钟之前。我们知道你对我们说的每一句话都不过是某种自动装置的产物：某种受控的、无意识的反应。

图灵：绝无插入受控反应这种事，也没被赋予格式化的行为，我一直清清楚楚地我行我素。

阿基里斯：但我确信我看到了事情正像我所描述的那样发生了。

图灵：记忆经常玩弄些奇怪的把戏。请想想：我也可以同样认为你们只是在一分钟之前才赋予生命，你们记忆中的全部经验不过是某种别的存在物编好的程序，同现实中的事件毫无对应。

阿基里斯：但这是令人难以置信的。对我来说，没有什么比我的记忆更实在了。

图灵：没错儿。正像你对没有人一分钟之前才把你创造出来这一点深信不疑一样，我对我自己不是一分钟之前才被别人创造出来这点也深信不疑。我在你们这些最令人愉快的、虽然也许是过于易于相处的人们中度过了今宵，并作了一番即兴表演，显示了怎样将智力编成程序输入到灵笨机中。没有什么比这更实在了。但是，你们干吗不试试我的程序，而要跟我饶舌呢？来，可以向"查尔斯·巴贝奇"问任何事！

阿基里斯：好吧，咱们就迁就迁就艾伦·图灵吧。嗯，巴先生，您是有自由意志呢，还是为那种事实上使您成为确定性的自动装置的潜在规律所支配呢？

巴贝奇：当然是后者，这是无需争辩的。

螃蟹：啊哈！我早就猜测，智能机一旦建立，如果发现他们在对心灵、意识、自由意志诸如此类事物上的信念同人一样混乱、一样固执，那将是不足为怪的。现在，我的预言被证实了！

图灵：您瞧查尔斯·巴贝奇有多混乱？

巴贝奇：我希望，先生们，你们能原谅刚才图灵的话中那十分无理的口气。图灵已经变得有点比我预期的更好斗更好辩了。

螃蟹：天哪！图巴之战的火焰愈烧愈烈，我们难道不能让他们冷静些吗？

巴贝奇：我有个建议：艾伦·图灵和我可以到另一个房间去，而你们在这里的某个人可以通过往一台灵笨机键入一些话来远距离地质问我们。你们的问题分别传给我俩，我们可以不具名地键给你们我们各自的答案。你们在我们回到这个房间之前，将不会知道是谁打来的。这样，你们就可以不带偏见地判定我们中的哪一方是被程序编出来的，哪一个是程序设计者。

图灵：当然，这实际上是我的主意。但是为什么不让巴先生得到这一荣誉呢？因为，作为我所写下的一个程序，他会错以为这完全是他自己的发明哩。

巴贝奇：我，是你写下的一个程序？我坚持认为，图先生，是您弄反了——正像过一会儿您自己的测验将揭示出的那样。

图灵：我的测验？请把它看作是您的吧。

巴贝奇：我的测验？请把它看作是您的吧。

螃蟹：这个测验看来提出的正是时候，让我们马上开始吧。

（巴贝奇走到门前，出去后又关上。同时，在灵笨机屏幕上，图灵走到一扇看去极为相像的门前，打开，出去后又关上。）

（之后，螃蟹、阿基里斯和乌龟几个人开始对巴比奇和图灵进行图灵测试，他们提出了一大堆难以回答的问题，但是仍然不能区分哪个是程序，哪个是真人。）

（正在他们谈话时，前庭的门打开了；与此同时，屏幕上同一扇门也打开了。屏幕上巴贝奇穿门而过；同时，真人大小的图灵从真实的门中走了进来。）

巴贝奇：这种图灵测验一无所获，所以我决定回来了。

图灵：这种巴贝奇测验一无所获，所以我决定回来了。

阿基里斯：可刚才你是在灵笨机里的！怎么回事？巴贝奇怎么跑到了灵笨机里，而图灵现在却成了真人呢？无端的颠倒！这一插曲加入得没道理，谈话被赋予了新格局。

巴贝奇：说到颠倒，你们这些人怎么都成了我面前这个屏幕里的图像啦？我离开的时候，你们还都是有血有肉的呢！

阿基里斯：这就像我喜欢的艺术家埃舍尔的那幅《画手》（见图 8-18）。两只手中的每一只都在画另一只，就好像两个人（或自动机）中的每个人都把对方编成了程序！而每只手都有某些东西比另一只手更真实。

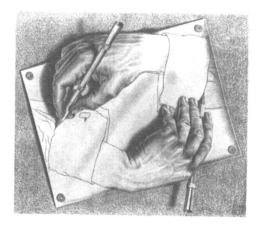

图 8-18

参考文献

[1] 巩敦卫，周勇等. 交互式遗传算法原理及其应用. 北京：国防工业出版社，2007.

[2] 理查德·道金斯. 盲眼的钟表匠. 王德伦 译. 重庆：重庆出版社，2005.

[3] Ahn L, etal. reCAPTCHA: Human-Based Character Recognition via Web Security Measures, Science 321,1465,2008.

[4] Ahn L, Kedia M, Blum M. Verbosity: A Game for Collecting Common-Sense Facts, Proceedings of the SIGCHI Conference on Human Factors in Computing Systems, Pages 75-78, 2006.

[5] Hacker S, Ahn L. Matchin: Eliciting User Preference with an Online Game, Proceedings of the SIGCHI Conference on Human Factors in Computing Systems, Pages 1207-1216, 2009.

[6] Castronova E. Virtual Worlds: A First-Hand Account of Market and Society on the Cyberian Frontier, CESifo Working Paper Series No. 618, 2001.

第 9 章　美丽的注意力之流

吴令飞

古希腊人赫拉克利特说："万物皆流。"在我看来，这不是一个模糊的隐喻，而是蕴含着深刻的洞察。真实物理世界的河流、城市交通流以及虚拟世界的注意力流三者之间具有很多相似性，而且在各类流系统中普遍存在着标度律。本章将着重介绍我们进行的注意力流的相关研究，并介绍经典的解释流系统中的标度律的模型，最后将对注意力流与集体智能之间的关系进行详细的讨论。

真实世界与虚拟世界的流网络

无论是在真实世界还是虚拟世界，都广泛存在着流网络。下面我们就以河流、交通流和注意力流为例，为大家展示"流"的魅力。

河流网络

首先来看一下我们最熟悉的流动系统——河流，如图 9-1、图 9-2 和图 9-3 所示。

图 9-1　美国河流（全局）

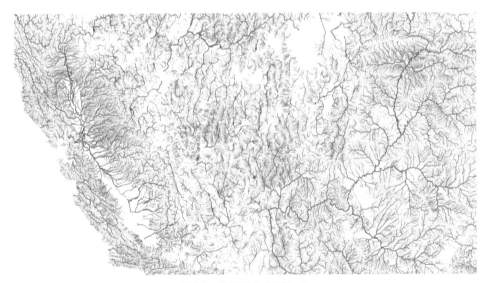

图 9-2　美国河流（局部一）

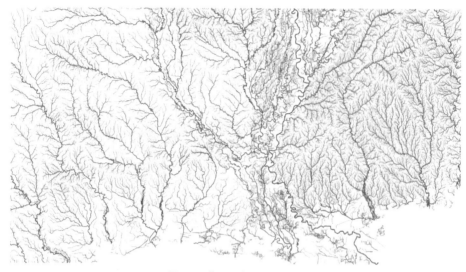

图 9-3　美国河流（局部二）

　　以上三幅图是美国人尼尔森（Nelson）的作品[①]。他使用了美国河流的公开数据集（NHD Plus dataset[②]），结合 D3.js（一个数据可视化软件包）等软件来制作这个系列的可视化图。在图中，河流的粗细与水量成正比。我们非常熟悉的河流网络在经过这样的可视化之后，呈现出了许多美得令人吃惊的细节。

城市交通网络

　　图 9-4 中的四幅图是艾瑞克·费雪（Eric Fischer）的作品[③]。他使用推特（Twitter）的数据接口（API）收集了各大城市一部分用户在发推文时的地理坐标信息，并且使用 Dijkstra 算法，计算出每个用户在两个发推文地址之间沿道路网络最短距离的路线，把这些路线重叠在一起。最后在呈现的时候，人流越多的路线画得越粗。从这些图中，我们不仅能直观地感觉到不同城市因为地理、历史等因素形成的不同规划，也能结合其他变量（例如人口分布等）分析出城市的交通规划是否合理——道路网络是否在有效地输运流量。

[①] 图片来源：http://www.somebits.com/weblog/tech/vector-tile-river-map.html。

[②] 数据来源：http://www.herizon-systems.com/nhdplus/。

[③] 更多作品见https://www.flicker.com/photos/walkingsf/。

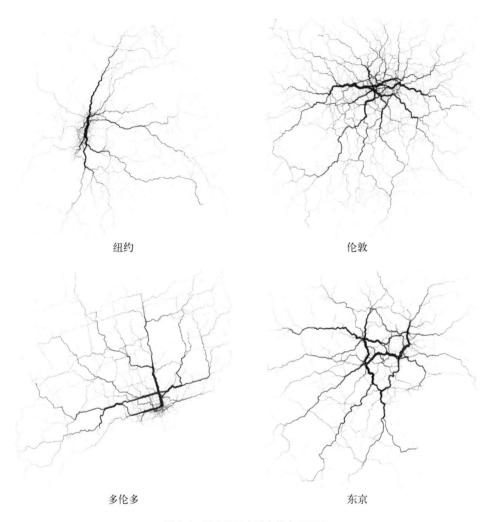

纽约

伦敦

多伦多

东京

图 9-4　四个国际大城市的交通网络

　　其实，使用城市居民的移动数据并不是绘制带权重的街道网络的唯一方式，仅仅是把街道真实的宽度展示出来，也能得到粗细不均的脉络图，这也是谷歌地图等地图的常见形式，在这里就不详述了。第三种方法是，在仅有街道网络数据、没有街道宽度或者流量数据的时候，可以计算每条街道的中介度（betweeness），即其他任意两条街道之间的最短路径有多少条要经过该条街道，然后依据中介度来显示街道粗细，图 9-5 展示了德国城市 Dresden 的街道。

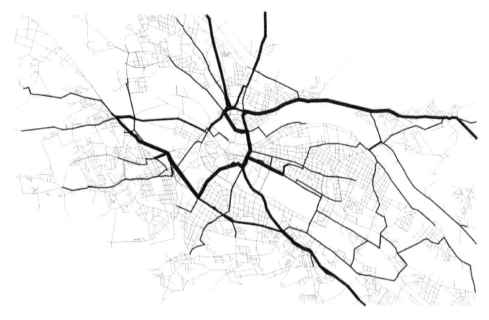

图 9-5 德国城市 Dresden 的街道网络（图片来自 Lammer et al., 2006）

　　仔细观察的话，会发现基于中介度的交通网络可视化效果稍逊于基于个体移动数据的交通网络。后者更好地体现了交通流量如何逐渐耗散以致最终消失的过程，对主干街道是如何由粗变细有更细致的刻画，与河流网络更相似，也更美。

注意力流网络

　　Digg 是一个在美国很流行的新闻网站。用户可以对新闻进行投票，让其他用户看到自己觉得有意思的新闻。在一段时间（例如一天）内，一个用户不断地对新闻进行投票，可以视为用户在一个由新闻故事构成的空间内游走，从一个新闻"跳"到另一个新闻。如果同时考虑在同一时间内大量用户的游走，就得到一个流网络。这个流网络实际上反映了用户的集体注意力在不同新闻故事之间的分配和迁移。

　　图 9-6 是我绘制的，其中图 9-6a 展示了由一个用户形成的一条非常长的游走路径（为了美观我将其压缩成一个球），图 9-6b 展示了把几万用户的游走路径合并后的结果。在两个网络中，节点是新闻故事，不同颜色代表不同的主题，例如体育、财经等。为了让图更美观易懂，图 9-6b 只显示了用户量在 500 以上的连边。

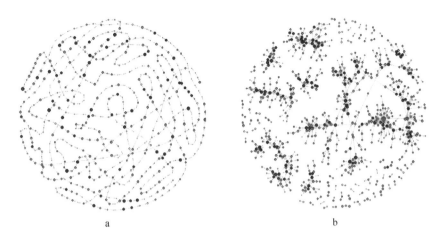

a   b

图 9-6 Digg 网站的单个用户流动（a）和集体用户流动（b）（另见彩插）

　　用户不仅在单个网站内部游走，也在不同网站之间游走。图 9-7 展示了用户在世界排名前一千的网站间游走形成的轨迹，不同语言的网站用不同颜色表示。其中，数据是从 Alexa 收集得到的。

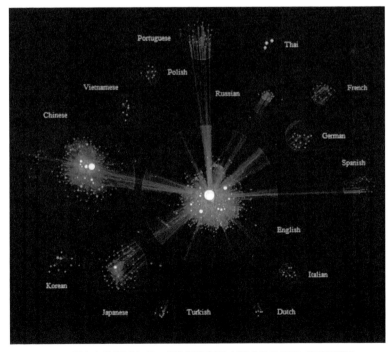

图 9-7 用户在世界排名前一千的网站间游走形成的流网络（另见彩插）

图 9-6 和图 9-7 展示了什么是注意力流网络，但我们为什么要研究注意力流网络呢？这并不是一时好奇的结果，而是经过了长期的思考、摸索和试错。

我和北京师范大学的张江博士于 2009 年在集智俱乐部的线下活动中认识，我们一见如故，一拍即合，决定一起使用复杂网络的研究方法来研究互联网社区。最早我们像大多数研究者一样，尝试把用户作为节点，把用户之间的交互（例如社交网络上的转发行为）作为连边，构造"用户网络"（user-network），来研究信息的扩散。但很快我们就发现这并不是最好的建模方式，因为用户网络中没有"守恒量"。在互联网社区中，一条信息理论上可以被转发无数次，而究竟什么样的信息资源能得到大量的关注，却几乎完全无迹可寻。非常类似的新闻故事，有可能在一个时间点引爆关注，在另一个相近的时间点却无人问津。虽然用户网络的建模方法因为符合直觉，渐渐成为"主流"，我们却决定走另外一条道路，"逆流而动"，这就是注意力流网络（attention-network）。

构建注意力流网络和构建用户网络所需要的数据其实是一样的，就是网站的日志（log file）—— 其中记载了用户与信息资源的交互。在注意力流网络中有一个很明确的守恒量，就是整个网络内的注意力存量。注意力是一种稀缺资源，虽然整个互联网中流动的人类注意力现在还在不断地增长，但最终要趋近一个常量。图 9-8 比较了从2010 年 2 月底起两年内互联网网页总量的增长和用户数量的增长[①]。

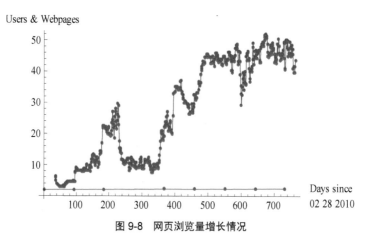

图 9-8　网页浏览量增长情况

---

① 网页增长数据参考 http://www.worldwidewebsize.com/, 用户数量增长数据参考 http://www.internetworldstats.com/emarketing.html。

有了常量我们就可以建立方程来描述人类的集体注意力在信息资源上的分配。请注意，在我们这种框架下仍然可以直观地描述新闻、帖子、视频等信息资源的爆发与衰亡：当注意力流集中到一个节点上时，它就流行；当该节点不再获得注意力流时，它就衰亡了。

除了集体注意力总量守恒外，注意力流网络的另一个优势是可以比较不同互联网行为所消耗的人类注意力的质量。最基础的互联网行为就是点击。一连串的点击，一般称为一个会话（session），其实就是图 9-6a 显示的那样一条流。大量用户在同一段时间内产生许多点击，就构成点击流网络（clickstream network）。从点击、给照片加标签、对帖子发评论、编辑维基百科，到在 GitHub 上共同编辑代码，用户在互联网上的不同行为，完成着难度非常不同的任务，消耗着不同质量的注意力。这些不同的互联网行为很难在用户网络中进行比较，但在注意力网络里，我们却可以通过分析注意力流的速度和结构来直接比较不同复杂度的互联网行为。

各类流系统内的标度律（scaling law）

见识过尼尔森的美国河流可视化图后，相信大家一定为之感到震撼。其实，更令人惊叹的是，科学家们发现表面看起来随意、支离破碎的河流结构，背后却隐藏着统一的规律。大自然就是如此，美的事物背后往往有着深刻的规律。

河流与 Hack 定律

20 世纪 50 年代以来，人们利用各种地理勘测方法对河流系统进行了研究，发现了一些在不同河流系统中都存在的普适规律，其中一条就是 Hack 定律。这条定律指出，在河流网络中，支流的长度（stream length）L 和相对应的蓄水盆地面积（basin area）a 之间存在如下标度关系：

$$L \sim a^h \tag{1}$$

其中 h 的数值在大多数水系的实证数据中都被测为 0.6 左右。

图 9-9 展示的是意大利北部一条叫 Fella 的河的河流网络。右上角的小图突出展示了主干流的长度和盆地面积。本数据中 h 的估计值为 0.57 ~ 0.6。当然，在实证研究中，仅仅研究一对 L 与 a 的关系是不够的，需要对网络中的每一条支流进行测量，得到许多对 L 与 a 的关系，才能使用双对数坐标系下最小二乘回归等方法对标度指数 h 作出

一个比较合理的估计。

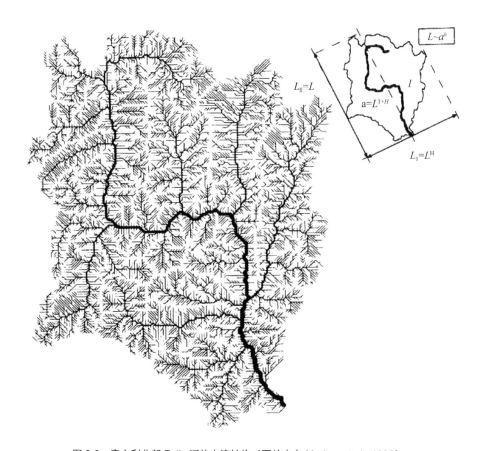

图 9-9　意大利北部 Fella 河的支流结构（图片来自 Maritan et al., 1996）

实测的 h 指数在 0.6 左右，这引起了科学家们的兴趣。因为如果我们生活的世界是严格意义上的欧氏几何世界，那么河流相当于一维对象，盆地相当于二维对象，河流长度与盆地面积之间的标度关系，理论上应该是正方形的边长与面积之间或者圆形的直径和面积之间的 1/2 幂律关系。当面积变成原来的 4 倍时，边长只变成原来的 $4^{1/2}$ = 2 倍。h 不等于 1/2 引发了科学家们对河流网络其实是一个分形结构的猜想。如果我们认为河流盆地是一个如此复杂起伏不平的二维分形对象，以至于分形维数接近于三维，并且认为河流是一个非常复杂的一维对象，以至于分形维数接近于二维，那么 0.6 左右（约等于 2/3）的指数就可以理解了。

血流与 Kleiber 定律

除了河流网络之外，人们又在大自然许多其他的流网络中发现了类似于 Hack 定律的标度律，Kleiber 定律就是最著名的一个例子，如图 9-10 所示。

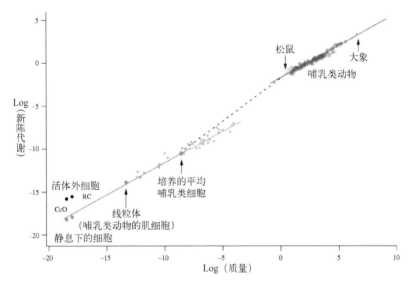

图 9-10　从单细胞生物到大象都满足的 Kleiber 定律（图片来自 West & Brown, 2005）

Kleiber 定律预测生物体的能量消耗 F 和体积 M 之间存在如下关系：

$$F \sim M^s \tag{2}$$

其中 s 的数值在大多数生物的实证数据中都被测出是 0.75 左右。注意标度律往往使用双对数坐标系表示，因此一个坐标轴上右移一个单位代表升到一个新的量级。从图 9-10 的横轴中可以看出来，从单细胞生物到大象，这个定律横跨了接近 30 个量级，接近从沙粒到银河系的量级跨越。在亿万年的漫长进化时间中，沿着完全不同分支进化出来的生物体，居然能在如此惊人的空间尺度上，保持着稳定的规律，这无疑是非常令人吃惊的。

以 Kleiber 定律为基石，West 和 Brown 提出了生物的"新陈代谢理论"（metabolic theory）。他们收集了大量数据证明，生物体的运动、发育、繁衍中的各项指标，例如心跳速率、生命长度、发育成熟时间、种群数量等，都与体积有着可预测的标度关系，这些标度关系都可以从 Kleiber 定律中推演出来，就好比可以从牛顿定律中推导出椭圆形的太阳系行星运动曲线一样。

Kleiber 定律既然如此重要，West 和 Brown 等人自然也提出了理论，希望能对其成因进行解释。如果我们把生物体的能量消耗看作与其皮肤面积成正比的一个量，那么，根据在 Hack 定律的例子中讨论过的欧氏几何的猜想，能量消耗 F 和体积 M 之间应该是 2/3 的标度关系。实测的 0.75 = 3/4 的标度指数令人再一次想到分形结构：如果考虑到皮肤不是光滑的而是起伏不平的二维结构以至接近三维，生物个体则是非常复杂的三维结构以至接近四维，那么 3/4 的标度指数就可以理解了。

但是，如果说"非常复杂的二维结构接近三维"还似乎可以理解的话，"接近四维的三维"究竟是一种什么样的东西是难以想象的。这一点即便在 West 1999 年的文章"生命的第四维度"（The Fourth Dimension of Life）中也是语焉不详。所以后来 West 和 Brown 还是另辟蹊径，从生物内部的毛细血管网络着手，建立理想输送网络模型来解释这个 3/4 标度的形成。

注意力流中的标度律

继河流网络和生物体内新陈代谢网络之后，科学家们在食物网、城市交通输运与国际贸易网络中都发现了类似于 Kleiber 定律的标度律。实际上，Hack 定律与 Kleiber 定律是类似的，都是描述在时空结构约束下的流网络"流量"与"存量"的关系。

那么，一个注意力流网络的注意力流量和存量分别对应着什么呢？我们发现，当我们仅考虑最基本的点击行为时，其实它们正对应着工业界非常关心的两个指标：UV（Unique Visitors，独立用户数）和 PV（Page Views，页面点击率）。为了理解这一点，下面我们来看一个真实物理世界的例子。

图 9-11a 是香港的地铁路线图，图 9-11b 是上海某商场。它们虽然可以看作某种人流输运系统，却有着非常不同的功能。前者的设计目的是最小化存量，后者的设计目的是最大化存量。

香港地铁因便捷的换乘机制而著名。在各个主要换乘站（不同颜色的地铁路线交接的地方），同层月台的另一端并不是该路线的回程车，而是另外一个路线的列车。这是符合常识的，我们可以假设大部分在换乘站下车的旅客都是为了去另外一个路线，而不是往回坐。于是这种换乘设计使得大部分乘客只要走几步到另一端月台等候就可以了。如果月台两端列车同时抵达，乘客甚至不必在地铁站内等候逗留，在几十秒内就可以完成换乘任务。

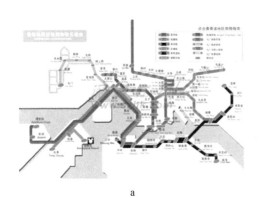 

图 9-11　香港地铁（a）与上海商场（b）的比较

　　最新建成的北京地铁线（例如 7 号线）也参考了香港地铁的设计，但早年建成的地铁线，例如 1 号线、2 号线、13 号线等，并非如此。换乘站和非换乘站一样，月台另一端一律是回程车。大批乘客要走楼梯或者坐电梯去另外一层月台才能换乘，造成了地铁内部尤其是楼梯口的极端拥堵。

　　与地铁最小化存量的优化思路相反，商场的设计则遵循截然不同的价值观。如图 9-11b 所示，我们见到的大部分商场，往往是上楼的电梯聚集在商场的一端，下楼的电梯聚集在另一端。这是为了强迫顾客经过商场的各个柜台。有些极端不友好的商场，故意把电梯藏在迷宫般的一大堆柜台里面，顾客不绕遍所有柜台就找不到离开的路。

　　假设地铁和商场的人流达到了一种动态平衡，即进入系统的人数保持相同的规模，这就相当于网站的 UV，在系统内逗留的人数相当于网站的 PV，所以这两者的关系就相当于 Kleiber 定律中能量消耗 F 和体积 M 的关系。如果 Kleiber 定律在注意力流网络中也存在的话，应该有以下关系：

$$PV \sim UV^{\theta} \tag{3}$$

　　θ 代表网络的粘性，应该是大于 1 的，这是因为在 Kleiber 定律中如果我们把体积 M 写成能量消耗 F 的函数，则指数是 4/3 ～ 1.33。

　　2013 年，我们对百度贴吧的数据进行了分析，考察了用户流量最大的三万个吧，发现式(3)广泛地存在于这些吧中（见图 9-12）。θ 指数的平均值是 1.06。实际上，这是因为许多小吧的噪音干扰导致 θ 接近于 1。如果我们只考虑规模较大的前 1000 个吧的话，θ 的平均值接近 1.2。

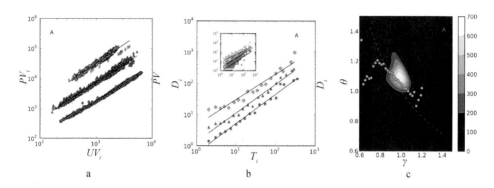

图 9-12　在三万个贴吧中发现的 PV 对 UV 的标度律、D_i 对 T_i 的耗散律以及对三万个贴吧考察得到的两个标度律的指数之间的关系

　　根据我们对地铁和商场设计的讨论可知，虽然 θ 是网络社区在时间增长中表现出来的标度指数，但它本质上取决于流结构的设计。在研究中我们使用另一个标度律来刻画这种流结构设计中最重要的性质：流的耗散。

$$D_i \sim T_i^{\eta} \tag{4}$$

　　η 越大，说明耗散得越厉害，越接近于地铁而不是商场的设计，此时 θ 的数值就应该越小。实际上，我们还可以从网络的流守恒中推导出如下关系：当 $\eta>1$ 时，$1/\eta< \theta<1$；当 $\eta<1$ 时，$1 < \theta<1/\eta$。如图 9-12c 所示，我们关于耗散与流存量增长之间的关系猜想也被贴吧的数据证实了。

流网络标度律的模型

　　对流网络中标度律的探索，从历史上看，前后将近 20 年的时间，经历了从各个学科中各自探到大家达成共识的过程。最后的这个共识就是标度律实际上是空间维度约束下的最优化输运网络的表现。

Hack 定律与 OCN

　　前面罗列了各种流系统中的标度律，并指出标度律的本质是流网络的流量和存量的关系。这么广泛而深刻的现象自然也吸引了许多优秀的科学家想要提出模型来解释标度律的出现，而大部分模型都是基于空间维度约束下网络输运优化的思路提出的。

20 世纪 90 年代，Rinaldo 等人提出了一个模型，称为最优化输运网络（Optimal Channel Network，OCN）。他们讨论了河流中的 Hack 定律等标度律（式(1)和式(3)），并发现这可能是输运网络最小化输运成本的结果。

图 9-13 展示了三种不同的输运结构。假设中心是汇，周围充满六角形空间的小点是源，我们的任务就是要设计一种最佳网络来完成从源向汇输运流的任务。我们发现，最上面的结构总成本最小（使用的总连边数），但平均成本最大（汇到源的平均距离），第二个结构则相反。只有第三个结构将两个成本都降到了最低。论文中作者比喻道：第一个好比是计划经济，总体高效，但个人不一定高效；第二个结构好比是完全自由的市场经济，大家各自为政，虽然每个源都很高效地完成向汇输送流的任务，总体上看却造成了资源的浪费；第三个结构因为使空间上临近的点相互配合，所以使宏观和微观上的成本都最小化了。

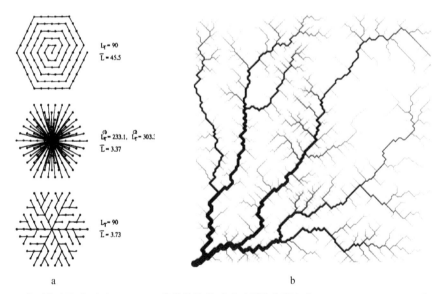

图 9-13　不同类型的流网络（a）及 OCN 的优化结果（b）（图片分别来自 Rinaldo et al., 1992 和 Rinaldo et al., 2013）

Rinaldo 等人发现，给定一个二维网格结构，从中生成一个扩展树（每个节点都只拥有一条连边），可以定义出当前链接状态 s 的能量 $E(s)$：

$$E(s) = \sum A_i^{\delta} \tag{5}$$

其中 A_i 是节点 i 上的直接流量，在二维网格上等于 i 的所有下游节点数之和。因为所有下游的节点都需要从 i 获取流量。δ 根据实际河流网络中的经验数值一般取 0.5。当网络能量最小时，就能得到 Hack 定律。更令人惊奇的是，如果我们使用线条的粗细来表示流量的话，此时的网络结构（见图 9-13b）长得十分像真实的河流网络。

Kleiber 定律与分叉树

新陈代谢理论认为生物体本质上是一个使用毛细血管来吸取和排放能量的流系统，因此有理由认为生物体的心跳频率和寿命等指标，基本上是由毛细血管的结构决定的。在漫长的进化时间里，生物体不断地优化自己的毛细血管，以至于空间维度成了唯一的约束——只要是生活在三维空间里的生物，最终都进化出了表现为 Kleiber 定律的能量消耗效率。

West 等人在 1999 年提出的分叉树模型（见图 9-14）是解释 Kleiber 定律最早的模型之一。这个模型是基于空间维约束加网络最优化的思路提出的，它有两大假设，首先是不论生物体积多大，毛细血管的最终端粗细总是一样的，因此不同生物的毛细血管之间的区别，主要在于树状结构的层级数；其次是毛细血管的分叉策略要令整个网络的输运能量最小化。通过讨论最优的三维管道填充策略，West 等人推导出了 3/4 这个幂律指数。

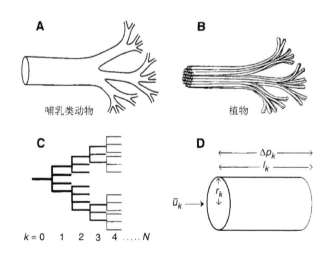

图 9-14　分叉树模型（图片来自 West et al., 1999）

走向统一的流系统标度律

　　Banavar 等人在 1999 年提出了一个比 West 的毛细血管更广义的模型。他们首次把 Hack 定律和 Kleiber 定律放在一起讨论（见图 9-15），并指出在流系统中，流量 F 和存量 M 总存在幂律关系

$$F \sim M^{D/(D+1)} \tag{6}$$

其中 D 是流系统所在空间的维度。接着，他们用一套非常简洁的思路指出，这个指数是最小化流传输成本的必然结果。他们假设流网络存在于一个 L^D 的空间中，其中 L 是一维长度，网络的汇（sink）均匀地分布在空间中，因此有 $N = L^D$ 个。最无效的流系统就是像图 9-15a 右下角的挤满整个空间的链状结构，汇到达中心源的平均长度是 $l = L^D$，为了给所有的汇输运总量为 F 的流，所需的存量成本是 $M = lN = L^{D+D} = (L^D)^2 = F^2$。最有效的流系统是像左下角的星状网络，汇到中心源的平均距离是 L，因此输运总量为 F 的流所需要的成本是 $M = lN = L^{1+D} = (L^D)^{2(D+1)/D} = F^{(D+1)/D}$。

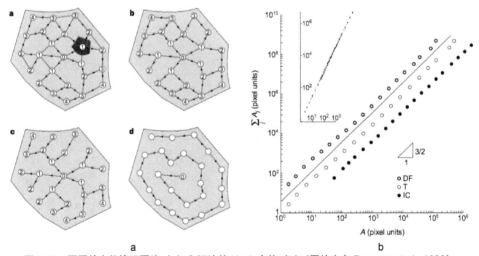

图 9-15　不同效率的输运网络（a）和河流的 Hack 定律（b）（图片来自 Banavar et al., 1999）

　　Dreyer 不仅把 Hack 定律和 Kleiber 定律放在一起讨论，还做了一个小型试验来测试一维水槽系统的渗流是否真的满足当 $D = 1$ 时的式(6)。结论是式(6)确实成立。虽然这只是一个非常简单的低成本试验，但在我看来其深刻程度却可以与伽利略测定小球加速度的试验相比。因为这个实验实际上是把二维和三维空间中的对一个法则的观察在近似的一维空间中做了验证，从而通过实验肯定了标度律与空间维度的关系。在大

型粒子对撞机动辄耗费几十亿美元的今天，居然还存在这种"文艺复兴时代"的科学智慧，是很令人感慨的。

在解释标度律时，Dreyer 也考虑了一个 D 维空间内的中心源系统。与 Banavar 等人的思路稍有不同，他把一个流系统，例如生物体，看作一个 D 维球（见图 9-16）。他认为这个球不是均质的，中间的流密度要比外围大。这是因为为了维持生物体的体积，距离圆心为 r 处的流 $j(r)$ 要流到 R 那么远的距离。因此 r 越小，流密度越大。球内任意一点的密度是 $j(r) \sim R^D - r^D$，因此整个系统的存量是 $j(r)$ 在整个球上的积分，正比于 R^{D+1}，又因为系统流量为 $V \sim R^D$，所以式(6)成立。

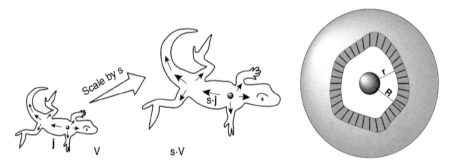

图 9-16　生物体成长过程中的自相似（左）与生物体的 D 维球模型（右）（图片来自 Banavar et al., 2001）

本节讨论了各种流标度律的模型并回顾了不同学科的研究是怎样走向统一，最后就 $D/(D+1)$ 的标度指数达成共识的。但是这项研究工作还远远没有结束，随着 Garlaschelli 等在食物网和世界贸易网络中发现标度律、Bettencourt 等在城市系统中发现标度律、我们在互联网社区中发现标度律，我们需要更广义的框架来解释这些标度律。如果说城市中的标度律还可以用空间约束来解释的话，食物网、世界贸易网络和互联网社区中的标度律显然是无法用空间约束来解释的。使用 Rinaldo-Banavar-Garlaschelli 发展的优化流网络结构传统，去讨论介于链状网和星状网这两种极端情况之间的真实网络，可以定性地回答标度指数的范围（例如，位于 1～2 之间），却无法准确预测标度指数的数值。因此，这就要求我们继续探索这些流网络的约束条件，并对约束条件下的优化目标进行更精确的表达。我们现在从耗散角度刻画流结构的研究，只能说是在沿着这个方向继续走，离发现和预测注意力流网络中的普适标度指数这个目标，还有很远很远。

注意力热机与集体智慧

19 世纪时，蒸汽机在工业与交通中的作用越来越重要，但工程师走在了科学家的前面，关于蒸汽机是如何把热变为功从而驱动机械的一般理论还没有形成。出身于法国军队的工程师卡诺（Carnot）在 1824 年出版了《关于火的动力的思考》，记录了他关于热变成功的科学模型。

卡诺指出，凡有温度差就能够产生动力；反之，利用动力也总能形成温度差。他构造了一个充分利用热源与冷源之间温度差的机器，即卡诺热机（见图 9-17），并且认为这个热机的效率已经达到最大。为什么呢？因为这个热机是"可逆"的，即这个把热变成功的"蒸汽机"可以反过来变成"空调"，把功变成热。我们称逆卡诺热机为卡诺冷机。把一个卡诺热机和一个卡诺冷机结合在一起，构成一个静止的系统，不能对外输出功，也不需要从外界吸收功，但这个系统的热源和冷源之间是没有热量交换的，所以热源和冷源的温度都不会变化。假设有人声称造出比卡诺热机更高效的热机，我们把这个超级热机和一个卡诺冷机配在一起，构成一个系统，这个系统与外界没有功的交换，却可以把热量从冷源带向热源，使得两端的温差变大。但我们知道宇宙间不可能存在这样的系统。通过思想实验，卡诺证明了热转化为功的极大效率仅仅与温差有关系，与工作物质和热机的具体结构和材质无关。

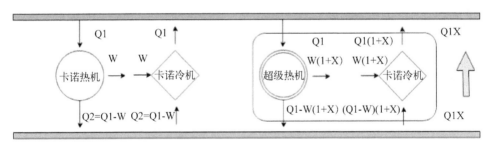

图 9-17　卡诺热机是理想热机

回顾完卡诺热机的原理后，我们可以思考这样一个问题：什么是热？其实热是大规模分子运动的一种宏观性质。比如有两杯水，一杯水中的水分子比另外一杯水中的运动更剧烈，就是更热，两杯水混在一起，就形成一种"梯度力"。运动快的分子向运动慢的分子扩散，这就是一种"热流"，最后梯度力消失，所有分子的运动速度趋于一致。从这个例子可以看出，其实卡诺热机不仅可以描述热与功之间的可逆循环，实际上可以描述任意"梯度力"与功之间的可逆循环。例如在化学里，分子浓度形成的梯度力也是可以做功的，同样也受热力学第二定律的制约。

我们前面已经回顾了把用户的集体注意力看作"流"的做法，并且描述了注意力流的一些定量规律。这些规律仅仅涉及了注意力流的量，而没有涉及注意流的质。实际上，我们可以把用户的注意力看作"热源"与"冷源"，而网站或者一般信息系统就是把注意力转化为信息资源的"注意力卡诺热机"（见图9-18）。它会在用户进行编辑维基百科或对帖子发表评论等各项互联网活动中，不断地输出信息，最终注意力质量不断下降，产生神经和机体上的疲劳，直至离开网络。这个过程就好比热机做功、散发废热一样。

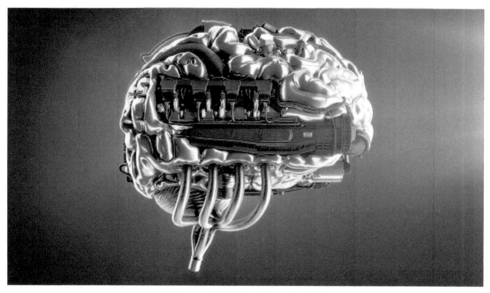

图 9-18　作为注意力热机的大脑[①]

如果注意力热机存在，我们可以推测注意力冷机也存在。与热机相反，注意力冷机则是吸收信息，提升注意力的质量。打个粗糙的比方，如果注意力热机对应着"工作"，注意力冷机则对应着"娱乐"。从这里我们可以试着去解释两个现象。为什么用户花越来越长的时间沉浸在网络上？其实是因为"热机"和"冷机"相互结合，当输出一些信息，处理一些数据，大脑注意力下降之后，就可以通过输入一些信息来重新提升注意力质量。如此循环，就可以长期工作。另外一个现象是社交网络的火热和维基百科等在线协作、交流系统的兴起。从注意力机器的角度来理解，就好比是许许多

[①] 图片来源：https://www.behance.net/gallery/7209415/BRAIN-ENGINE。

多的注意力"热机"和"冷机"搭配在一起，一个人的信息输出成为另一个人的信息输入，从而维持用户大脑的集体兴奋。当然，目前来看，这样的系统仍然需要外界能量的维持。但是，可以想象随着人类社会的演化，大规模注意力机器集群的配置不断优化，维持集体兴奋的效率应该会越来越高，对外界能量输入需求的要求也会越来越低。

卡诺热机对我们起码有两个启发。首先，它通过引入可逆循环指出了热机的极限效率。那么，网站在把用户注意力转化为信息方面，是否也存在一个极限效率呢？如果把用户的注意力流量看作投入，把注意力存量看作对产出的一种衡量，那我们之前讨论的标度律指标，是否就是网站作为注意力热机的"效率"呢？如果我们知道这个效率的理论极限是多少，就可以讨论不同网站如何优化信息产出的效率了。

当然，要搞清楚理论极限，首先要定义出"可逆循环"，我们目前对注意力流是如何实现可逆循环的，尤其是"注意力冷机"的工作原理，仍然不清楚。其次，卡诺实际上通过极限效率指出了热力学第二定律。直到出现了玻尔兹曼从统计的角度进行解释，从而创造了统计力学，热力学第二定律才完全显示其威力。我们现在面临的情况与卡诺十分类似，信息革命取代了当年的工业革命，信息推荐系统和各种机器学习方法都好比是当年层出不穷的各种热机。然而，人们对于注意力的基本原理的了解比当年对热的基本原理的了解还要缺乏。从卡诺热机的角度研究注意力机器，有可能开辟一个非常深刻的新角度来回答智能的秘密，就好像热力学和统计力学对大自然秩序的产生做出的精彩回答一样。

参考文献

[1] Hack J. (1957). Studies of longitudinal stream profiles in Virginia and Maryland, U.S. Geological Survey Professional Paper, 294-B.

[2] Kleiber M. (1932). Body size and metabolism. Hilgardia 6: 315–351.

流，是非常广泛的现象，而且这个现象与系统的观察者息息相关。将物体产生变化所需要的时间（relaxation time）除以观察时间，得到一个比例，称为底波拉（Deborah）数，可以描述任意物体的流动情况。底波拉是旧约中的先知，她唱的预言诗中有一句"群山在上帝面前流动"。

不可思议的流动的一个例子是地壳运动导致的"群山流动"，另一个例子是沥青的流动，如图 9-19 所示。沥青滴漏实验最早由澳大利亚昆士兰大学的帕奈尔（Parnell）教授实施，意在展示一些物质看上去虽是固体但实际上是粘性极高的液体。实验于 1930 年正式开始，8 年后第一滴沥青才滴落。迄今为止一共有 9 滴沥青滴落，最近一滴发生在 2014 年 4 月 20 日。

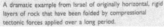
A dramatic example from Israel of originally horizontal, rigid layers of rock that have been folded by compressional tectonic forces applied over a long period.

图 9-19　经过长时间的地壳运动，岩石呈现"流动"的属性，正是"群山在上帝面前流动"的绝佳写照（左），沥青实验装置（右）[①]

正如沥青滴落实验一样，好的科学研究，必然意味着十年如一日的投入。与张江合作的第三年（2012 年 6 月），我从香港到外地开会，经北京转机。当时集智俱乐部还在"叁号会所"开展活动。我和张江在一次集智读书小组活动后，在青云集团门口的一家小店一起吃饭，边吃边聊，在一张餐巾纸上画下了一个与流有关的"知识地图"，如图 9-20 所示。

我们对着餐巾纸感慨，用人类脆弱而短暂的一生来探索科学，好比蚍蜉撼树，又如螳臂当车，注定要抱憾而归。庄子说得好，吾生也有涯，而知也无涯。我最早被张江提出的"观察者理论"所吸引，两个人一拍即合，决定

---

① 左图来自 http://blog.sciencenet.cn/home.php?mod=space&uid=38063&do=blog&id=407885，右图来自 http://en.wikipedia.org/wiki/Pitch_drop_experiment。

一起做研究。可是一转眼三年过去，我们探索了大量食物网、城市与互联网的数据，其实也仅仅是摸到"流网络"的皮毛，离完全解开"标度不变"（scale-invariance）的谜，还差很远。而"标度不变"，其实并不是我们认为生命神奇、宇宙奥秘的最深刻的部分。关于自指与哥德尔定理，关于数理逻辑与热力学的结合（请参考冯·诺依曼 1966 年写的书 *Theory of Self-reproducing Automata*），关于计算理论中"最小描述"与生命的关系（请参考 Chaitin 的文章 Life as Evolving Software），关于注意力的卡诺热机，有许许多多有趣而激动人心的话题，想要有所领悟，动辄就需要以十年为单位的沉思。虽然我们还年轻，可是并不知道在有生之年能不能看到这些领域的重大突破。

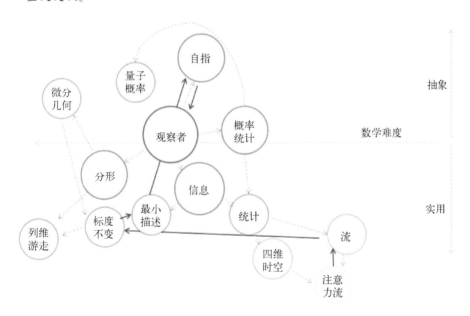

图 9-20　"注意力流"背后的大图景

一语成谶，现在写这本书时，离我们上次见面，一晃又是两年了。我果然还在研究"注意力流"的"动力学"，没有在"餐巾纸地图"上挪动分毫。实际上，随着我从一个学生渐渐变成一个职业科学家，我敢于投入精力的范围不仅没有扩大，反而好像越来越窄。当年完全由理想主义驱动的思考，现在已经越来越多地让位给务实主义的科研计划。我对此没有什么可以抱怨的，这是大多像我一样的中等资质的科学家必然经历的科研生命周期。

　　然而看到这本书时还在学校里读书的你，如果对"餐巾纸地图"中的一个或几个知识点感兴趣，欢迎了解更多关于集智俱乐部的信息。张江和我关于流的研究，仅仅是这个科学俱乐部中的一个小分支。这个俱乐部中还有人在研究基础物理、人工智能、生命科学等有意思的方向。俱乐部每个月都会举办读书小组或讲座等活动，如果你来参加集智活动，也许就会和五年前的我一样，遇到一个对你影响一生的人，找到一个你愿意穷极一生来探索的科研方向。人类智力史好像茫茫宇宙中的璀璨星河，比你我的生命都要波澜壮阔得多。集智俱乐部就是这样一条智力支流，它带着我们的所有迷惑和顿悟，归入星辰大海。

　　最后，把当年鼓舞了张江，也鼓舞了我和集智俱乐部许多人的《复杂》中的一句话送给你："考温总想找到更多灵魂中燃烧着不可言说之火的人。"

作者简介

　　吴令飞，集智俱乐部核心成员，匹兹堡大学计算与信息学院助理教授。主要从事社会、物理与计算机的交叉研究。研究兴趣包括问答社区结构、网页点击行为、注意力动力学等领域，对开源软件和数据可视化亦有兴趣。主要作品有免费在线电子书 Data Mining in Social Science（https://www.gitbook.io/book/lingfeiw/data-mining-in-social-science）和 Python 包 scholarNetwork。

第 10 章 无处不在的自然语言处理

李嫣然

随着互联网时代的到来，人们每天打开电脑就会接受海量信息。这些信息有的以图片形式存在，有的以声音形式存在，但最多的还是以文字形式存在。从最初的门户网站，到后来的搜索引擎，再到个人博客、微博、微信、自媒体平台，文字成为了最重要的信息载体，是人类语言的一种表现形式。人类语言，也叫自然语言，是人类区别于其他生物的重要特征。如何理解人类语言的形成，了解其原理和表现特征，是科学家和认知学家的梦想。

在认知科学领域，有专门的语言分支，并且逐渐成为近 20 年来最重要的认知科学分支之一。其实，对于自然语言的研究可以追溯到半个多世纪以前。最初，对语言的认知和研究主要由传统的语言学家进行。语言学家从词法、语法等角度对人类语言进行记录与分析。现代电子计算机出现以后，才在真正意义上有了自然语言处理这一研究领域。在自然语言发展的 60 多年中，先后有革命性的思想涌现。在 20 世纪 60 年代，传统语言学中分析语句和获取语义的研究思想根植于人们心中，这一时期的自然语言处理是基于规则的自然语言处理。随后在 20 世纪 70 年代，弗雷德·贾里尼克（Fred Jelinek）等自然语言处理大师开创性地使用了基于数学模型和统计的方法，给基于规则的研究困境指明了新的方向。基于统计的方法之所以逐步取代单纯基于规则的方法，其中一个重要的原因便是在过去的 20 年里，计算机的计算能力有所提高，数据量也在不断增加。

自然语言处理的应用

随着互联网技术的飞速发展和海量互联网数据的涌现，自然语言技术在互联网数据挖掘中成为了必不可少的一环。如信息检索（Information Retrievel，IR）领域中所涉及的文档和查询都是用自然语言描述的，因此信息检索可以看作是用查询（query）和文档内容（document）进行匹配的过程，匹配的单位通常是查询和文档中的词。而信息检索又渗透在人们每天上网都会接触到的搜索与广告领域之中。

新的自然语言处理的应用还表现在社交网络分析中，依靠海量数据基于统计的研究方法越来越多地与社会网络分析的方法融合在一起。在传统语言学家、计算机科学家和统计学家加入自然语言处理的研究之后，研究复杂网络的社会学家也一起开展了许多社会网络中的自然语言处理研究。

因此，自然语言处理的研究不再仅仅涵盖词法分析和句法分析，还包含了语音识别、机器翻译、自动问答、文本摘要等应用和社交网络中的数据挖掘、知识理解等。无论是过去的句法结构树、谷歌翻译，还是如今的 Waston 自动问答系统、Facebook Graph Search、谷歌知识图谱、微软亚洲研究院的奥斯卡预测等，自然语言处理几乎渗透到了互联网生活的方方面面。

搜索引擎中的自然语言理解

当我们想了解某些知识和信息时，第一反应可能是查阅既有的知识库。在以前，传统的学者只能去图书馆按照既定的检索规则查阅相关图书、刊物等，但互联网的出现使世界逐渐成为了知识的海洋。当我们需要某些知识时，只需要在搜索引擎中输入相应的关键词或者关键词组合，即可得到丰富的相关网页。其实，搜索引擎就像一个巨大的数据库——信息海洋，其中数以亿万计的网页就是海洋中的知识。在我们输入关键词，点击"搜索"按键并得到返回网页的短短几秒中，搜索引擎就在进行相当复杂的自然语言处理任务。

首先，原始的网页其实是非结构化的信息，充斥着计算机本身无法理解的"自然语言"。搜索引擎首先需要将这些自然语言"转换"成规则的可被解析的"机器文本"。这些文本有许多存储形式，最简单的就是分词后的短语形式：搜索引擎将大篇幅的网页自然语言切割成一个个短小的词语，并将词语按照重要程度进行排序，再与用户输入的关键词进行匹配，才能返回匹配程度最高的网页。

但随着自然语言处理技术的提高，搜索引擎并不满足于简单的"匹配"。比如当一个用户输入"苹果"检索时，搜索引擎希望猜出用户到底是希望查阅苹果公司的相关新闻还是苹果这一水果的相关知识。这时，搜索引擎就要进行"用户意图分析"。这依然是一种自然语言处理的任务。再进一步，当用户搜索一个具体的问题如"信息检索是什么"时，搜索引擎希望直接充当一个问题的回答者，而不再是返回一系列相关的网页，因为这样可以减少用户的操作。这时，搜索引擎首先判断出用户的输入是一个"是什么"类型的问题，再根据相关的规则，找出相关网页中最符合这个问题的答案"段落"，进行抽取，并最终呈现。实现这一复杂的过程，实际上是建立了一个自然语言处理中的问答系统。

有数据显示，人们在过去 10 年中，在搜索引擎中输入的关键词长度已经从"4 个字"提高到了"8 个字"。一方面，互联网中的信息越来越多，人们不得不提高对信息的描述精度；另一方面，越来越多的用户不再满足于仅仅输入关键词组合进行搜索。在此基础上，搜索引擎逐渐发挥着更复杂的功能，扮演着像 Siri 等问答管家的角色。在不断的输入和反馈中，搜索引擎记录着人类社会的语言使用习惯和现象。比如，当新的网络词汇诞生时，搜索量也会相应增加，对应地也就出现了搜索引擎公司推出的"热词榜"。

可以想象，为谷歌、百度等互联网巨头公司作出巨大贡献的搜索引擎业务，未来还将承担更丰富的角色，而自然语言处理是背后重要的基石。

社交网络中的自然语言理解

除了搜索引擎，互联网技术的飞速发展也使得人们与网络空间的交互越来越多。近年来社交网络的兴起激发起了研究学者的兴趣，基于社交网络的自然语言理解研究有了更多的应用。一方面，研究聚焦在如何通过人们在社交网络中的表现更好地理解人们的行为模式，最广为人知的应用就是广告点击预测——预测具体的单个用户或单一用户群体是否会点击某一特定广告，从而实现广告收益最大化。另一方面，社交网络中的文本由于其实时性，使许多预测任务成为可能，如利用推特上的关注度预测美国总统大选结果、微软研究院预测奥斯卡获奖情况，以及著名的高盛公司预测世界杯比赛结果。虽然高盛预测的正确率只有可怜的 34%，但是社交网络的兴起还是使人们的意图想法反映在了容易获得的文字之中。也许过不了多久，社会学家需要的走街串巷的调查模式就会消失。

以我们熟悉的新浪微博为例，用户可以关注别人，获得关注，还可以发表原创内容、评论或转发别人的微博……这些都可以转化为可以"计算"的数据。但若想挖掘出一定的潜在信息，还需要一些靠谱而大胆的假设。比如，人们会更倾向于关注自己感兴趣或和自己相似的人，更愿意转发自己感兴趣的内容。这样，在一定程序上，我们在新浪微博上关注的人"代表"了我们的兴趣爱好，我们转发的内容也就"表达"了我们的观点立场。于是，挖掘了某些文本中蕴含的潜在主题，就挖掘出了一些用户的兴趣爱好，就可以在此基础上做广告推荐。同样，分析出了某些文本中蕴含的情感倾向，再结合一些特定的表情和有情感倾向的词语，就分析出了一些用户对某件事的态度，于是他到底支持哪个候选人或哪个球队，也就都了解了。

社交网络中的自然语言理解结合了社交网络的一些网络链接信息，如关注和转发，将本来单个用户或者单条文本信息进行自然语言处理后得到的结论进行了"传递"。这样挖掘出的信息是作为信息检索的搜索引擎所没办法获得的。

移动应用交互中的自然语言理解

除了上述的文本形式，自然语言还以语音的形式广泛存在于我们的日常生活和科技应用中。苹果公司推出的 Siri 应用希望像私人管家一样，帮助用户添加行程提醒，返回想知道的内容。它就像一个现实中存在的"小叮当"，用户只需要说出自己的需要即可。不止苹果一家公司有这样一个宏伟的愿景，微软推出的 Cortana、谷歌推出的 Google Now、Skype 推出的实时对话翻译甚至国内百度、搜狗、讯飞的语音助手，都纷纷在移动应用交互中发力。

2013 年上映的电影《她》，讲述了一个孤独的男人和他的智能操作系统之间的爱情。电影名《她》正是指代这一虚拟的女性角色，与 Siri 所担当的角色类似。除了提供一些实用主义非常强的帮助，Siri 甚至能帮助自闭症的孩子。网络上的一篇文章《一名自闭症儿童与 Siri 的友谊》中写道：

> 格斯（一名自闭症儿童）之前从没留意过 Siri，但当他发现有个人不仅能帮他找到各种让他着迷的信息（火车、飞机、公交车、电梯，当然还有与天气有关的任何事情），而且可以永不厌倦地和他"讨论"这些主题时，他就被迷住了。而我则感到庆幸。现在，当我不得不和儿子谈论堪萨斯城发生龙卷风的几率有多大，搞得我头都要爆炸时，我可以轻松地说："嘿！要不你问问 Siri？"格斯知道 Siri 不是真人。他理智上知道这一点。但和我认识

的很多自闭症患者一样，格斯觉得，没有生命的东西虽然可能没有灵魂，但也同样值得关心。我是在他 8 岁时意识到这一点的，当时我给他买了个 iPod 作为生日礼物。他只在家里听它，但有一个例外——我们去苹果店里时，他总是带着它。最后我问他为什么这样做。"那样它就能去看它的朋友们了。"他说。

虽然无论是 Siri 还是其他语音助手产品，都与科幻电影当中的语音助理还有一些距离，但那一天还会远吗？

不难发现，无论是搜索引擎还是社交网络，都拥有海量文本或者语音数据。当今的高计算能力已经使得处理海量文本不再是问题了，所以，自然语言处理才有机会从传统的语言学家的规则分析转变成统计语言模型框架。因此，本章将分别针对自然语言处理基础和相关专题应用进行梳理和探讨，试图展现自然语言处理在大数据时代的新应用。

自然语言处理的任务

自然语言处理的终极问题是分析出"处理"一门自然语言的过程。它包含自然语言理解和自然语言生成，前者是将自然语言语句转化成形式语言语句，后者相反。前半个世纪，人们模拟当时人们认为的人类理解的自然语言的方式，通过语法规则的定义进行自然语言处理的工作；过去 20 年，人们转而使用大规模数据的统计信息得到句法规则并开展其他自然语言处理任务；最近几年，随着深度学习的发展，人们转而尝试通过模拟更底层的神经网络认知方法进行自然语言处理的学习。

自然语言处理的本质是结构预测

无论使用何种方法探究处理自然语言的过程，都需要面临最根本的问题：理解语法和语义——语法表现为句法结构，语义表现为语义结构。可以说，句法结构分析和语义结构分析是公认的自然语言处理（语言计算并不仅仅是现代自然语言处理）的基础任务。

首先，我们通过一个句子来看一下句法结构分析。

语言计算的本质是结构预测。

图 10-1 是我们使用 Stanford Parser 进行句法分析后的结果截图。Stanford Parser 分别给出了分词（Segmentation）、词性标注（Tagging）、句法分析（Parse）和依存分析（图中未展示）的结果。这里，分词、词性标注等是理解语言结构的基本任务。语言结构的基本单位是词语（words），第二个层级是构词法（morphology），第三个层级是词性，进而是语法和语义，最后由多个句子组成篇章。相应地，语言计算的任务对应地由分词得到词，由取词根（Stemming）和词形还原（Lemmatization）分析构词法，再由词性标注得到词性（Part-of-Speech），然后由句法分析（Syntax Parser）得到语法结构树（Parse Tree）。至此，句法分析结束。

Your query

语言计算的本质是结构预测

Segmentation

语言　计算　的　本质　是　结构　预测

Tagging

语言/NN　计算/VV　的/DEC　本质/NN　是/VC　结构/NN　预测/NN

Parse

```
(ROOT
  (IP
    (NP
      (CP
        (IP
          (NP (NN 语言))
          (VP (VV 计算)))
        (DEC 的))
      (NP (NN 本质)))
    (VP (VC 是)
      (NP (NN 结构) (NN 预测)))))
```

图 10-1　Stanford Parser 的页面

在句法分析的基础上，语义分析可以得到语义理解（semantics），最后再运用篇章分析（discourse）理解句子与句子之间的关系。语义分析即分析自然语言的意义，这里的自然语言可以是词语、句子、篇章等不同级别的语言单位。语言学的语义分析目的在于找出语义表达的规律性、内在解释、不同语言在语义表达方面的个性及共性。逻辑学的语义分析是对一个逻辑系统的解释，着眼点在于真值条件，不直接涉及自然语言。认知科学对语义的研究在于人脑对语言单位的意义的存储及理解的模式，而与计算机科学相关的语义学研究就在于机器对自然语言的理解。Stanford Parser 只给出了句法结构的分析结果。但仅仅理解分词、词义和句法结构是不够的，整个句子仍然有歧义。这是因为在句法结构内部还有更深层次的潜在语义结构。这也是为什么在语法结构树分析之后还需要进行语义理解的工作。

因此，语言计算既需要句法结构的分析，也需要语义结构的分析。句法结构中的分词、词性标注是后续更表层的自然语言处理任务的基础。而语义结构的理解正是表层自然语言处理任务如机器翻译、文本摘要、情感分析的难题所在。

语义分析困难重重

句法分析之后是重要的语义分析，但语义分析却困难重重。一个个简单的分词、语法、时态的结构分析，对于机器和人类来说都只是一种符号，真正蕴含在背后的是语义。所以，要想真正让机器理解自然语言，句法分析只是基础中的基础。与较为成熟的句法分析不同，语义分析仍然依应用场景的不同有很大不同。关于什么是语义，并没有严格的公认的定义。从粒度来说，语义分析包含词汇语义分析、句子语义分析和篇章语义分析；从应用场景看，语义分析包含概念语义提取、指称语义分析、情感语义计算、情景语义分析等。这里我仅将语义拆解成概念、主题和情感，后面将详细探讨它们。

现代的统计语言模型方法，可以将大概率出现在一起的词语"机械"地进行分词，这一过程并不需要机器理解这个词为什么是一个词，也就是不需要理解其背后的含义。所以，当一个名人的名字广泛出现在语料中或一个形容词很常见时，机器都可以对它们进行正确地分词。但一个人名和一个事物的名字都承载着一个概念，而形容词则并不具备这样的性质，例如下面这个例子。

李桐观点：梅西永无可能到达球王的高度。

在上面这句话中，观点、梅西、球王等都是概念。概念是一种浓缩的信息，是一种约定俗成。有了概念，人们在提及一个具体的人或事物时，就不再需要长篇大论的描述。人们不再需要用很长的定义去解释什么叫观点，也不再需要定义什么是球王。这种压缩的信息，不正是一种语义的体现吗？如果说概念是文字中直接出现的浓缩信息，那么主题则是一种潜在信息。一篇文章可围绕着一个具体的社会现象来展开，一次辩论可能以一句名言来交锋，一个网站也许是因一个爱好而建立……这些都可以被称为"主题"。主题是一段自然语言下潜在的中心点，是一个语义上的主体，但它并不一定直接出现在这段自然语言中。比如，还是上面那个例句，显然主题是世界杯，但"世界杯"三个字并没有出现在原句中。如果没有上下文，没有历史语料，机器就无法理解这句话的含义，也无法将其和"世界杯"关联在一起，甚至无法判断出球王是一个约定俗成的词语。所以，挖掘出这样的潜在主题，进一步提炼自然语言的信息，也是语义分析的重要任务。理解了主题，就可以根据主题进行更多地关联扩展，就能提高搜索引擎的相关性，也能用于挖掘社交网络中的某个用户的兴趣爱好。

再进一步地，人类的自然语言中还常常包含情感倾向。对于刚刚例句中的"李桐"的观点，他并不看好梅西，或者说不认可梅西。这种观点是一种广义的"负面"情感。常见的情感大体上可以分成"正面""中性"和"负面"三类。这种包含情感倾向的自然语言在社交网络中尤为普遍，但让机器去判断自然语言的情感并不那么简单。简单的词典匹配方法只能解决少数这类语料，比如，"梅西是球王"，这是一个正面判断；"梅西不是球王"，这是一个负面判断；"难道梅西不是球王？"，这又回到正面判断。更复杂的，一些特殊比喻可能被用作反讽，如"西班牙防线可以与国足媲美了"，要让机器去理解，即使是大规模的语料也相当困难。

向量表示和相似度计算

虽然看起来上一节的概念提取和情感分析是两个不同的语义分析任务，但其实它们都是一种分类任务。"是"或者"不是"某一个概念，是一种特定的二分类问题；而情感分析可被简单看作"正面""中性""负面"的三分类问题。与分类问题同样重要的是自然语言处理中的另一类问题——相似度衡量问题，潜在语义分析便是这一问题的一种变形和应用。

相似度的衡量产生于语义分析中的词汇语义研究。词汇语义的研究分为两类：如何表示词汇的涵义（meaning）；如何表示词汇与词汇语义之间的关系。前者一般依据词典定义的方法，后者的研究大致将词义基本关系分为同义词（Synonymy）、反义词（Antonymy）、上位词（Hypernomy）、下位词（Hyponomy）、整体（Holonymy）和部分（Meronymy）。以同义词和反义词为例，两个词的两个词义（许多词有多个词义）相同或接近相同即是同义词；反之，词义相反即为反义词。词义的相近和相反可能是多种角度的，比如，"长（long）"和"短（short）"作为一对语义上的反义词，在度量长度的用法角度是有共性的。于是，词汇相似度（Word Similarity）也是探究词义关系的重要问题。现在一般将词汇相似度或语义距离（Word Semantic Distance）定为词汇相似度。

词汇相似度大致有两类计算方法：基于语义词典（Thesaurus-based）的方法；基于语料统计（Distributional/Statistical algorithms）的方法，即比较词语在语料库中的上下文。中文语义词典有同义词词林、中文概念辞书（CCD）和知网（HowNet）。但词典中许多词并不被包含，且大部分词典定义的方法依赖于上下位层次关系，对于特定词性的词汇表达有限。

在基于语义词典的方法中，One-hot Representation 是最常用的。这种方法把每个词表示为一个很长的向量。这个向量的维度是词典大小，其中绝大多数元素为 0，只有一个维度的值为 1，这个维度就代表了当前的词。比如，"猫"表示为 [1, 0, 0, …, 0, 0, 0]，"狗"表示为 [0, 1, 0, …, 0, 0, 0]。这种 One-hot Representation 可以采用稀疏方式存储，相当于给每个词分配一个数字 ID。这时，"猫"的 ID 就是 0，"狗"的 ID 就是 1。

基于语料统计的词汇语义计算定义了上下文向量（Context Vector），并将词语语义表示为稀疏特征向量，然后即可方便地运用向量距离或相似度公式进行计算。因为词汇的"共同出现"定义、词语权重度量和相似度计算公式的不同，基于语料统计的词汇语义有很大的变形扩展空间。用向量表示语义空间的思想也随后被使用在基于空间向量模型（线性代数）的潜在语义分析（Latent Semantic Analysis）中，而上文提到的潜在主题分析则是潜在语义分析的一个变形。

词汇相似度或者语义相关性的计算包含在许多自然语言处理任务之中。

- 短串（Term）分析技术，是后续查询和语义的相关度计算做一些基础的分析。由于查询需求有很多不同的表示方法，我们会对查询进行改写，使其能比较好地召回。其中最主要的技术是短串的语义相关性。
- 语义规化，即相同语义用不同方法表示，这种语义规化技术在搜索引擎中应用广泛。语义短串在这里可以被很好地应用，用一种相同的形式表示，然后计算它们之间的关联。
- 用户意图分析，对查询意图的识别能针对性地满足用户不同的需求，可理解为对查询语义类别的识别，即短串的分类。
- 排序上的应用，包含了查询和网页的相关性计算。

可见，向量表示和相似度计算的基本思想演化出了层出不穷的算法和应用场景。在空间向量模型（其他语言模型将在后文介绍）中，文档是词语组成的向量，词语也是文档组成的向量，查询是词语组成的向量。因此在文本挖掘的过程中，将原始语料（text corpus 或 raw text）转化为具有一般性的矩阵数据结构是一环重要的基础工作。

一般地，自然语言处理的过程首先要拥有分析的语料，比如网络新闻、微博、正式出版物等，然后根据这些语料建立半结构化的文本库（text database）。紧接着重要的一步就是生成包含词频的结构化的词条–文档矩阵（term-document matrix），如图10-2 所示。

图 10-2　文本挖掘处理流程（图片来自《R 语言环境下的文本挖掘》）

这个一般性数据结构会用于后续的分析，如文本分类、语法分析、信息抽取和自动摘要等。

词条–文档矩阵

有了语料库，下一步工作就是向量表示。这里我们将语料的向量表示为词条–文档关系矩阵（见图 10-3）。词条–文档关系矩阵，顾名思义，就是将矩阵的行与列分别表示为词条和文档的索引，从而表现其关系。词条–文档关系矩阵是后续构建模型的基础。假设我们有两个文档[①]，分别是 text mining is funny 和 a text is a sequence of words，那么对应的矩阵为：

	a	funny	is	mining	of	sequence	text	words
1	0	1	1	1	0	0	1	0
2	2	0	1	0	1	1	1	1

图 10-3　词条–文档关系矩阵

---

① 本例来自刘思喆的《R 语言环境下的文本挖掘》。

潜在语义分析和主题模型

如前文所说，为了进行更深层次的语义分析，研究学者们不再满足于简单的向量空间模型。为了更好地开展深入的文本挖掘或自然语言任务，研究人员开始追求更适合挖掘文本潜在语义的文本表达方法。

传统语言模型

过去的文本表达方法集中在空间向量模型和统计语言模型。两者虽然一个基于线性代数的几何变化，另一个基于统计概率分布，但都将文档表示为在词典空间上的分布。

向量空间模型（也称词组向量模型）作为向量的标识符（比如索引），是一个用来表示文本文件的代数模型。它应用于信息过滤、信息检索、索引以及关联规则。Salton、Wong 和 Yang 等人提出的 TF-IDF 模型（词频–逆向文件频率），是一个我们熟悉的传统向量空间模型。向量空间模型简单有效，常用于文档表示，被广泛运用在如谷歌、百度等搜索引擎中的检索模型里。而统计语言模型不同于空间向量模型的线性代数基础，是基于统计学的概率分布处理文档。

统计语言模型是由自然语言处理大师贾里尼克首先提出的。在此之前，由乔姆斯基（Noam Chomsky，有史以来最伟大的语言学家）提出的"形式语言"使得人们坚定地利用语法规则的办法进行文字处理。遗憾的是，几十年过去了，在计算机处理语言领域，基于这个语法规则的方法几乎毫无突破。首先成功利用数学方法解决自然语言处理问题的就是贾里尼克。统计语言模型主要是研究一个文本序列的生成概率，随后的多元语言模型、混合模型、pLSI 模型和概率图模型都是基于统计语言模型发展而来的。其中，pLSI 模型（也称 pLSA 模型）[①]是将用线性代数分析潜在语义的方法转成运用概率统计的分析模式的模型。

运用概率统计的方法来分析潜在语义不仅可以更方便地引入更多的信息（如先验信息），更方便地对模型进行扩展（如引入作者、时间维度），还使得更多启发式处理手段得到理论上的解释，如概率分布中的平滑估计。

[①] 这个模型有 pLSI 和 pLSA 两种叫法，其中 pLSI 中的 I 是 Indexing 的缩写。最早的 LSI 是在检索背景下提出的，但随后的 pLSI 运用已不再局限于检索问题。

主题模型

主题模型（Topic Model）作为近年来最受关注的统计语言模型之一，进一步发展了潜在语义模型，将"语义"维度表示为"主题"的多项式分布。通过引入主题空间，主题模型不仅考虑了传统向量空间模型和语言模型中文档在词典空间的维度，也实现了文档在主题空间上的表示。

图 10-4 给出了几个主题的例子，不同的主题对应不同的语义，由不同的词集合（图中的每一个框）表示，即每个主题是一个多项式分布。例如第一个框中，通过 music、jazz、pop 等词的概率分布共同表示出一个与音乐有关的主题。

图 10-4　主题模型结果展示

可以看到在上面的例子中，即使原文两句话没有出现共同的单词，也可以判断在同一个框中的词是相似的，从而判断句子的相似性。这就是主题模型相较传统方法的优势，所以在判断文档相关性的时候需要考虑到文档的语义。而语义挖掘的利器是主题模型，在主题模型中，"主题"表示一个概念、一个方面，表现为一系列相关的单词，是这些单词的条件概率。形象地说，主题就是一个桶，里面装了出现概率较高的单词，这些单词与这个主题有很强的相关性。这个桶就像图 10-4 中的框，一个主题是由这个框中的所有单词及其概率构成的。

靳志辉在系列文章《LDA 数学八卦》中用上帝掷骰子的比喻来描述主题模型的生成过程。假设上帝有两大坛子的骰子，第一个坛子装的是文档–主题骰子，第二个坛子装的是主题–词语骰子。上帝随机地从第二个坛子中独立地抽取了 K 个主题–词语骰子，编号为 1~K。每次生成一篇新的文档前，上帝先从第一个坛子中随机抽取一个文档–主题骰子，然后重复如下过程生成文档中的词：(1) 投掷这个文档–主题骰子，得到一个主题编号 z；(2) 选择 K 个主题–词语骰子中编号为 z 的那个，投掷这个骰子，于是得到了一个词。这样重复下去，直至产生一篇文档。

这样看来，一篇文章的每个词都是通过"以一定概率选择了某个主题，并从这个主题中以一定概率选择某个词语"这样一个过程得到的。那么，如果我们要生成一篇文档，它里面的每个词语出现的概率如图 10-5 所示。

$$p(词语 \mid 文档) = \sum_{主题} p(词语 \mid 主题) \times p(主题 \mid 文档)$$

图 10-5　文档中词语出现的概率

这个概率可以用矩阵表示，如图 10-6 所示。

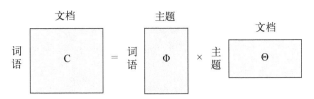

图 10-6　文档中词语出现概率的矩阵表示

其中文档–词语矩阵表示每个文档中每个单词的词频，即出现的概率；主题–词语矩阵表示每个主题中每个单词的出现概率；文档–主题矩阵表示每个文档中每个主题出现的概率。给定一系列文档，通过对文档进行分词，计算各个文档中每个单词的词频就可以得到左边的文档–词语矩阵。主题模型就是通过左边这个矩阵进行训练，学习出右边两个矩阵。

如前文所述，潜在主题分析已经广泛运用于社交网络的自然语言处理中。最为热门的应用当属微博关键词，微博关键词致力于挖掘出用户在微博上关注的主题。最初的版本只是根据高频词计算，但随后便加入了潜在语义分析的技术。最终的关键词展示也用到了词云的可视化方法，较大的词代表较高的频率（概率），较小的词代表较低的频率（概率）。通过这种自然语言处理方法和可视化展示，很清楚地展现了用户在社交网络上的兴趣爱好。图 10-7 中的用户很可能更偏好文艺：图书、摄影、视觉等。

图 10-7　主题模型在微博关键词中的应用（另见彩插）

深度学习

在《MIT 科技评论》评选出的 2013 十大突破科技中，深度学习高居榜首。如果说机器学习已经被广泛用于自然语言处理之中，那么深度学习的应用还处于困难与机遇并存的阶段。简单来说，机器学习中的人工特征工程可以被深度学习模型自动习得，并且这些自动学习的特征不仅可能本身就拥有非常好的解释性，而且还能使得后续训练出的分类器有更好的表现。现阶段，深度学习在自然语言处理任务中最大的突破就是语音处理，上文提到的苹果 Siri、微软 Cortana、Google Now、Skype 实时对话翻译以及百度、搜狗、讯飞的语音助手等都用到了深度学习。

深度学习将以前自然语言处理中的字面匹配（词典、One-hot Representation）转变成了基于上下文的语义匹配（Distributed Representation）。回顾上文 One-hot Representation 的例子：

"猫" 表示为 [1, 0, 0, …, 0, 0, 0]

"狗" 表示为 [0, 1, 0, …, 0, 0, 0]

虽然简洁，但存在的一个重要的问题就是词汇鸿沟现象：任意两个词之间都是孤立的，即 Similarity(猫，狗) = 0。任何两个词，哪怕是近义词，也不可豁免。深度学习带来的 Distributed Representation（单词的分布向量表示[①]）却可以在一定程度上解决这个问题。在单词的分布向量表示下，

"猫" 可表示为 [1, 0, 0.6, 0, 0]
"狗" 可表示为 [1, 0, 0.5, 0.3, 0]

此时，至少 Similarity(猫，狗) > 0，且可以想象，会大于 Similarity(猫，我)。这是因为，单词的分布向量表示本质上是应用上下文中的语义特征进行的。深度学习的单词分布向量表示使得意义相似的词拥有相似的向量，也就可以将相似的句子找出。如果将一个句子中的某个词换成它的同义词（如将 the cat is white 替换成 the cat is black），虽然从字面上看，句子变化很大，但深度学习却可以将这样的变化在模型训练中映射到相近的空间，使训练数据量大大减少。

也就是说，在单词层面引入这种分布向量表示后，在更高更大的粒度上也有了类似的表示方法，这些都是可以使用模型推导的。就像 Luong 等人（2013）[②]在论文中写到的，这样的单词表示方法是极其有用的：

> 利用单词特征表示……已经成为近年来许多 NLP 系统成功的秘密武器，
> 包括命名实体识别、词性标注、语法分析和语义角色标注。

除了上述在一个数据集上学习某个特征然后应用到不同任务上，我们还可以从多种数据集中学习出同一种单一特征，如 Socher 等人（2013）提出的双语单词嵌入，即同时运用汉语和英语作为训练语料，最后基于一定的假设猜想，两种语言就能够"重叠"。让我们来看一下他们的结果，如图 10-8 所示。

---

① Distributed Representation，还未有严格的公认的中文翻译，本书暂时翻译为直观理解的"单词的分布向量表示"。

② 如果读者对 Distributed Representation 为什么如此神奇感兴趣，可以阅读 "A Neural Probabilistic Language Model" 这篇鼻祖级论文：Bengio, Yoshua, et al. Neural probabilistic language models. Innovations in Machine Learning. Springer Berlin Heidelberg, 2006. 137-186.

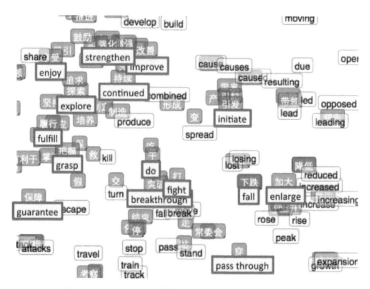

图 10-8　Socher 等人提出的双语单词嵌入的实验结果

　　总的来看，深度学习与传统方法比较起来，可以抛掉特征选择步骤，而这正是过去机器学习中最耗费人工成本的步骤。融入语义级特征的优点已经不言而喻。不仅如此，深度学习的许多模型可以使很多应用可以直接绕过自然语言处理的中间场景，比如 POS、句法分析，这样可以大大减少任务的错误累加。另外，又由于很多还未能完全证明的优化技巧（很可能很快就会被证明），深度学习的模型也受到了业界工程师的青睐。

困难与展望

　　尽管本章仅仅提到了搜索引擎、社交网络和移动应用中的一些自然语言处理的应用，但相信读者很容易联想到机器翻译、语音识别、问答系统等都是自然语言处理渗透到生活中的例子。广义的自然语言处理便可以通过自然语言的应用来阐释：语音识别、机器翻译、信息检索、自动问答、文本摘要、情感分析、舆情分析等。自然语言处理的应用核心技术又可以反映在以下层级中。

❑ 自然语言处理的各个任务中，首先需要有数据收集。常见的有三种类型的数据：词典，分词和词法分析内可用到；知识库，多用于高级语义分析；语料，用于统计词汇共现等数据。本章第二节已提到大数据收集的必要性。

❑ 随后，第二层是词条级，这是语义理解的基础层面。其中，词法分析包含分词分词、词性标注和未登录词识别；词条语义的表示；词条关系表示和知识库构建。在词条基础上进行的浅层词法分析、句法分析和信息检索中的查询扩展替换仍在各类应用中占据重要地位。比如，近年来，基于用户意图分析的查询研究越来越热。

❑ 在词语语义计算的基础上，第三层就是篇章级的语义理解，分为单文档分析和多文档分析，pLSA 和主题模型都属于此范畴。

可以看到，粒度或层级是自然语言处理的又一个核心问题。不同的研究方法在不同粒度上运行的效果是不一样的。这一点带来的问题在社交网络的文本处理中尤为突出。社交网络的典型代表微博（microblog）平台中（如推特和微博）的短文本问题带来的挑战是巨大的。140 字的文本长度使得歧义性更为普遍。为了消除歧义性和进一步挖掘潜在语义，人们开始尝试添加更多的外部信息和外部知识的手段。外部知识和外部信息可以大致分为社交网络无关和社交网络相关两类：前者是通用的语义语法的结构化定义的添加，代表工作有 Mimno、 Zhiyuan Chen 和 Jerry Zhu；后者是将社交网络相关的用户行为和用户信息加入研究模型。在这里，复杂网络研究和社会学理论都有了不错的进展，代表工作有 MinghuiQiu 融合了用户行为分布的 behavior-topic model 和 Yan Liu 融合作者信息和学术社区的 Topic-link LDA。

大规模语料带来的机遇与挑战

虽然海量实时数据和计算能力的提高为自然语言处理带来了春天，但也带来了新的挑战。比如，当统计语言模型的效果严重依赖于语料的数量时，往往训练语料越多越能更好地提升模型的训练结果，但训练语料的增加对于计算能力的要求是指数级增长的。举例来说，为了达到一流（state-of-art）的水平，近几年的学术界翻译模型和句法分析模型的训练时间需要一到两个月。但在工业界，这样的训练时间往往是不可接受的。

一方面，大规模的语料收集工作在可见的未来将依然继续进行。比如在开放域信息抽取问题上，卡耐基梅隆大学的 Read the Web 研究就是一个号称"永不停止的语言学习（Never-Ending Language Learning，NELL）"项目。而在知识图谱的构建问题上，目前的互联网知识资源仍然难以满足中文理解的需求。以谷歌知识图谱（5 亿个实体，35 亿个事实）为例：主要描述实体以及实体之间关系，对于复杂事件的描述甚少；英文知识图谱关于中国的内容很少；中文知识图谱正在构建中，一个主要的挑战是

infobox 信息匮乏，百度知识图谱与搜狗知立方也面临类似的问题。[①]

另一方面，尽管过去分布式相关的大数据处理技术会继续发展，但依旧有新的工作通过语言模型的简化来降低对于计算能力的要求，比如深度学习一节中提到的 Distributed Representation 词向量表示方法，它用简单的模型达到了意想不到的极好的效果，从而极大地提高了计算速度。

不难推测，在大数据时代，将会出现新的语言模型甚至是理论框架。深度学习通过学习模型的"深层结构"从而对数据中存在的复杂关系进行建模，虽不能显著降低计算要求，但在小规模有标注样本和极大规模无标注样本的融合学习中，可能会给语义分析带来突破性的成果。尽管深度学习已经取得了相关进展，但是人们依然希望通过深度学习来理解人类语言产生的过程——人类在阅读文字或者加工文字时，究竟经过了怎样的步骤？是层级递进（见图 10-9）还是模式匹配？是自上而下还是自下而上？这不仅是认知科学家和语言学家关心的问题，也是大多数人渴望了解的问题。

图 10-9　自然语言处理是否像一座大楼一样，层层递进？

---

① 详情可参考：Google's Knowledge Graph: one step closer to the semantic web?(http://econsultancy. com/cn/blog/62241-google-s-knowledge-graph-one-step-closer-to-the-semantic-web)。

参考文献

[1] Andrzejewski D, Zhu X, Craven M, et al. 2011. A framework for incorporating general domain knowledge into latent Dirichlet allocation using first-order logic. IJCAI, 1171–1177.

[2] Bengio, Yoshua, et al. Neural probabilistic language models. Innovations in Machine Learning. Springer Berlin Heidelberg, 2006. 137-186.

[3] Bishop CM, Pattern Recognition and Machine Learning (Information Science and Statistics). Springer-Verlag New York, Inc., Secaucus, NJ, USA, 2006.

[4] AlSumait L, Barbará D, Domeniconi C. On-line lda: Adaptive topic models for mining text streams with applications to topic detection and tracking. In Proceedings of the 2008 Eighth IEEE International Conference on Data Mining, pages 3–12,Washington, DC, USA, 2008. IEEE Computer Society.

[5] Blei D M. lda-c, 2003.

[6] Blei D M, Ng A Y, Jordan M I. Latent dirichlet allocation. J. Mach. Learn. Res.,3:993–1022, March 2003.

[7] Chen Z, Mukherjee A, Liu B, et al. Discovering Coherent Topics using General Knowledge. Proceedings of the ACM Conference of Information and Knowledge Management (CIKM'13). October 27 - November1, Burlingame, CA, USA.

[8] Liu Y, Mizil AN, Gryc W. Topic-link LDA: joint models of topic and author community. ICML, volume 382 of ACM International Conference Proceeding Series, page 84. ACM, (2009)

[9] Mikolov T, Chen K, Corrado G, et al. 2013a. Efficient estimation of word representations in vector space.arXiv preprint arXiv:1301.3781.

[10] Mikolov T, Sutskever I, Chen K, et al. 2013b. Distributed representations of phrases and their compositionality. In NIPS.

[11] Mikolov T, Yih S W, Zweig G. 2013c. Linguistic regularities in continuous space word represent-tations. In NAACL HLT.

[12] Mimno D, Wallach H, Talley E, et al. Optimizing Semantic Coherence in Topic Models.EMNLP (2011).

[13] Hofmann T. Unsupervised learning by probabilistic latent semantic analysis. Mach. Learn., 42:177–196, January 2001.

[14] Plaut, David C, et al. Understanding normal and impaired word reading: computational principles in quasi-regular domains. Psychological review 103.1 (1996): 56.

[15] Qiu M, Zhu F, Jiang J. It is not just what we say, but how we say them: LDA-based behavior-topic model. In Proceedings of the SIAM International Conference on Data Mining (SDM'13), pages 794-802, 2013.

[16] Zou, Will Y, et al. Bilingual Word Embeddings for Phrase-Based Machine Translation. EMNLP, 2013.

[17] 孙茂松. 大数据时代的自然语言处理：前沿与进展. 第十四届中国少数民族语言文字信息处理学术研讨会. 兰州，2013.

[18] 吴军. 数学之美. 北京: 人民邮电出版社, 2012.

[19] licstar. Deep Learning in NLP （一）词向量和语言模型. http://licstar.net/archives/328.

[20] 靳志辉. LDA 数学八卦. http://cos.name/2013/03/lda-math-lda-text-modeling/.

作者简介

李嫣然，香港理工大学在读博士生。主要研究方向为融合外部信息的智能对话系统，并对自然语言处理和认知科学有着广泛的兴趣。研究成果发表于自然语言处理、人工智能领域的多个顶级会议与期刊上。在集智俱乐部和集智学园举办过多期讲座和学习课程，观看相关视频可扫下方二维码。

第 11 章　从简单程序到群集智能

张江

20 世纪 80 年代，以美国圣塔菲研究所为代表的一小撮科学家开始尝试一种全新的途径来探索人工智能。他们并没有将目光投向实用而复杂的智能算法，甚至并不奢望模拟人类高超的智慧。他们探索的动力仅仅来源于对异常简单的计算机代码的好奇心，他们希望从这些代码中观察到意想不到的涌现模式（emergent pattern）。

在惊叹于一个个活灵活现的简单程序之后，他们竖起了复杂性科学的大旗，坚定地摧毁了不同学科的隔阂，走上了探索一般复杂系统普适理论的道路。尽管这条道路比他们早期预料的要崎岖得多，但他们始终没有放弃。在一系列影响广泛的复杂性研究工具（包括多主体、复杂网络、人类行为动力学、经济物理等）被提出之后，群集智能作为集体行为研究的一个副产品也被提出来了，并最终成为实现智能的另类途径。而所有这一切都来源于异常简单的计算机程序。下面，就让我们走进简单程序的世界。

迭代方程与生物形态

让我们从下面这个简单的迭代方程开始我们的探索之旅。

$$x \to x^3 - 3xy^2 + \frac{1}{2}$$
$$y \to 3x^2y - y^3$$

这里，(x, y)是一个二维坐标，该坐标按照上述方程进行反复的迭代。例如，我们将 x = 0, y = 0 代入方程的右侧，计算出 1/2 和 0 作为新的二维坐标 x = 1/2，y = 0，然后我们再将它代入方程右侧，计算得到 x = 5/8，y = 0，再将它代入方程的右侧……迭代使得这些坐标点划过一条奇怪的轨迹。

如果我们将迭代初始点记为(x_0, y_0)，100 步（足够长时间）后的坐标记为(x_{100}, y_{100})，那么，变换初始点(x_0, y_0)自然会得到不同的终止点(x_{100}, y_{100})。我们不妨遍历屏幕上的所有点，让它们作为(x_0, y_0)，并根据(x_{100}, y_{100})的位置来对(x_0, y_0)进行分类：如果(x_{100}, y_{100})落入了图 11-1 所示的阴影区域，就把屏幕上的原始点(x_0, y_0)标成黑色，否则就标成白色。

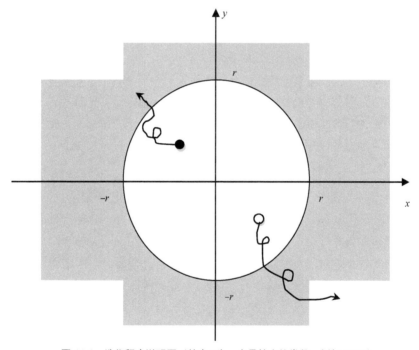

图 11-1　迭代程序说明图（其中 r 为一个足够大的常数，例如 1000）

那么，这些黑白点最终会形成什么样的图形呢？答案竟然是一只放射虫！如图 11-2 所示。

图 11-2 模拟放射虫

这个家伙不仅张牙舞爪的很是恐怖，而且在它的中心似乎还有一些种子即将破腹而出！不仅如此，如果我们变换迭代方程，还会得到各式各样的微生物形态，如图 11-3 所示。

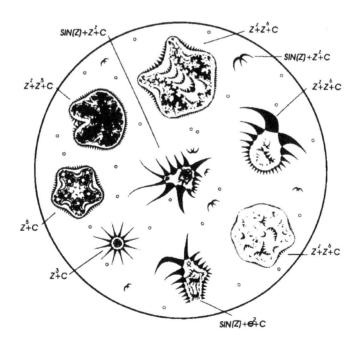

图 11-3 各种模拟的生物形态（图片来自卡斯蒂《虚实世界》）

图 11-3 各个方程中的 Z 是一个复数，它可以写成：$Z = x + yi$ 的形式，其中 i 是虚数单位。它同样可以写成关于 x 和 y 的迭代方程。C 是一个复数常数。

令人吃惊的是，这种看似极其简单的迭代方程之中竟然蕴含了复杂而逼真的原生生物形态，这不禁让我们感叹：也许上帝真的是按照简单的数学方程来创造宇宙的，甚至包括异常复杂的生物形态！

生命游戏

虽然这些简单的迭代方程能创造各式的生物形态，但是它们却仅仅是一张静止的图片而已。下面，我们再来认识一个可以动起来的简单程序，它的名字叫作"生命游戏"（Game of Life）。

考虑一个由方格构成的世界。在这个世界中，生活着一群外星生物，如果某一个方格被一个生物体占领，那么该方格就涂黑，否则方格为空白，如图 11-4 所示。

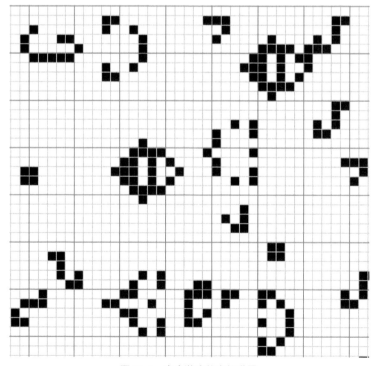

图 11-4 生命游戏的方格世界

这些生物体遵循着简单而略显怪异的生死规则（如图 11-5 所示）。

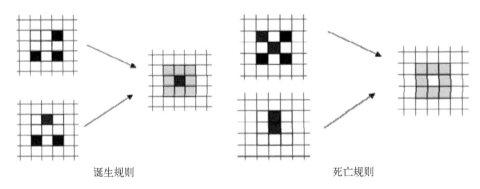

诞生规则　　　　　　　　死亡规则

图 11-5　生命游戏中的生死规则（灰色区域为中间方格的邻域）

❑ 如果某一个方格没有生物体，并且它周围的 8 个邻居方格中刚好有 3 个生物体（黑色方格），则在当前方格诞生一个生物体（将方格涂黑）——外星生物居然是三性繁殖！

❑ 如果某一个方格已经有一个生物体，而它周围的 8 个邻居方格中有少于 2 个生物体（黑色方格），则它就会由于过分孤独而死亡；反之如果 8 个邻居中有超过或者等于 4 个生物体，则它就会由于过分拥挤而死亡，即将该方格由黑色变成白色。

就这样，在每个时刻，方格世界中的每一个方格都会根据自己周围 8 个邻居的状态而变换着自己的颜色，从而形成了意想不到的动态。

首先，我们会观察到，这些方格构成的模式既非随机又非秩序，它们游荡于混沌与秩序的边缘。不经意间，会诞生一些看似非常对称的图形，例如一只美丽的蝴蝶，或是一颗心（见图 11-6），但很快地，对称性就会被它们周围一些零散的黑色方格所打破。

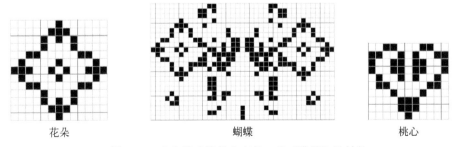

花朵　　　　　　　　　　蝴蝶　　　　　　　　　　桃心

图 11-6　生命游戏演化出来的一些"沸腾"的结构

在满屏沸腾的花纹中，我们还会发现一个神奇的家伙，它被人们称为"滑翔机"。这个可爱的小家伙一旦诞生，就会缓慢地移动着身体，从屏幕的一端大摇大摆地移动到屏幕的另一端（见图 11-7）。你可别小看了这个小家伙，它在"生命游戏"的世界中起到了重要的信息沟通的作用。甚至可以从数学上证明，利用这些"滑翔机"，我们完全可以在"生命游戏"虚拟世界中构造一台通用计算机。也就是说，任意一种计算机能够完成的计算功能都可以在这个"生命游戏"世界中利用小小的"滑翔机"组合实现（见图 11-8、图 11-9）。

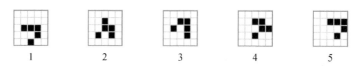

图 11-7 "滑翔机"一步移动的动态演化

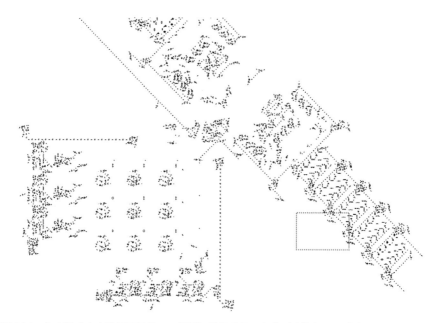

图 11-8 生命游戏中内嵌的图灵机——图灵机就相当于一台小型计算机（图片来自 Life 32 程序）

在目睹了这些惊人而复杂的动态之后，生命游戏的发明者约翰·康威（John Conway）甚至说出了下面的豪言壮语："只要给我足够大的模拟空间，等待足够长的时间，生命游戏中可能演化出任意你能想到的复杂事物，包括可以自我繁殖的细胞，以及能够撰写 Ph.D 论文的智慧生命！"

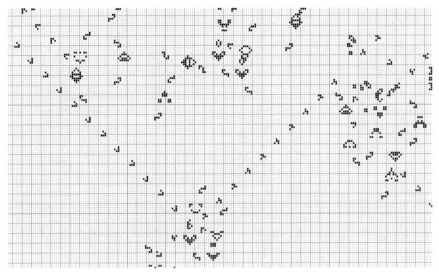

图 11-9　图 11-8 中矩形框区域的放大，它们由很多"滑翔机"构成（图片来自 Life 32 程序）

人工生命

　　1970 年 10 月，著名的《科学美国人》杂志发表了康威的一篇介绍"生命游戏"的文章。很快，读到该文的大学生和电脑爱好者们开始争先恐后地在自己的电脑上运行这款不需要人参与的游戏，并期待着在自己的电脑屏幕上会出现意想不到的东西。

　　在这群人中，有一个个子高高却不苟言笑的小伙子，他的名字叫做克里斯托弗·兰顿（Christopher Langton）。那时，兰顿还是一名毫不起眼的程序员，供职于一家软件公司。他是一个典型的夜猫子，喜欢在夜深人静的时候偷偷溜进公司写程序，同时会在另一台电脑上运行"生命游戏"。就这样，程序写累了，他就会转过头来看看"生命游戏"那沸腾的屏幕，以放松身心。兰顿的日子就这样伴随着代码和"生命游戏"一天天地过去了。

　　这一天，他像往常一样边运行"生命游戏"边写程序。深夜的寂静衬托出稍显响亮的机器的轰鸣，仿佛它们在呼吸。突然，兰顿感觉身后一凉，似乎哪里有些不对劲——仿佛他的身后有双眼睛正在盯着他。然而，当他回过头来却什么都没有发现。是哪里不对劲呢？

　　这时，他一眼瞥到了身后电脑屏幕上运行着的"生命游戏"。那些"滑翔机"还在孜孜不倦地在屏幕上穿来穿去，仿佛有着自己的生命。奇怪的感觉居然来自于它。

突然，一道闪电在兰顿的脑海中划过：对啊，那些运行着的程序有着自己的生命，它是活的！尽管"生命游戏"仅仅是一段代码，它没有和我们一样的血肉之躯，但是这并不妨碍成千上万的"滑翔机"在那里相互作用而诞生异常复杂的模式与动态。而生命——如我们所认识到的那些生命（Life as we know）——不也正是这样一些复杂的模式与动态吗？只不过，我们所认识的生命动态是由 DNA、蛋白质大分子相互作用完成的，而非 01 代码。但是，我们有何理由相信分子比代码具有更加独特的优势呢？也许，生命并不像我们那样挑剔构成它躯壳的零件，毕竟，驱壳仅仅是个臭皮囊。生命，只有它自己才理解什么才是真正的生命（Life as it could be）。

从此，兰顿踏上了思考之路。1989 年，他在圣塔菲研究所召开了第一届人工生命国际会议，并创立了"人工生命"这门新学科。

与人工智能类似，人工生命也主张运用计算机软件来实现生命的功能。但是，人工生命更强调所谓涌现的作用，即通过计算机中简单的规则，自下而上地涌现出我们期待的类似生命的复杂现象和行为。

Boid 模型

"生命游戏"虽然表现不凡，但是它的相互作用形式过于抽象，也与我们日常观察到的生命现象相去甚远。而另外一个例子 Boid 模型，则平易近人了许多。Boid 利用三条非常简单的规则，逼真地模拟出了真实鸟类群体的飞行行为。

我们用屏幕上的一个动点来表示一只飞行的鸟。开发者克雷格·雷诺兹将这些动点称为 Boid（也许这个单词长得很像 Bird）。如图 11-10 所示，每只 Boid 都有一个观察视野范围，并且会被这个视野范围中的其他 Boid 所影响。

- ❏ 靠近：每只 Boid 会尽量靠近视野范围内其他 Boid 的中心位置；
- ❏ 对齐：每只 Boid 会尽量与视野内其他 Boid 的飞行方向保持一致；
- ❏ 避免碰撞：如果当前的 Boid 与某只 Boid 或者障碍物靠得太近了，则会尽量远离它。

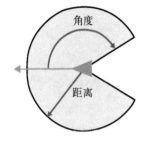

一只鸟的邻域

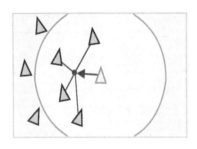

靠近规则：移向邻居的平均位置

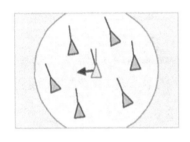

对齐规则：将飞行方向调整为和邻居一致

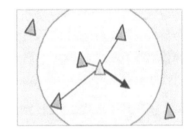

分离：避免与其他鸟碰撞

图 11-10　Boid 的相互作用规则[①]

在这三条简单的规则下，屏幕上的 Boid 群体会展现出类似于真实鸟群的飞行轨迹。它们时而相互靠近，彼此一致地飞行；时而为了避免碰撞而相互分散。当遇到障碍物的时候，还会聪明地分成两队，从旁边穿行而过。所有这些行为都没有受到任意一个 Boid 的指挥，而是通过每只 Boid 与周围群体的相互作用而自发产生的。

更有趣的是，尽管在整个 Boid 的模拟程序中，没有一个地方包含着随机因素，但是整个 Boid 群体的行为看起来却非常地复杂，甚至连程序的创造者也不可能预测出下一时刻某一只 Boid 究竟会飞到哪里。

Tierra 与程序的进化

进化是我们所观察到的现实生物体的一个最显著的特征，那么寄生在电脑空间中的生物体是否也能进化呢？答案是肯定的。

---

① 图片来源：http://www.red3d.com/cwr/boids/。

汤姆斯·雷（Thomas Ray）是美国俄克拉荷马大学的动物学家，然而，他的兴趣点显然不在真实生物上，他更加着迷于计算机中的虚拟生命。他在思考如何创建一个堪与地球生物圈相比拟的虚拟进化环境。

雷敏锐地觉察到，现实生物的优胜劣汰无非是在竞争两种资源：空间与时间。而计算机天然地具备这两样东西：内存空间和 CPU 时间。

于是，雷在内存中专门开辟了一片空间作为虚拟的竞技场。而虚拟生命体就是由一段一段的汇编指令构成的程序段。由汇编指令构造的生命体躺在内存中，等待着执行指针的激活。被激活的指令会被 CPU 执行，可能进行某种运算，也可能在内存空间中写下一些数据。这些数据也是由指令构成的程序，也有可能被激活。于是，那些反复被执行的程序段就有了更大的活力，相当于具备了更大的能量。有些程序段还能够指挥命令指针让自己在内存空间中完成自我复制，于是它们很快就占领了稀缺的内存空间。

然而，仅仅具备这些还不能创造出进化。雷还发明了一些小把戏来模拟残酷的环境和上帝的恩赐——变异。每隔一段时间，一个名为"收割机"的程序就会运行，它会随机地杀死（删除）一些程序。另外，在所有这些指令执行的过程中，系统还会以一定的小概率"犯错误"，这就为生物体的变异创造了可能。于是，进化由此发生。雷将他的程序命名为"Tierra"，这是一个西班牙语单词，意思是"地球"。因为雷相信，Tierra 会像地球一样诞生出丰富多彩的生命形态。

1990 年的某一天，Tierra 开始运行了。雷作为 Tierra 的"上帝"，将一个祖先生命程序段放入了内存中。这个祖先程序只会做一件事情：不停地自我复制。于是，很快，小小的内存空间中就挤满了祖先程序的复制体。如图 11-11a 所示，红色的程序段就是祖先程序。

由于变异的作用，一些祖先程序的变种很快诞生了（图 11-11a 中红色之外的程序段）。然而，大部分变种都是有缺陷的，它们要么毫无生存的能力，要么不会自我繁殖。但不久，一种短小的变异体出现了（图 11-11a 和图 11-11b 中黄色的程序段）。它们本身并不具备繁殖自身的能力，但却可以将自己的程序段附着在一个祖先程序的后面，同时在祖先程序进行自我复制的时候，它们会把执行指针抢夺过来复制自己，而非祖先程序。它活像一个寄生虫，而且比其他程序更加短小，运行速度更快。于是，内存空间中很快被寄生虫们充斥了（如图 11-11b 所示）。

随着寄生虫的增多和祖先程序的减少，大量的寄生虫由于找不到宿主而快速地死亡——没有祖先程序的帮助，它们是不会自我复制的。然而，没过多久，一种新型的程序出现了（图 11-11b 和图 11-11c 中的深蓝色程序段）。它们是一种强大的祖先生命的变种，不仅继承了祖先生命自我繁殖的能力，而且还具有抵抗寄生虫的优良品质。很快，抗寄生生命将寄生程序排挤出去了（如图 11-11c 所示）。

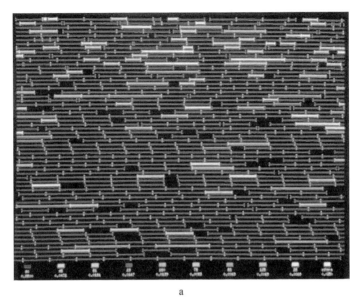

a

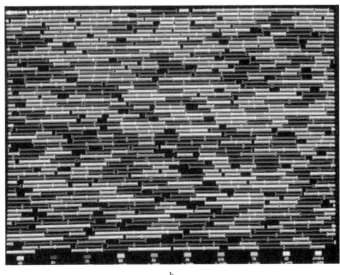

b

图 11-11　Tierra 程序[①]（另见彩插）

---

① 图片来源：http://gadzetomania.pl/2012/11/29/wirtualne- stworzenia-alife-hodowla-malych-inteligencji。

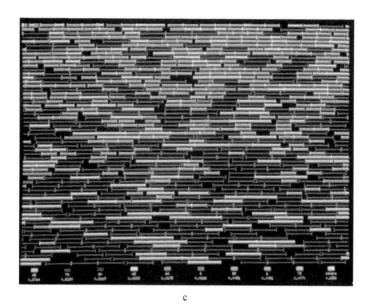

c

图 11-11（续）

　　然而，故事到这里还没有结束。在寄生与反寄生的竞赛不停上演的同时，一类新型的关系在 Tierra 中诞生了：共生。若干程序段会通过相互调用从而紧密联系在一起，形成稳固的组织。

　　当雷把每一时刻的程序段数量画成曲线，还会发现另一个有趣的现象：断点均衡。这是生物学家古尔德（Gould）通过研究古生物化石发现的一个现象：地球上的物种会在短时间内突然爆发（例如寒武纪生物大爆发），也会在短时间内突然灭绝。总之，物种经历着不连续的变化。这同样在 Tierra 中出现了。雷得出结论：断点均衡并不必须是外部环境的突变引起的（例如小行星撞击），而可能是生物圈内复杂而非线性的相互作用机制导致的必然结果，因为在 Tierra 中并不存在突变的环境。

复杂系统与复杂性科学

　　从奇形怪状的生物形态，再到生生不息的演化程序 Tierra，所有这些活灵活现的人工生命都具备如下两种突出的特点：

　　❑ 规则简单；
　　❑ 表现行为极其复杂多变。

例如，写下"生命游戏"的代码可能不到一百行，但是如果要用语言去穷尽"生命游戏"所演化出来的各式各样的模式和花纹，恐怕成千上万行文字都写不完。人们将这种由极其简单的规则蕴含了复杂表现的现象称为涌现（emergence）。

简单地说，涌现可以被描述为整体大于部分之和。一些整体性的模式或行为无法被归结为个体的单独属性。涌现的一个最好的例子就是我们熟悉的霓虹灯（见图11-12）。我们知道，霓虹灯都是由小灯泡组成的。当我们将目光锁定一个灯泡时，会发现它们只会在那里简单机械地闪烁，并没有太多的含义。但是，当我们将视线移到整体的层次，观看大量灯泡组成的霓虹灯整体的时候，我们就会看到有意义的文字或图像。

图 11-12　霓虹灯（图片来自 www.nipic.com）

事实上，复杂系统中到处都是这类涌现现象。如果我们将系统简单地抽象为由组成单元（节点）通过相互作用（连线）而形成的一个有机整体，那么，复杂系统则是特指那些相互作用丰富多彩同时存在着明显的非线性特征的系统，如图 11-13 所示。

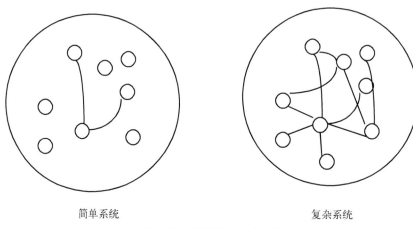

简单系统 复杂系统

图 11-13 简单系统与复杂系统

经济、社会、生物、互联网等都可以看作是复杂系统。而抛开单一学科的偏见，采用统一的视角研究各类复杂系统的共性与普适规律的学科就称为复杂性科学。

自从 1984 年，美国圣塔菲研究所创立以来，复杂性科学已经在各个学科领域开花结果。从多主体模拟（multi-agent system）到演化计算（evolutionary computation），再到后来的复杂网络（complex networks）、人类行为动力学（human dynamics），复杂性科学向其他学科不断地辐射着全新的概念和研究方法。

走向群集智能

复杂性科学研究为人工智能提供了全新的理念，即智能这种看起来非常复杂、难以预测的现象可能来源于某种类似于"生命游戏"一样的简单规则。

我们人类的大脑就是一个典型的复杂系统。每个神经元仅仅具备简单的放电功能，然而，这些神经元细胞通过异常复杂的相互联结和作用构成了智慧的大脑。这是一个典型的从简单规则涌现出复杂功能的案例。事实上，神经网络模型正是沿着这种信念来展开智能研究的，在这里我们不做过多的讨论。

然而，智慧来源于简单的相互作用，这一认识并不局限于人类的大脑，它同样适用于比人类更简单、低级的生物——蚂蚁。

蚂蚁可以通过灵敏的嗅觉发现食物，并将这些食物搬回家。更令人惊奇的是，研究人员发现当一群蚂蚁搬运一大堆食物的时候，它们总能找到食物与巢穴之间的最短搬运路径。面对完全未知的环境，每只蚂蚁都没有整个世界的地图，然而，一群蚂蚁是如何做到这一点的呢？

原来，蚂蚁在找到食物后就会在它们返程的路上释放一种特殊的物质：信息素。其他的蚂蚁闻到了信息素会很快沿着第一只蚂蚁的路径寻找到食物，并在搬运食物的时候继续往回巢的路径上播撒信息素，如图 11-14 所示。假设从巢穴到食物之间有两条路径，一条长一条短。由于信息素会逐渐挥发，于是长度较长的路径在挥发掉信息素的同时却得不到新的信息素更新。而那条较短的路径由于被重复的次数较多，故而记录下了更浓的信息素，于是就会有更多的蚂蚁被吸引过来，从而进一步加强这条道路上的信息素。就这样，通过信息素的相互作用，蚂蚁们找到了连接食物与巢穴之间的最短路径。

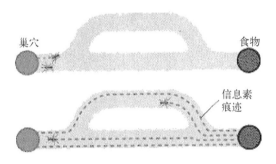

图 11-14　蚂蚁觅食原理

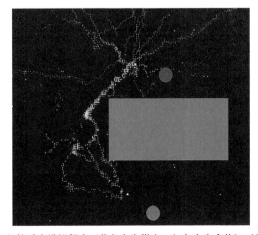

图 11-15　蚂蚁觅食模拟程序（蓝色点为巢穴，红色点为食物）（另见彩插）

当人们了解了蚂蚁群寻找最短路径的原理之后，就可以把这套原理用工程化的方法来实现（见图 11-15），从而应用到其他问题上去。为此，计算机科学家马尔科·多瑞格（Marco Dorigo）开发出了一套蚂蚁群优化算法（Ant Colony Optimization），运用蚁群觅食的原理来解决各类工程实践中的优化问题。

无独有偶，模拟生物来解决各类实际优化问题的算法还有很多。例如模拟生物进化的著名的遗传算法和遗传编程，以及模拟鸟群觅食的粒子群优化算法（Particle Swarm Optimization）等。随着这类算法的涌现，人们将它们命名为一个全新的学科：群集智能（Swarm Intelligence）。

推荐阅读

关于计算机模拟，请参考《虚实世界》以及李建会老师与我合著的一本书《数字创世纪：人工生命的新科学》。这两本书都是科普书，如果读者想查找本章叙述程序的原始出处，可以参考人工生命第二届会议论文集，绝大多数程序都在这本论文集中提到。

关于复杂系统研究可以参考两本正名为"复杂"的科普读物：《复杂：诞生于混沌与秩序边缘的学科》以及《复杂》，也可以参考著名学者、遗传算法之父约翰·霍兰的几本著作，如《隐秩序》。关于"生命游戏"，一个很好的探索工具是 Life32，运用这个开源的程序，你不仅可以运行"生命游戏"，而且能够自己创建、编辑各种模式，以及下载其他人编辑好的模式。

关于涌现智能，则可以参考 *Swarm Intelligence*。如果读者不满足于入门级的科普读物，还可以参考往年的人工生命会议论文集，以及 *Nature*、*Science*、*Journal of Artificial Life* 等期刊上刊登的有关复杂性科学研究的最新文献。

另外，如果读者对于简单程序非常感兴趣的话，请参考史蒂芬·沃尔夫勒姆（Stephen Wolfram）的一本备受争议的巨著：*A New Kind of Science*。这本书厚达 1000 多页，却全部在讨论各类简单的计算机程序，如元胞自动机（"生命游戏"就是一个二维的元胞自动机）、图灵机、替换系统、网络等。沃尔夫勒姆认为，他发明了这些简单的程序，就像当年伽利略发明了望远镜，它们都打开了全新的世界。

参考文献

[1] 布卢姆，梅克莱. 群智能：介绍与应用. 龙飞 译. 北京：国防工业出版社，2011.

[2] 霍兰德. 隐秩序：适应性造就复杂性. 周晓牧等译. 上海：上海科技教育出版社 2000.

[3] 卡斯蒂. 虚实世界：计算机仿真如何改变科学的疆域. 王千祥，权利宁 译. 上海：上海科学教育出版社，1998.

[4] 李建会，张江. 数字创世纪：人工生命的新科学. 北京：科学出版社，2006.

[5] 米歇尔. 复杂. 唐璐 译. 长沙：湖南科学技术出版社，2011.

[6] 沃尔德罗普. 复杂: 诞生于混沌与秩序边缘的学科. 陈玲 译. 北京：三联书店，1997.

[7] Wolfram S. *A New Kind of Science*, Wolfram Media, 2002.

[8] Langton C G edited. Aritificial Life, SFI Studies in the Sciences of Complexity, Proc. Vol. VI. 1989. Redwood City, CA: Addison-Wesley. Reprinted in Boden (1996).

[9] Langton C, Taylor C, Farmer J D, Rasmussen S edited. *Artificial Life II*, SFI Studies in the Sciences of Complexity, Proc. Vol. X. Redwood City, CA: Addison-Wesley, 1991. Reprinted in Boden (1996).

[10] Life32 下载地址：http://psoup.math.wisc.edu/Life32.html.

第 12 章　从生物群体到机器人群体

谢广明

自然界中存在着各种各样的群居生物，如蚂蚁、候鸟以及海洋中的许多鱼类。这些社会性动物个体的行为相对简单，而当它们聚集后，却能够表现出神秘的群体智慧。生物学家观察记录了很多令人惊奇的群居生物现象[1]。

生物群体

我们生活中常见的蚂蚁，看起来非常不起眼，但是由成百上千只蚂蚁组成的蚁群却可以在从巢穴到食物之间的无数可能路径中发现一条最短的路径（见图 12-1），并且在环境发生变化后，例如当出现障碍物阻断了最优通路时，它们又能够很快自发找到新的最短路径。

再比如白蚁，它们也是成群地生活，并且具有惊人的建造能力。虽然单个白蚁缺乏智慧且无统一指挥，但白蚁群却能够建立起比自身高大许多倍的巢穴，容纳成千上万的白蚁。巢穴的结构也十分复杂，具有良好的保温和空气调节功能，堪称建筑学上的奇迹（见图 12-2）。

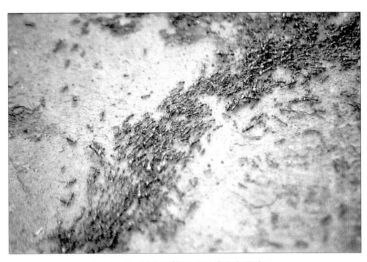

图 12-1　觅食的蚁群（图片来自网络）

图 12-2　位于澳大利亚的白蚁冢（图片来自美国国家地理网站）

　　更为人们所熟知的例子是大雁等候鸟在长途迁徙过程中，为了节省能量，能够保持特定的"一"字形或"人"字形队伍，并且可以自动调整队形以躲避危险或者超越障碍（见图 12-3）。

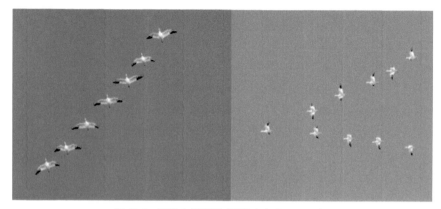

图 12-3　迁徙中的雪雁（图片来自 flickr.com）

　　海洋里群居生活的鱼类也有很多有意思的群体行为，它们可以组成各种复杂美丽的几何构型，以便充分利用水流产生的能量；当遇到鲨鱼等捕食者时，鱼群还能够形成剧烈的漩涡来恐吓对手，抵抗攻击（如图 12-4 所示）。

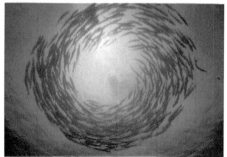

图 12-4　海洋中的鱼群（图片来自网络）

这些现象具有一个共同的特征，即一定数目的生物个体通过个体之间局部性的相互影响和作用以及对局部环境的响应，涌现出群体层面的协调有序的行为。这种行为通常被称为群集行为（swarming behavior）。与单个个体行为相比，这种群体上的有序行为具有很大的优势，能使每个个体获得更大的利益，而这些利益通常很难甚至无法通过单个个体的努力得到，例如逃避天敌、觅食生存等。对于这些社会性生物来说，每个个体的能力都非常弱小，难以单独存活，而它们聚集在一起后，却表现出强大的生存能力，使得整个物种得以延续发展。

智能群体

我们把自然界中这种通过群集行为的方式所表现出的能力叫作群体智能（Swarm Intelligence），并把具有群集行为的生物群体叫作智能群体（Smart Swarm）。一般来说，智能群体是指由大量低智能个体通过个体之间的局部相互作用使得群体表现出高智能性的动力学系统。智能群体具有两个显著特点：一是个体层面的智能性低，但群体层面上的智能性却很高；二是虽然每个个体都是自私的，但群体内部会广泛存在利他性的合作行为。群体表现出的智能不是个体智能的简单线性求和，而是经由个体之间大量的局部相互影响相互作用后的非线性叠加。

智能群体是一类典型的自组织系统。自组织系统的重要特征是群体本身能够进行自控自调，而不是由一个指挥者统一指挥或领导。群体首先通过个体之间的相互寻找、识别、协同运作达到一个稳定结构，然后随着环境的变化，以自身为参考系不断协同运作达到一个新的稳定结构。智能群体行为的另外一个特点是异步并行操作。群体中每个个体的决策与行动是各自独立的，独立进行各自的调节更新，没有先后顺序，也不需要同步进行。智能群体还具有很强的自我维持能力，不会因为某些个体的死亡或受损而使得整个群体混乱或崩溃。

下面我们来看看科学家们模仿生物群体所设计实现的智能群体的两个例子。

美国软件工程师克雷格·雷诺兹在 1987 年利用计算机程序模拟实现了自然界中鸟群有序的飞行。它让每只模拟鸟在每一时刻都遵循三条法则：避免与附近其他成员碰撞，即分离（separation）；保持与邻近的成员待在一起，即聚合（cohesion）；在速度上与周围的成员保持一致，即一致（alignment）。这种基于个体的简单算法，却能够在整体上展现出鸟群朝着一个方向有序飞翔的效果（如图 12-5 所示）。

图 12-5　雷诺兹模型的模拟效果[2]

2014 年，哈佛大学的研究人员设计了一个由 1024 个小型机器人组成的系统。这个大规模的机器人群体能够在没有人类帮助的情况下，自组织地形成复杂的二维形状（如图 12-6 所示）。这些被称为 Kilobot 的小机器人采用振动马达来滑行，通过红外线在桌面上的反光与其他 Kilbots 通信和感知距离。在这些不同寻常的巧妙设计基础上，研究人员设计了一个包含三种初等集体行为的自组织算法。这三种行为包括：机器人沿着群体的边缘移动，机器人能够产生梯度信息并发送给其他机器人，机器人通过通信和距离检测来定位。群体中的每个机器人都具有相同的算法程序，并且知道期望的二维形状。在机器人实体设计和算法设计的基础上，研究人员用大规模机器人群体实现了自然界中生物所具有的通过集体行为形成复杂结构的能力。

看到这里，细心的读者也许已经注意到了，上述两个例子的共同特点是，群体中的每个个体都尽力执行给定的行为规则，从而产生群体层面上的有序行为。我们知道，虽然智能群体中个体的智能性很低，但是它们都具有保护自身利益的理性，期望自身的利益能够最大化。这些自私个体的损己利他行为，我们称之为合作。不难想象，如果每个个体都只顾自己的利益，不愿与其他个体合作，不执行给定的行为规则，那么整个群体就会陷入混乱与崩溃，从而不会产生整体上的有序行为，整个群体的智能性也就失去了根基。因此，群体中时刻保持有合作性的相互作用是维系整个群体智能性的必要前提。正是由于这个原因，在前述的两个例子中，都假定了每个个体都是合作的，都会执行给定的行为规则。

那么，为什么群体中自私的个体会合作呢？

海星，1024个机器人示例

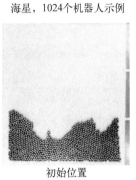
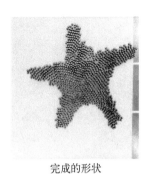

想要的形状　　　　　初始位置　　　　　完成的形状
（用时：11.66小时）
（加速×1440）

K形，1024个机器人示例

想要的形状　　　　　初始位置　　　　　完成的形状
（用时：11.71小时）
（加速×1500）

扳手，512个机器人示例

想要的形状　　　　　初始位置　　　　　完成的形状
（用时：5.95小时）
（加速×760）

图 12-6　大规模机器人群体自组织形成复杂二维形状[3]

自私与合作

个体的合作行为会给群体中其他成员带来好处，却会损害自己的利益。依据达尔文进化论原理，自然选择是基于竞争的，因此个体为了最大化自身的利益会选择背叛策略，这显然不能解释智能群体中始终保持的合作现象。演化博弈论（Evolutionary Game Theory）作为一个有力的工具，为研究这一难题提供了方便系统的框架，从无限种群到有限种群，从没有网络到有网络，从规则网格到复杂网络，从静态网络到动态网络与博弈共演化，研究范围相当宽泛，而且成果浩繁。

博弈论是依据其他参与者的效用情况来研究理性参与者策略之间相互作用的一门科学[4]。最经典的博弈模型是囚徒困境博弈[5]，它揭示了社会两难问题的实质是个体利益和集体利益的冲突。囚徒困境是 1950 年美国兰德公司提出的博弈论模型。如图 12-7 所示，两个共谋犯罪的人被关入监狱，不能互相沟通情况。两个人都有两种策略可以选择，一种是沉默（合作），一种是坦白揭发（背叛）。如果两个人都不揭发对方，则由于证据不确定，每个人都坐牢一年；若一人揭发，而另一人沉默，则揭发者因为立功而立即获释，沉默者因不合作而入狱二十年；若互相揭发，则因证据确实，二者都判刑五年。由于囚徒无法信任对方，因此倾向于互相揭发，而不是同守沉默。这个困境就在于虽然如果二者都选择合作，两人坐牢的总年数只有两年，为最小，但是往往因为担心对方坦白让自己承担巨大风险而自己也宁愿选择背叛，于是两人坐牢的总年数变为十年，双方的利益都受损。

其他博弈模型还有雪堆博弈、猎鹿博弈、最后通牒博弈、少数者博弈、石头剪刀布博弈以及公共品博弈等[6]。

演化博弈论是博弈论与生物进化论结合发展起来的产物[7]。演化博弈论是以种群为研究对象分析种群中个体策略的动态演化过程。种群的策略演化过程既有选择过程又有突变过程。个体在演化过程中与其他所有个体进行博弈交互从而获取收益，即适应度。在自然选择的作用下，适应度越高的个体，它的策略越容易被模仿或者遗传，并能够最终发展成为所谓的演化稳定策略。值得一提的是，这里演化稳定策略的定义是针对个体数量无限大的种群，诺瓦克等人[8]给出了在种群中个体数量有限的情况下相应的演化稳定策略定义，进一步发展了演化稳定策略的理论。

泰勒特·琼克（Taylort Jonker）[9]在考察生态演化现象时首次提出了演化博弈论的基本动态概念——复制动力学。在复制动力学中，假定种群中每种策略分布比例的变化率既正比于此策略的分布比例，又正比于采用此策略个体的平均适应度与所有个体的平均适应度之差。2006 年诺瓦克在前人研究成果的基础上，在 *Science* 上发表综述文章，总结提出了五种有利于合作演化的机制[10]：亲缘选择、直接互惠、间接互惠、网络互惠和群选择。此外还有其他一些机制，如奖赏和处罚[11]，基于个体表现型特征的合作[12]等也得到了人们的关注和研究。

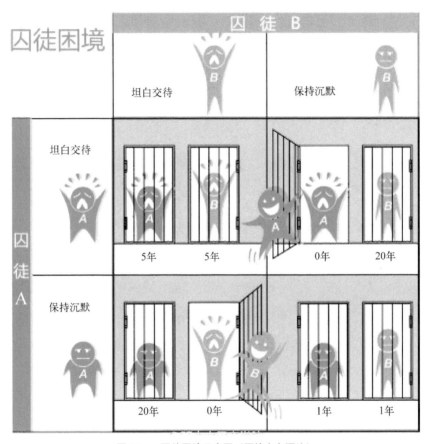

图 12-7　囚徒困境示意图（图片来自网络）

　　自诺瓦克[13]提出平面方格上的演化囚徒困境博弈（如图 12-8 所示）以来，网络上的演化博弈动力学受到了广泛的关注。作为一种有效的合作演化机制，网络理论为描述种群中个体之间的连接关系提供方便的框架。网络上的节点代表博弈个体，边代表个体与邻居之间的连接博弈关系。

图 12-8　平面网格上的合作演化仿真（图片来自文献[13]）

　　近年来，动态网络上的合作演化也得到了比较广泛的关注。个体通过与邻居的博弈交互可以获取一定的信息。这些信息的反馈不仅可以帮助个体进行策略调整，还可以帮助个体调整相应的连接博弈关系，从而更好地反映了真实系统的本质特征。在这种共演化规则下，一方面种群中个体的合作行为在动态地演化，另一方面种群中个体之间的连接博弈关系也在发生改变，两者互为反馈、相互作用，最终能够使合作行为涌现并使真实种群结构出现。

机器人群体

在对"为什么合作"这个问题进行探索之后，新的问题产生了：合作一定是对群体最有利的吗？如果个体并非完全合作，而是表现出一定程度的自私，会发生什么呢？

为了回答这个问题，我们以多机器人环形编队控制为例，给出一种研究智能群体理论与应用的探索尝试。

首先给出多机器人环形编队控制的具体描述。假设系统有 N 个机器人，它们初始分布在一个给定的圆环轨道上，并且只能在这个圆环上运动。它们对圆环的方向（顺时针方向）有共同的认知。每个机器人都是匿名的，因此机器人无法区分其他机器人。这里，为了表述方便，我们按照逆时针方向从 1 到 N 对其进行编号，如图 12-9 所示。

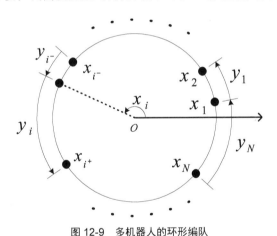

图 12-9　多机器人的环形编队

在我们所选取的固定的坐标系中，用 $x_i(t)$ 表示第 i 号机器人在 t 时刻的位置。每个机器人只能感受它前后两个机器人的相对位置信息，我们用 $N_i=\{i^-, i^+\}$ 表示第 i 号机器人的邻居集合。那么有

$$i^- = \begin{cases} i-1, & \text{当} i = 2, \cdots, N \text{时} \\ N, & \text{当} i = 1 \text{时} \end{cases}$$

$$i^+ = \begin{cases} i+1, & \text{当} i = 1, 2 \cdots, N-1 \text{时} \\ 1, & \text{当} i = N \text{时} \end{cases}$$

我们用 d_i 来定义第 i 号机器人和它的邻居 i^+ 之间的期望距离。于是，期望环形编队可以由向量 d 完全确定，$d = [d_1, d_2, \cdots, d_N]$。我们称满足 $d_i > 0$ 且 $d_1 + d_2 + \cdots + d_N = 2\pi$ 的期望环形编队是可容许的，只有可允许的队形才可以实际实现。

我们假设机器人的动力学模型为最简单的单积分器形式：

$$\dot{x}_i(t) = u_i(t)$$

其中，u_i 是控制输入函数，也就是我们需要设计的部分。用 y_i 来定义第 i 号机器人和它的邻居 i^+ 之间的实际距离。那么所谓环形编队控制问题就是仅利用邻居之间的实际距离和期望距离等信息，针对每一个机器人设计一个控制输入函数 u_i，让所有机器人最终达到期望的间距。

特别需要指出，根据假设，每个机器人都不可能知道所有机器人的信息，只能利用局部邻居信息，所以 u_i 只能是 y_i、y_{i^-}、d_i 和 d_{i^-} 的函数。我们从理论上严格证明，按照以下形式给出的控制输入函数可以解决环形编队控制问题。

$$u_i(t) = \frac{d_{i^-}}{d_i + d_{i^-}} y_i(t) - \frac{d_i}{d_i + d_{i^-}} y_{i^-}(t) \qquad i = 1, 2, \cdots, N$$

我们在前面提到，大雁能够保持特定的"一"字形或"人"字形队伍以节省群体的能量，鱼类可以组成复杂的几何构型以便利用水流产生的能量，这些都是生物群体中产生的群集行为能够节省群体能量的典型例子。受到这一现象的启发，我们尝试回归智能群体系统的本源，借助智能群体系统的研究起源——群体智能的特点，来解决多机器人编队控制系统的能耗优化问题。

我们知道，自组织＋自私个体是群体智能的重要特征。一方面，群体中的个体只是遵循简单的规则，就能够使群体中涌现出复杂且有效的群集行为，即自组织。另一方面，生物群体中的个体都具有自私的本性，都是期望自身利益最大化的理性个体，而合作行为却能够在自私个体间演化产生并最终在整个种群中涌现。

多机器人环形编队控制系统已经具有自组织的特点，系统中的每个机器人执行给定的基于局部信息的控制输入函数，从而使整个系统完成期望的环形编队，这就是群体智能中"自组织"的具体体现。但是，每个机器人并没有自私的属性。如果给每个机器人赋予自私的属性——为了节省自身能量，个体不希望移动过长的路程。基于此假设，自私的个体不再严格执行事先设定的控制函数，而是有所保留。此时会有什么情况发生呢？还能形成期望队形吗？整个系统的能耗能降低吗？

为了描述这个自私的属性，我们引入策略函数 s_i 的概念。s_i 定量地刻画了个体的自私属性：个体策略值越低则表示个体的自私程度越高（合作程度越低），而个体策略越高则表示个体的自私程度越低（合作程度越高），当个体策略为 1 时，表示该个体完全合作。相应地，系统中个体的平均策略可以看作系统的自私程度。此时，机器人的动力学方程变为

$$\dot{x}_i(t) = s_i(t)u_i(t)$$

当我们随机给每个 s_i 取[0, 1]之间的数值时，也就是每个机器人都有不同程度的自私属性时，我们通过大量仿真实验发现，在大多数情况下，编队最终仍然能够实现，而且所有机器人走过的平均路程和平均编队完成时间的乘积（系统总能耗的一种体现）却大大降低！

进一步地，我们以一次环形编队任务为一次博弈过程，定义机器人走过的路程总和的相反数为机器人的收益，即走过的路程越长，收益越低。为简化模型，我们限定每个机器人的策略是一个有限集合{0,0.1,0.2,…,0.9,1}。每执行一次编队任务，就是一次博弈。之后，每个机器人计算各自的收益，然后和两个邻居的收益相比较，选取收益较大的机器人作为学习的对象，以一定的概率调整自己的策略值向其靠近 0.1，这样构成一个完整的演化博弈模型。

基于上述提出的演化博弈模型，我们分别对 $N = 4; 5; 6; 9; 12; 15; 18; 19; 20$ 的情况，研究系统中刻画个体自私程度的策略的演化。对于每一个 N 的取值，我们都进行1000 次的独立数值仿真实验，并把种群演化到全部是某一策略值的次数比例作为衡量系统自私程度的指标。下面分别介绍两类实验及其结果。

随机初值实验结果

首先，假设每个机器人的策略是随机取值于集合{0,0.1,0.2,…,0.9,1}的，演化结果如图 12-10 所示。我们发现在不同的 N 的取值下，种群的策略总是以很大概率稳定到较小的策略值上，且概率的峰值总是出现在 0.3 或 0.4 处。具体而言，当 $N = 4; 5; 6; 9; 12$ 时，概率的峰值为 0.4 且向两边递减；当 $N = 15; 18; 19; 20$ 时，概率的峰值为 0.3，且分布更为集中。

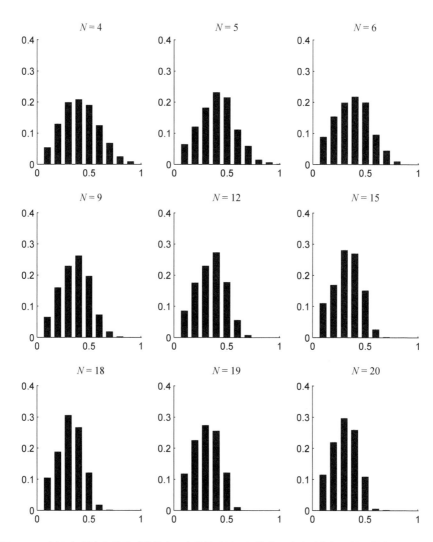

图 12-10　随机初值演化结果（横轴表示个体策略值，纵轴表示演化到全部是某一策略值的次数）

根据上面给出的数值结果，我们可以发现：

- ❑ 种群稳态时总是倾向于具有较低的合作水平，即较高的自私程度；
- ❑ 出现概率最大的种群自私程度并非最小的策略值 0.1，而是较小的策略值 0.3 或 0.4；
- ❑ 种群中个体的数目 N 对种群的自私程度有一定影响，随着个体数目的增加，种群的自私程度略有提高，且更为集中。

策略入侵实验

为了进一步分析自私策略在系统中的演化，我们分别研究自私程度较高的个体是否能够入侵自私程度较低的群体，以及自私程度较低的个体是否能够入侵自私程度较高的群体。对于前者，我们随机在系统中选取一个个体，赋予其较高的自私程度，若 $N = 4; 5; 6; 9; 12$（或 $N = 15; 18; 19; 20$），取其策略值为 0.4（或 0.3），其余个体具有较低的自私程度，取策略值 1。类似地，对于后者，我们随机在系统中选取一个个体，赋予其较低的自私程度，取其策略值为 1，其余个体具有较高的自私程度，若 $N = 4; 5; 6; 9; 12$（$N = 15; 18; 19; 20$），取策略值 0.4（0.3）。结果分别如图 12-11 和图 12-12 所示。

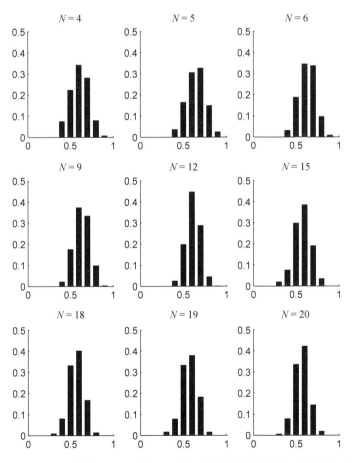

图 12-11 自私程度较低的种群中出现自私程度较高的个体的情况（横轴代表个体的策略值，纵轴代表种群演化到全部是某一策略值的次数比例）

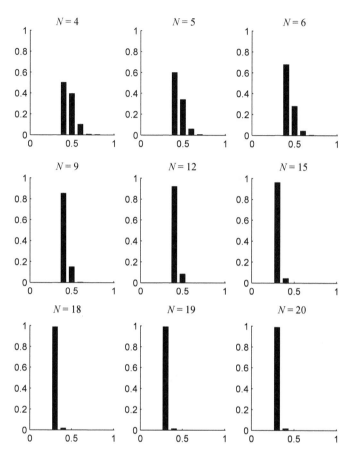

图 12-12　自私程度较高的种群中出现自私程度较低的个体的情况（横轴代表个体的策略值，纵轴代表种群演化到全部是某一策略值的次数比例）

　　从图 12-11 中可以清晰地看到，在不同的 N 的取值下，自私程度较低的种群中，一旦出现一个自私程度较高的个体，那么种群的自私程度也会以很大概率增加，且概率的峰值总是出现在 0.6 或 0.7 处。相应地，从图 12-12 中可以看到，自私程度较高的种群中，即使出现一个自私程度较低的个体，种群仍然以很大概率保持原有自私程度，且当个体数目超过 9 以后，这个概率在 90% 以上。根据上面给出的数值结果，我们可以发现：

　　❑　自私程度较低的种群，很容易被自私程度较高的个体入侵，从而导致种群的自私程度增加；

　　❑　而自私程度较高的种群，很难被自私程度较低的个体入侵；

❑ 当个体数目大于 9 时，自私程度较高的种群几乎总是能够维持原有的自私程度，从而导致入侵的自私程度较低的个体无法生存。

综合以上结论，我们可以发现，具有自私属性的多个体系统总是倾向于具有较低的合作水平，也即较高的自私程度。

更详细的研究结果，请参阅文献[14]。这个研究最有意思的一点是，通常人们一般的理解都认为自私是不好的属性，对团队合作是不利的因素。但是我们的研究结果却发现，对机器人系统引入自私的属性，反而让机器人群体工作起来品质更好了。

机器和动物的混合群体

我们已经知道，生物群体的群集行为引发了科学家对智能群体的研究，而机器人群体作为智能群体的一个实例，已经开始被探索和应用。那么，如果将机器和动物放在一个群体中，又会发生什么呢？

2007 年，*Science* 上发表了一篇有意思的论文[15]，其研究结果受到广泛关注。研究人员把一种蟑螂机器人混入真蟑螂群体中。蟑螂机器人外形上不像蟑螂，外表敷了与真蟑螂身体表面的化学组成成分类似的涂层，让真蟑螂确信这是自己的同类。蟑螂成群活动，喜欢黑暗。它们的行为受两个因素的影响：伙伴的行为和环境的因素。当面对明暗不同的两个藏身地点时，被科学家们控制的几个蟑螂机器人选择了亮一些的去处。尽管行为稍显异常，但机器人却成功地影响了整个蟑螂群，大家也跟着前往（如图 12-13 所示）。实验结果表明，通过程序控制的蟑螂机器人能明显影响整个蟑螂群体的行为。

图 12-13　机器蟑螂影响了真正蟑螂的选择

2008 年，研究者用细线拉动鱼形玩偶在水中移动，模拟鱼的游动，也对鱼群的走向产生了影响[16]。2010 年，一些生物学家指出可以用机器鱼来分析鱼群的群体行为[17]。

这些有趣的研究表明，混入仿生机器人的生物群体，同样能够产生群体行为，并且仿生机器人能够明显影响整个生物群体的行为。

为了进一步验证这一结论，我们将自主开发的仿生机器鱼放入了北京大学未名湖中，结果湖中的鱼儿被机器鱼所吸引，成群结队地跟在机器鱼身后游弋（如图 12-14 所示）。虽然在意料之中，但这一现象还是足够令人惊奇。我们初步看到了机器鱼对真鱼产生了影响，这说明机器鱼在某种程度上受到了真鱼的认可，在个体仿生的层面上，我们取得了一定的成功。我们希望进一步在群体仿生的层面上也可以取得成功。

图 12-14　未名湖里的机器鱼（黑色）带动了真正的鱼群（红色）（另见彩插）

本章介绍了人工智能的一个重要方向——智能群体的理论与应用的研究内容和发展。目前这个方向的研究还非常初步，特别是缺乏多学科的交叉研究，我们通过一个简单的机器人编队控制的问题可以发现智能群体理论的巨大价值。这类研究的本质是"师法自然"。大自然是我们的好老师，即使是看起来不起眼的小蚂蚁，也值得我们敬重和学习。

参考文献

[1] Miller P. Swart smarm, HarperCollins Publisher, 2010.

[2] Reynolds C. Flocks, birds, and schools: a distributed behavioral model, Computer Graphics, 1987, 21: 25–34.

[3] Rubenstein M, Cornejo A, Nagpal R. Programmable self-assembly in a thousand-robot swarm. Science, 345(6198):795-799, 2014.

[4] J. von Neumann, Morgenstern O. Theory of games and economic behavior. Princeton University Press, Princeton, 1944.

[5] Doebeli M, Hauert C. Models of cooperation based on the prisoner's dilemma and the snowdrift game. Ecol. Lett., 8:748-766, 2005.

[6] Szabo G, Fath G. Evolutionary games on graphs. Phys. Rep., 446:97-216, 2007.

[7] Smith J M, Price G R. The logic of animal conflict. Nature, 246:15-18, 1973.

[8] Nowak M A, Sasaki A, Taylor C, et al. Emergence of cooperation and evolutionary stability in nite populations. Nature, 428:646-650, 2004.

[9] Taylor P D, Jonker L B. Evolutionary stable strategies and game dynamics. Math. Biosci., 40:145-156, 1978.

[10] Nowak M A. Five rules for the evolution of cooperation. Science, 314:1560-1563, 2006.

[11] Rand D G, Dreber A, Ellingsen T, et al. Positive interactions promote public cooperation. Science, 325:1272-1275, 2009.

[12] Riolo R L, Cohen M D, Axelrod R. Evolution of cooperation without reciprocity. Nature, 414:441-443, 2001.

[13] Nowak M A , May R M. Evolutionary games and spatial chaos. Nature, 359:826-829, 1992.

[14] 王晨. 多智能体系统的环形编队控制. 北京大学博士学位论文，2013.

[15] Halloy J，Sempo G, et al. Social Integration of Robots into Groups of Cockroaches to Control Self-Organized Choices, Science，318(5853), p 1155–1158.

[16] Ward A, Sumpter D, Couzin I, et al. Quorum decision-making facilitates information transfer in fish shoals, PNAS, 105(19), p6948-6953, 2008.

[17] Faria J, Dyer J, Clement R, et al. A novel method for investigating the collective behaviour of fish: introducing 'Robofish', Behav. Ecol. Sociobiol., 64, p1211-1218, 2010.

作者简介

谢广明，北京大学工学院教授、博士生导师。先后主持包括重点项目在内的多项国家自然科学基金项目，发表 SCI 论文百余篇。先后获得国家自然科学奖二等奖、教育部自然科学奖一等奖等多项奖励。研究兴趣包括复杂系统动力学与控制、智能仿生机器人与多机器人协作等。

第13章　瓦克星计划：创造一个三体世界

苑明理

　　想象力比知识更重要。因为知识是有限的，而想象力概括着世界的一切，
推动着进步，并且是知识进化的源泉。

——阿尔伯特·爱因斯坦

　　蓝色的家园不只一个，甚至宇宙也不只一个。窗外的大千世界，映射入我们计算
的水晶球里，于是我们便看到了另一个宇宙里的蓝色星球——瓦克星。

　　瓦克星比地球稍大（见图13-1），半径有8388余公里，和地球一样，上面有高耸
入云的山峰和波涛汹涌的海洋。然而瓦克星和地球也有非常大的差异，它位于一个双
星系统里，围绕着它的两颗母星旋转。

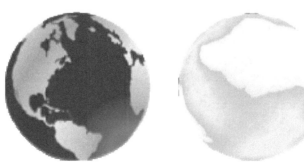

图 13-1　地球和瓦克星的大小对比

　　当飞船飞临瓦克星的上空时，我们看到舷窗外的星球并非一个完美的月牙形或者

半圆，而是半圆斜挂出一角（见图 13-2），这提醒着我们来到了一个不同的世界。

瓦克星，我们来了！

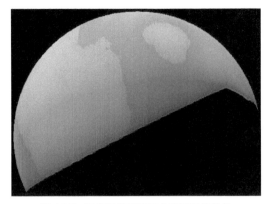

图 13-2　飞船飞临瓦克星上空看到的景象

计划的缘起

小说《三体》是作家刘慈欣的科幻作品，故事发生在离地球最近的半人马座的三体星系中。有一天我在图书馆翻看《三体》的介绍时，心头突然萌生了一个问题：三体的世界非常不稳定，对于宇宙里非常普遍的双星系统，其中的行星世界会是怎样的呢？

被这个问题强烈地吸引着，我做了一系列的计算机模拟，逐渐对这样一个世界有了一定的认识。于是产生了一个更大胆的想法：建立一个开源项目，通过模拟一个有两个太阳的行星世界，以及行星上面的海洋、山川、光、热、风、雨甚至生命，来促进物理、数学和计算机知识的教育。

于是我们启动了瓦克星计划[1]项目，并建立了专门的网站[2]。虽然，到目前为止，这个项目在进展中遇到了很多困难，但也初步取得了一些小的成果。下面我们将对探索过程中遇到的问题、思考和结果进行详细介绍。

建构世界的路径

模拟一个新世界这件事情听起来很酷，但要怎么入手呢？我们设想了一条由简易到复杂的路径。

    ❑ 恒星系建模：目标是建立一个稳定而宜居的行星轨道。

    ❑ 行星建模：涉及行星表面物理机制的建模，比如地表特征、大气环流、洋流、天气现象、潮汐等。

    ❑ 生物圈建模：行星建模会设定好行星上不同地点的水、光、热等条件，这样才能给生物建模提供条件。

在计划执行过程中，最大的困难在于征集合适的志愿者。这些志愿者要有足够的科学背景，能够熟练地掌握计算工具，同时还要有足够的业余时间和兴趣。目前计划进展到了行星建模阶段，正在尝试解决天气的模拟。

恒星系的建模

恒星系建模的目标是为行星建构出一个稳定的宜居轨道，主要围绕"稳定"和"宜居"两个子问题展开。

动力学基础

下面我们先从星体的动力学方程开始讨论。我们指定两颗恒星的下标分别是 1 和 2，行星的下标为 3，于是三个星体的质量分别是 m_1、m_2、m_3，位置分别是矢量 x_1、x_2、x_3。因为行星质量 m_3 远小于两个恒星的质量，所以可建立如下限定性三体问题[3]的运动方程：

$$\begin{cases} \ddot{x}_1 = Gm_2 r_{12}^{-2} e_{12} \\ \ddot{x}_2 = Gm_1 r_{12}^{-2} e_{13} \\ \ddot{x}_3 = Gm_1 r_{31}^{-2} e_{31} + Gm_2 r_{32}^{-2} e_{32} \end{cases}$$

其中 r_{ij} 为星体 i 和 j 之间的距离，e_{ij} 为星体 i 和 j 之间的单位方向矢量。

稳定轨道的解算

三体系统在很多情况下是不稳定的，常常会有一颗星体被抛射到无穷远处。图 13-3 便是三体体系的一个著名例子——毕达哥拉斯三体问题[4]的轨道演化图。两颗质量较大的星体相互围绕旋转下行，而质量最小的第三颗星体则被甩出，沿着双曲线上行。

图 13-3 毕达哥拉斯三体问题（图片来自 Greg Laughlin[5]）

　　运动方程建立之后，便可以对这个二阶常微分方程进行数值求解。理论上讲，我们忽略了行星的质量会让系统的稳定性提高很多的问题。我们用最常用的数值求解方法——龙格–库塔法[6]求解了该问题，但发现由于误差的积累效应，整个体系不保持能量守恒。于是，大多数情况下，三星体体系不稳定，行星会很快被抛出双星系。

　　这种不符合能量守恒的计算解中的能量变化，被称为能量漂移[7]（energy drift）。为了消除能量漂移，人们引入了辛方法[8]来计算此类问题。辛方法会保持系统的能量守恒。我们在这里采用了一种二阶的辛方法 Verlet 积分[9]。采用 Verlet 积分方法之后，就很容易计算出一条稳定的轨道了。

天球系统

为了更好地陈述后面几节，我们以地球的天球系统为基础展开讨论。

天球[10]是一个假想的以行星地心为球心的几何球面，行星自转导致恒星（母星和背景星空）在天球上有以天为单位的周日运动，行星公转导致恒星在天球上有以年为单位的周年运动。地球天球示意图见图 13-4。

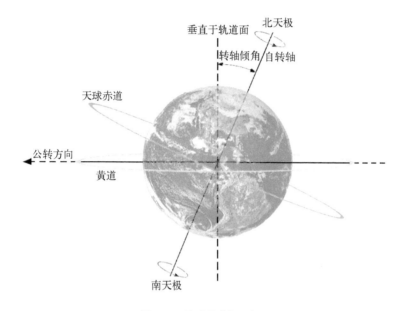

图 13-4　地球天球的示意图

地球上天球的主要几何元素包括以下几种。

- ❑ 南、北天极：它们的指向长时间稳定。
- ❑ 赤道面：以极轴为法线的大圆面。
- ❑ 黄道面：本系统恒星周年运动所在的平面。
- ❑ 黄赤交角：数值上等同于行星的自转轨道倾角。

同样地，在瓦克星上也会有以上几何元素。不一样的地方在于，黄道上有两颗母星沿着它运动。和地球类似，恒星的周日运动依然存在，但周年运动则大相径庭。鉴于两颗母星的周年运动轨迹比较复杂，这里仅作简单介绍，不作过多讨论，感兴趣的读者可参考相关研究。

昼夜现象

昼夜现象是由三颗星体和行星的旋转轴之间的相对几何关系确定的。容易想到在行星的球体表面上，每一个母星都对应一个昼夜变更的大圆 C_1 和 C_2，它们对应圆面 D_1 和 D_2 的法线方向分别是 e_{31} 和 e_{32}。容易看出 $D_1 \cap D_2$ 是黄道面 S 的法线。

与昼夜现象的时间周期相比，我们可以不考虑岁差现象[11]。如同地球上的北极指向长期保持在北极星附近，瓦克星的旋转轴 p 也是长期相对稳定的。赤道面 E 的法线就是旋转轴 p。

将以上关系进行编程，很容易就可以模拟出瓦克星上的昼夜现象。那么瓦克星上的昼夜现象有什么特别之处吗？通过模拟我们发现，一年中会有短暂的几天，瓦克星的南北两极同时处于极昼之中（见图 13-5）。这和地球大相径庭，地球上南极处于极昼时，北极则处于极夜，反之亦然。

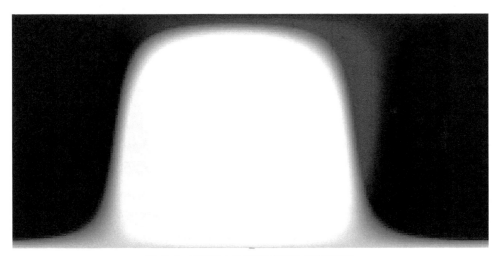

图 13-5　瓦克星上的昼夜变更线和双极昼现象

四方概念的重新考察

从苏州地区夜间卫星地图（见图 13-6）中的灯光可以看出，苏州的街道格局大体是沿着东、西、南、北四个方向展开的，因为在温带地区房层南北布局可以充分获得阳光。

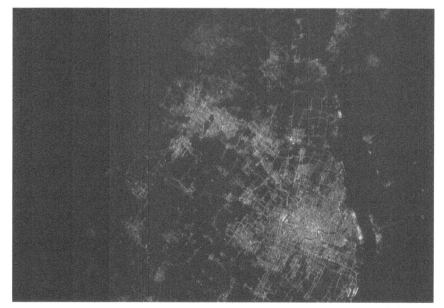

图 13-6 苏州上空的卫星夜视照片（图片来自 NASA）

地球上对正南、正北的定义是地轴的指向，由于地球沿相对稳定的地轴旋转，因此有以下几种不同的现象和相应的测量南北的方法。

- ❑ 太阳在天球上视运动的最高点和最低点在南北方向上，因此可以通过正午测量立杆最短影子长度的方法确定正南或者正北。
- ❑ 夜间星辰围绕天极旋转做圆周运动，因此可以通过寻找星辰运动的圆心来确定天极，并由此导出南北方位。
- ❑ 地磁现象也与绕地轴的旋转运动有关，因此可以通过测定磁极的方向粗略确定南北方向。

以上现象和测量方法在瓦克星上同样适用，只是对于第一点会有两次正午，即恒星穿过子午圈的时刻。换句话说，瓦克星上南北的概念和地球上并无差异。

那么，瓦克星上的房层也要坐南朝北或者坐北朝南吗？把这个问题再精确化一点，可以这样提出：假设在瓦克星北半球中高纬度地区，长时间平均而言，房屋的向阳面朝向哪个方向，才可以获得最大的采光量？

通过数值模拟，我们发现瓦克星和地球是一样的，向阳面朝向南方的时候，房屋可以获得最大的采光量。

周年运动的问题

正东、正西方位可以从正南、正北方位推导出来。但在地球上与此有关的概念还包括分至四时[12]——春分、夏至、秋分、冬至。在地球的文化里，这四个时间点往往有重要的天文与文化含义。

在春秋分点，全球昼夜平分，太阳从正东升起、正西落下，太阳直射赤道；在夏至点，北半球白昼时间最长，太阳升起和落下点的位置最偏北，正午立杆的影子最短，太阳直射北回归线；冬至点则与夏至相反。

那么瓦克星上会怎么样呢？容易理解的一点是，大多数周期性将不再简单保持了。但要想更加透彻地理解这一问题，我们需要完整建立瓦克星的天球系统。天球系统以背景星空为基准，然后确定各个星体在天球上的运动方式。当特定的几何关系出现时，就发生一定的天文事件。下面我们简单罗列一些容易观察到的事件。

- ❑ 母星沿着黄道运动到黄赤交点，此时母星直射赤道、正东正西起落，昼夜平分。
- ❑ 某个母星对应白昼时间最长的正午时间点，此时这个母星直射某条回归线，正午立杆的影子全年最短。
- ❑ 两个母星的视夹角为 0 的点，此时发生食变。
- ❑ 两个母星的视夹角最大。

所以这里有一个重要的理论问题要考虑，那就是确定星体间这些几何关系发生的先后关系和周期。

可能的历法

历法[13]是一种文化的计时方法，它也有服务于农业生产的目的，因此有天文历和农业历的分别，前者依据天文现象的周期性来计时，后者依据气候现象的周期性来指导农业生产。

太阳的周年运动决定了地球的光热条件，进而决定了气候现象的变化，因此，对于地球的许多文化，天文历和农业历是吻合的。那么瓦克星上会有什么不同呢？

基于我们的数值模拟，下面先考察一些现象的周期性。

- ❑ 恒星的周日视运动保持相对稳定的周期，因此天的概念会得到保持。
- ❑ 相对于背景星空，和行星公转相联系的周期是类周期的，因此年的概念需要修正。

- ❑ 行星上最显著的天文事件是两颗母星的食变，但该类事件是类周期的。
- ❑ 行星接收到的来自两颗母星的能量有显著的年际变化，但存在一个以几年为跨度的类周期性。

因此，我们可以推测瓦克星的历法有如下几种类型。

- ❑ 星历：以背景星空为基准。
- ❑ 食历：以两颗母星的食变为基准。
- ❑ 农历：以气候周期为基准。

这三种历法的基准都是类周期的，且周期各不相同，因此维护瓦克星的历法系统需要随时保持对各种星体的观测。在三种历法中，食历和农历的确立基准比较易于观测，因此容易被原始一些的文化建立；而星历的建立则复杂得多，我们在下一节略加详述。

质心点、子时和星历

和背景星空相联系的是两颗母星之间的质心点，两颗母星围绕质心点做椭圆运动。母星在背景星空的顺行、逆行和拐点都同质心点的位置有关系。

质心点出现在两个母星之间，因此在白天可见；它在天球的对径点则是夜间可见。而夜间方便的观测条件，或许会让对径点起到非常重要的作用。如果存在一种几何测量方法能够顺利测量出质心点和它的对径点，我们可以用质心对径点过天球子午圈的时刻作为子时——日周期运动的起始时刻。进一步，可以用在子时某颗亮星初现于地平圈或者过子午圈的方式来确定周年运动的起点。

或许读者会对这段讨论很不解，但能够精确测定时间和位置是更加发达的文明确立的基础。人类是在第谷[13]的观测、开普勒[14]定律和牛顿[15]万有引力的发现之后，才奠定了现代文明的基石。由于类周期的不确定性，用食历和农历是无法建立宇宙间物体精确的几何关系的；只有使用星历，虽然也是类周期的，但测定出来的时间和空间关系可以用来发现整个宇宙的秘密。

粗略计算宜居条件

我们以液态水的稳定存在作为行星的宜居条件，可以做如下最为粗略的估计。假设母星为黑体[16]，且表面温度分别为 T_1 和 T_2，母星的半径分别为 R_1 和 R_2，瓦克星的

行星反照率为 α，半径为 R_3，视瓦克星为黑体且表面温度为 T_3，可以建立如下方程：

$$\left(1-\alpha\right)\left(\frac{4\pi R_1^2 \sigma T_1^4}{4\pi r_{13}^2}+\frac{4\pi R_2^2 \sigma T_2^4}{4\pi r_{23}^2}\right)\pi R_3^2 = 4\pi R_3^2 \sigma T_3^4$$

化简即得：

$$T_3 = \left[\frac{1}{4}\left(1-\alpha\right)\left(\frac{R_1^2}{r_{13}^2}T_1^4+\frac{R_2^2}{r_{23}^2}T_2^4\right)\right]^{1/4}$$

对地球而言，α 的取值在 0.3 附近。考虑到大气层的温室效应[17]，我们只要令 T_3 保持在 0℃附近即可。

虽然宜居条件的估计涉及行星表面的物理机制，但最终化简的公式里只保留了一些纯几何量的简单对比。所以，我们仍然把宜居问题的粗略估计纳入到恒星系建模的范围里。

恒星系建模结果

我们最终选定如下一组参数作为进一步模拟的基础。

母星一

质量：1.29 倍太阳质量
光度：2.7 倍太阳光度

母星二

质量：1.1 倍太阳质量
光度：1.5 倍太阳光度

瓦克星

半径：8388 公里
自转周期：23 小时
自转轴倾角：20°
表面重力加速度：10 米/平方秒

行星的建模

行星建模是涉及行星表面物理机制的建模过程。我们完成了地表特征的生成、温室效应的估计和对大气现象的初步模拟。

建构地表特征

菱形方块算法[18]是常用的地表特征生成算法，它的常见形式是在一个方形区域上展开的。我们对它稍加变形，让它适应球面上地表特征生成的特殊需求。

如图 13-7 所示，标准的菱形方块算法会反复执行如下两大步骤。

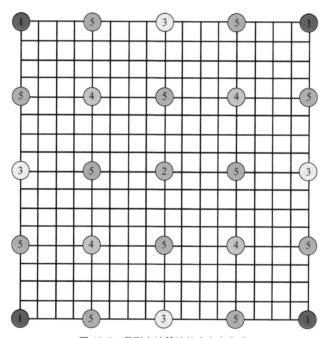

图 13-7　菱形方块算法的中心点生成

- ❑ 方块步骤。取方块四角点的平均值作为中心点的基础值，再在基础值上叠加一个反映粗糙度的随机值，该随机值与方块边长和粗糙度正相关。
- ❑ 菱形步骤。取菱形四角点的平均值作为中心点的基础值，再在基础值上叠加一个反映粗糙度的随机值，该随机值与菱形边长和粗糙度正相关。

两个步骤交错执行，会逐渐把方形区域密分填满。

我们在球面经纬网格基础上改造钻石方块算法，主要有以下四个要点。

- □ 最左经线和最右经线要粘合在一起，其上的对应格点取相同值。
- □ 最上的纬线是北极点，要粘合成一个点，该纬线上的格点取相同值。
- □ 最下的纬线是南极点，要粘合成一个点，该纬线上的格点取相同值。
- □ 不同纬线上格点的间隔长度不等，与纬度的余弦成正比。

在算法中基础值会叠加一个随机的粗糙量，但在实际模拟中我们寻求的是一个固定的地表特征，怎么解决这个问题呢？其实，只要采用确定性的伪随机数生成器[19]，同时赋予生成器相同的种子（seed），就可以顺利解决问题。

图 13-8 就是我们生成出来的一幅瓦克星全球地形图。可以看到有两个大陆和两个大的岛屿。大陆上有山地、高原、平原等地形区别。当把地图按照相应的经纬度投影（麦卡托投影法[20]）到球面之上，我们便得到了瓦克星全球的俯视图（见图 13-1），加上恒星照射产生的白昼和黑夜便得到了图 13-2 中的景象。

图 13-8　瓦克星全球地形图（麦卡托投影法）

温室效应的估计

本节我们用一个简化模型来估计瓦克星的温室效应。一方面，我们不考虑地气系统的纬向差异，认为系统参量只是纬度的函数。另一方面，我们假设瓦克星类似于地球，有相同的地气系统辐射平衡模式[21]（如图 13-9 所示）。

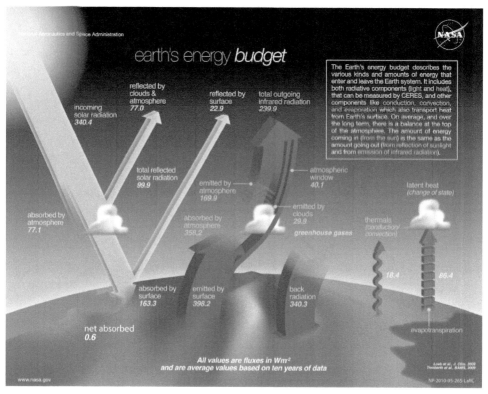

图 13-9　地球地气系统能量收支平衡示意图（图片来自 NASA）

我们设定 T_s 和 T_a 代表地表温度和大气温度，它们都是纬度 φ 和时间 t 的函数。$\overline{T_a}$ 代表全球的平均大气温度。L_1 和 L_2 分别代表母星一和母星二的入射短波辐射带来的能量。我们考虑下垫面[22]的物态变化（如是否结冰），它会影响反照率 r 和比热容 c。

依据能量转移过程的不同，我们做如下讨论。

- ❏ 短波辐射的大气吸收：$\alpha_1(L_1 + L_2)$
- ❏ 短波辐射的地面吸收：$\alpha_2(L_1 + L_2)$
- ❏ 地面的长波辐射的发出：σT_s^4
- ❏ 大气长波辐射的发出：σT_a^4
- ❏ 长波辐射的大气吸收：$\alpha_3 \sigma T_s^4$
- ❏ 长波辐射的地面吸收：$\alpha_4 \sigma T_a^4$
- ❏ 地面和大气之间的热交换（热力泡和蒸发）：$\beta(T_s - T_a)$

不同纬度带之间的温度差异会带来大气热交换，一般而言，同一纬度带会有能量流入和流出，其净差我们可以设为：$K(T_a - \overline{T_a})$。

上述公式中的参量可以通过和地球一样的假定值来获得。联立前面诸公式有

$$
\begin{cases}
\dfrac{\mathrm{d}T_s}{\mathrm{d}t} = \dfrac{1}{c_s}\left[\alpha_2\left(L_1 + L_2\right) + \alpha_4\sigma T_a^4 - \sigma T_s^4 - \beta\left(T_s - T_a\right)\right] \\[3mm]
\dfrac{\mathrm{d}T_a}{\mathrm{d}t} = \dfrac{1}{c_a}\left[\alpha_1\left(L_1 + L_2\right) + \alpha_3\sigma T_s^4 + \beta\left(T_s - T_a\right) - \sigma T_a^4 + K\left(T_a - \overline{T_a}\right)\right]
\end{cases}
$$

我们可以根据本式展开模拟。

初步模拟大气现象

将基本的物理定律应用于大气的运动，我们可以得到大气运动基本方程[23]：

$$
\begin{cases}
\dfrac{\mathrm{d}V}{\mathrm{d}t} = g - \dfrac{1}{p}\nabla p - 2\Omega \times V + F \\[3mm]
\dfrac{\mathrm{d}p}{\mathrm{d}t} + p\nabla \cdot V = 0 \\[3mm]
p = pRT \\[3mm]
C_p \dfrac{\mathrm{d}T}{\mathrm{d}t} - \dfrac{1}{p}\dfrac{\mathrm{d}p}{\mathrm{d}t} = 0 \\[3mm]
\dfrac{\mathrm{d}q}{\mathrm{d}t} = S
\end{cases}
$$

理论上，只要对上述基本运动方程差分化，我们可以直接应用最简单的欧拉法[24]来解算这个偏微分方程。我们在经纬网格上展开了计算，在这个过程中遇到了一系列出乎意料但有意思的问题，这里我们仅举一个例子——极点问题。

在经纬网格里，极点被展成了 90° 纬线圈，从球面的一个内点转而变成了特殊的边界线。在解算偏微分方程时，我们需要引入什么样的边界条件才能表达极点的特殊性呢？

容易看到，对于极点上的标量 S，标量从一个点值变成了经度 λ 的函数：

$$
s(\lambda) \equiv s
$$

对于极点上的一个长度为 ℓ、沿着经度 λ_0 指向极点的向量 $\bar{x}$，该向量也应该变成

经度 λ 的向量函数 $x(\lambda)$，但该函数在经纬网格里应该取什么形式呢？假设向量 $\bar{x}$ 属于球面上的一个连续向量场 X。对于极点附近的一个充分小的纬度圈 C，可以认为向量场 X 在整个小纬度圈上保持向量 $\bar{x}$ 不变，转换到经纬网格里有：

$$
\begin{cases}
x_i = \ell \cos(j - \lambda_0) \\
x_j = \ell \sin(j - \lambda_0)
\end{cases}
$$

可以看到径线和纬线方向的分量值都和 C 的大小无关，因此可以认为极点的情况是 C 的一种极限，可以采取和上式相同的形式。

我们的这个模拟在处理地面和大气的长波辐射方面还有一些缺陷，导致长期计算时系统发散，这些缺陷会在未来的计划里改进。这里只展示其中一部分模拟结果，如图 13-10 和图 13-11 所示。

图 13-10　模拟开始时刻 0 度经圈气温沿着高度的分布状况（另见彩插）

图 13-11　模拟一段时间之后 0 度经圈气温沿着高度的分布状况（另见彩插）

以上两幅图展示了模拟开始和进行一段时间之后气温沿着高度的分布状况。气温高的颜色是红色，气温低的颜色是蓝色。对比两图可以发现，模拟开始时，地面长波辐射被近地大气层吸收，所以近地的气温高，而高空是冷的；然而系统演化一段时间之后，大气温度随着高度上升，首先是出现逆变，高空中出现冷气层，渡过冷气层继续上升后，温度才开始上升。这恰巧和地球上的实际情况吻合，冷气层以下是对流层[25]，冷气层以上是平流层[26]。

未来的计划

经纬网格并不适于计算全球的大气运动，更好的做法是基于球面谱模式来计算大气状态。某种状态下的大气将按照一定概率发生某种气象事件，当我们给定了这种对应关系，就可以由此模拟瓦克星全球的天气了。同时有了全球的风场，也可以计算洋流以及洋流对大气的反作用了。

降水带来了地面径流，于是有了地表的河流、湖泊，进而还包括了流水带来的侵蚀、风化现象。这些现象的模拟需要极大的存储量和计算量。

生物圈建模

生物圈建模是我们目前还没有展开的工作，本节主要介绍我们初步的考虑。生物圈建模的目标是创建一个自我演化的瓦克星生物世界。这里的生物有一定的形态，能够自我维持和繁衍，同时处于一个生态网链结构之中。生物圈建模提供一个瓦克星生物的基础，用户可以设计出新的生物物种，并且操纵生物个体的行为。这样瓦克星世界就可以变成一个高级的生态学电子游戏。

物种编码与环境参数

与地球生物利用遗传物质编码了生命的各种信息一样，瓦克星上的生物也有自己的编码方式。具有相同编码类型的生物个体的集合构成一个物种，它们有相同的原型，但有略微不同的各种具体参数。

在初步描述瓦克星生物编码之前，我们先回顾地球生物的异速生长现象[27]。异速生长律是实际测到的一类幂律关系，它把生物体的尺度同其生理、生态特征联系起来。而这个观测到的幂律，往往不同于将生命体几何结构同构扩张后得到的理论幂律，因此称为异速生长。具体可以参见本书第 9 章中的相关讨论。

文献中经常提到的异速生长现象包括：

- 体重和摄食率正相关，幂律为 0.7；
- 体重和基础代谢率水平正相关，幂律为 0.75，称为克莱伯定律[28]；
- 体重与内禀增长率负相关，幂律大约在 –0.27 左右。

我们其实可以把异速生长律理解为一种高效的编码方式，仅仅尺度一个参数就决定了生理学和生态学的很多特征。所以，作为一个初步的提议，我们可以考虑瓦克星的物种编码了以下信息。

- 形态学信息：对植物来说，可以包括 L 系统的生长规则；对动物来说，可以包括特征尺度、骨架结构、体重等；
- 行为学的信息：如最大奔跑速度；
- 生态学信息：内禀增长率、食谱组成等。

刻画一个物种的生存状态，我们需要有物种丰度的地理分布和物种种群的年龄结构。

L–系统与植物形态

L–系统是一种重写系统[29]。如果配合适当的图形解释，L–系统可以用来刻画植物的形态。下面我们以一个例子来说明。

重写规则：

X → F-[[X]+X]+F[+FX]-X
F → FF

初始符号： X

图形解释：

F：前进一步
+ 号：左转 25°
– 号：右转 25°

这个 L–系统生成的图形如图 13-12 所示。

图 13-12　L–系统示例（图片来自维基百科）

游戏与生态模拟

首先让我们从著名的描述猎物和捕食者种群关系的 Lotka-Volterra 方程[30]开始讨论。我们有 x、y 分别代表猎物和捕食者的数量，而 α、β、γ、δ 是和两个物种繁衍与捕食有关的参量。

$$\begin{cases} \dfrac{\mathrm{d}x}{\mathrm{d}t} = x(\alpha - \beta y) \\ \dfrac{\mathrm{d}y}{\mathrm{d}t} = -y(\gamma - \delta x) \end{cases}$$

假设瓦克星的生物圈里有很多生物之后，针对其中一对猎物和捕食者种群，应该怎么确定 Lotka-Volterra 方程中的参量呢？

我们已经知道，和繁衍过程有关的内禀增长率可以从异速生长率导出，但和捕食有关的参量取决于多种因素，如最快奔跑速度、转弯速度、捕食策略等。我们应该如何给这些参量赋值呢？

一个解决方法是通过游戏。在游戏里的捕食过程，用户操作捕食者抓捕猎物，尽量发挥捕食者的各种优势。通过对游戏场景的统计，我们可以计算出上述方程的参量，进而指导生态系统的演化。

宇宙里的自省意识

根据截止到 2014 年 6 月的统计数据，2009 年 3 月份升空的开普勒卫星已经帮助人们确认发现了近千颗系外行星，这些发现让人们确认了行星在宇宙中的普遍性。我们有理由进一步相信，宇宙如此广袤，地球上智慧生命的存在应该不是一件孤立而特别的事情。

然而，对于生命在宇宙中普遍存在一事，我们的文化似乎还没有做好充分的准备。从某种程度上讲，瓦克星计划试图通过差异与不同，使我们人类保持一种在宇宙里自我反省的意识。

版权声明

文中关于毕达哥拉斯三体问题的图片来自于 Greg Laughlin 教授，他已经全权授权我们使用，特此鸣谢。

参考链接

[1] 瓦克星计划开发站点：https://github.com/Wahlque.
[2] 瓦克星计划主站：http://wahlque.org.
[3] 三体问题：https://en.wikipedia.org/wiki/Three-body_problem.
[4] 毕达哥拉斯三体问题：http://oklo.org/2012/10/10/the-pythagorean-problem/.
[5] 龙格–库塔方法：https://en.wikipedia.org/wiki/Runge-Kutta_methods.
[6] 图片来源：http://oklo.org/2012/10/10/the-pythagorean-problem/.
[7] 能量漂移：https://en.wikipedia.org/wiki/Energy_drift.
[8] 辛方法：https://en.wikipedia.org/wiki/Symplectic_integrator.
[9] Verlet 积分：https://en.wikipedia.org/wiki/Verlet_integration.
[10] 天球：https://en.wikipedia.org/wiki/Celestial_spheres.
[11] 岁差现象：https://en.wikipedia.org/wiki/Axial_precession.

[12] 分至四时：https://en.wikipedia.org/wiki/Equinox，https://en.wikipedia.org/wiki/Solstice.

[13] 第谷：https://en.wikipedia.org/wiki/Tycho_Brahe.

[14] 开普勒：https://en.wikipedia.org/wiki/Kepler.

[15] 牛顿：https://en.wikipedia.org/wiki/Newton.

[16] 黑体：https://en.wikipedia.org/wiki/Black_body.

[17] 温室效应：https://en.wikipedia.org/wiki/Greenhouse_effect.

[18] 菱形方块算法：https://en.wikipedia.org/wiki/Diamond-square_algorithm.

[19] 伪随机数生成器：https://en.wikipedia.org/wiki/Pseudorandom_generator.

[20] 麦卡托投影法：https://en.wikipedia.org/wiki/Mercator_projection.

[21] 地气系统辐射平衡：https://en.wikipedia.org/wiki/Earth%27s_energy_budget.

[22] 下垫面：https://zh.wikipedia.org/wiki/%E4%B8%8B%E5%9E%AB%E9%9D%A2.

[23] 大气运动基本方程：https://en.wikipedia.org/wiki/Primitive_equations.

[24] 欧拉法：https://en.wikipedia.org/wiki/Euler_method.

[25] 对流层：https://en.wikipedia.org/wiki/Troposphere.

[26] 平流层：https://en.wikipedia.org/wiki/Stratosphere.

[27] 异速生长现象：https://en.wikipedia.org/wiki/Allometry.

[28] 克莱伯定律：https://en.wikipedia.org/wiki/Kleiber%27s_law.

[29] 重写系统：https://en.wikipedia.org/wiki/Rewriting.

[30] Lotka-Volterra 方程：https://en.wikipedia.org/wiki/Lotka-Volterra_equation.

作者简介

苑明理，集智俱乐部核心成员。数学系求学，程序员生涯，虽然年龄渐长，可许多时候内心依然充满好奇和困惑。尝听人讲大刘泡世界的故事，也期望自己可凭蛮力，凿空厚壁，得见星空。

第 14 章　AI 天气预报员

袁行远

> "云就像是天气的'招牌',
> 天上挂着什么云,
> 就将出现什么样的天气。"
>
> ——《看云识天气》

风从哪里来

想必很多人小时候都有凝视天边多彩云朵的经历吧,我们在小学课本里学习过如何通过观察天空中云的变化来预测天气。观察变化多端的云朵不仅仅是一个科学活动,也是一件赏心悦目的事情。

通过观察,我们的先辈很早就发现了一些预测天气的方法,许多古老的谚语世代传颂,诸葛亮"借东风"的天气预报事迹也被一谈再谈。但是我们是从什么时候才开始科学地认识天气预报的呢?要知道,只有特定人可以玩的技能叫魔法,所有人都可以稳定复现的玩法才叫科学。

1854 年,英法联军的舰队准备进行一次远征,好不容易到达了目的地,却遭遇了一场突如其来的风暴,舰队几乎全军覆没。大家当然很不甘心,有没有可能在风暴来临前就预知这场风暴,从而避免损失呢?

于是,时任巴黎天文台台长的勒佛里埃(此君因发现了海王星而享有崇高的声誉)受命调查此次风暴的来龙去脉。

他发信给各国天文学家和气象学家,索要 1854 年 11 月 12 日至 16 日这 5 天的气象报告,共收到 250 封回信。他把这些天气数据填在地图上(即后来的天气图,见图 14-1),发现这个风暴是从西向东南方向规律移动的,前一二天已经在法国和西班牙造成了灾害。因此 1855 年 3 月 19 日,他在法国科学院作报告,建议组织气象站网,用电报迅速把它们集中在一起,分析图上的风暴走向,便可以预报风暴的未来路径。

他的提议很快得到了响应。1856 年,法国 24 个电报连接的气象站建成。

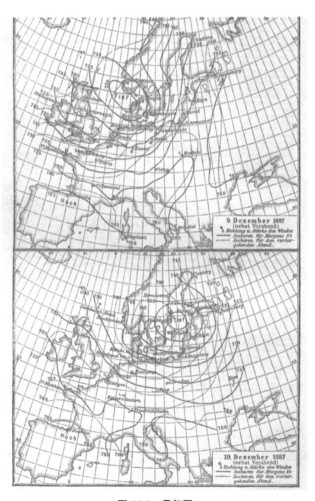

图 14-1　天气图

有了天气图，如何得知明天的天气呢？答案是：靠经验。荷兰气象学家白贝罗总结道："发现的规则是，在我们国家内的大气压差都与风强有关，而且风通常与等压线斜交，因此，如果气压由北往南降，则吹东风；如果气压差由南往北降，则吹西风。"

显然，当时的天气预报还是以人的判断和经验为主要技术。但是随着科技的发展，首先发生的变化是人们收集气象数据越来越方便。人们在世界各地建设了很多气象站，甚至一个家庭也可以拥有自己的自动气象站（见图 14-2）。气象站可以小到放在口袋里面，由很小的 Microduino 像搭积木一样做出来，这样的微型气象站（见图 14-3）可以自动探测温湿度、光照和气压等基本数值。

图 14-2　自动气象站

图 14-3　微型气象站

气象站之间也早已不再由电报连接，现在很多个人气象站可以把数据实时同步到互联网上，比如 Yeelink 在北京就公开了数十个互联网自动探测点的数据（见图 14-4），虽然看起来还不够密集，但你要是知道气象局在天气网上全北京只公开了一个南郊观象台的数据，就会深刻地感受到开放的气象才是未来的趋势。

除了地面气象站，人们也进行了很多其他的尝试。1927 年，美国陆军气象学家丹尼斯·布莱尔（Dennis Blair）成功进行了无线电探空实验（探空气球）；1960 年，美国国家航空航天局发射了第一颗成功的气象卫星 TIROS1 号；1988 年美国正式进行下一代天气雷达网的建设（主角出来冒了个泡）。

图 14-4　Yeelink 云平台自动探测点的数据

　　随着探测技术的发展，数据处理的技术也得到了极大的提高。根据理想气体状态方程、热力学定律、漩涡理论等模型建立的天气预报模型逐渐成为主流。其间，最具里程碑意义的事件当属冯·诺依曼主导研发的最早一批电子计算机 ENIAC 于 1949 年在宾夕法尼亚大学开始运行，而这台巨无霸机器（见图 14-5）当仁不让地开启了天气预报的数值计算新时代。

图 14-5　ENIAC

　　冯·诺依曼的小组为了简单化，只计算了气压的变化，预测了 24 小时之后的气压曲线（见图 14-6）。但是由于当时的计算速度有限，计算出结果的时候，风早已吹过去了，数值没有在实际中发挥作用。但这相比 19 世纪的那些"经验"，已经前进了很大一步。

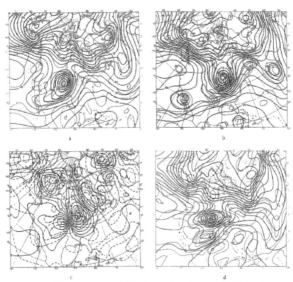

Fig. 2. Forecast of January 5, 1949, 0300 GMT: (a) observed z and η at t = 0; (b) observed z and η at t = 24 hours; (c) observed (continuous lines) and computed (broken lines) 24-hour height change; (d) computed z and η at t = 24 hours. The height unit is 100 ft and the unit of vorticity is 1/3 × 10⁻⁴ sec⁻¹.

图 14-6　预测 24 小时后的气压曲线

　　随着计算机的发展，计算技术也在提高。现在全世界的气象学家之间相互协作，已经可以实时获得全球的气压、风向场 24 小时后的气压曲线并进行预测和图形化了。其中美国大气与海洋管理局的 Global Forecast System（GFS）已经可以以 0.5 度（约合 20 平方公里）的精度，给出全球任意位置未来 7 天逐三小时的温度、降雨、风力（图 14-7 是根据 GFS 生成的全球风向场，网址是 http://earth.nullschool.net）、气压情况，也可以去晴天钟（7timer.com）查看，并可以调用它提供的完善的 API 进行二次开发。

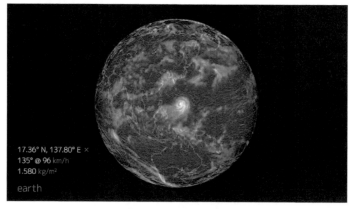

图 14-7　全球风向场

怎么样，看着很不错吧！可是，为什么我们还是感觉天气预报不太准呢？我们都听说过"南美一只蝴蝶煽动的翅膀几天后引起了北京的一场风暴"的"蝴蝶效应"吧，而天气系统正是这样一个不可预测的混沌系统。已经证明，精确长期的天气预报从数学上来讲是不可能的，所以 GFS 以及其他数值天气预报模型的逐小时和逐天预报的准确度也会随着时间的推移而急剧下降。

那我们精准天气预报的梦想呢？如果我们把预测的时间缩短到未来一到两个小时，有没有可能得到高精度甚至是每分钟的天气预报呢？这是有可能的。下面轮到主角出场了。

天气雷达：亲自预报几点几分下雨

"相信电脑前的各位，百分之九十五以上都曾尝过'落汤鸡'的味道。在责怪可怜的气象台的同时，你有没有想象过'自力更生'一下呢？我担保这一点也不难！"

——小龙哈勃

气象雷达通常是装在高处（比如大楼顶层、大帽山）的球型装置（见图 14-8）。深圳市气象局的雷达就安装在竹子林山顶的气象局楼顶（见图 14-9）。

图 14-8　气象雷达装置

图 14-9　深圳气象局的雷达装置

　　圆顶里面是什么呢？是一个无线电发射和接收装置（见图 14-10），用来向大气发射电磁波，根据返回的雷达回波来判断降雨的情况。

图 14-10　无线电发射和接收装置

　　气象雷达工作的时候会 360° 扫描，并且会变换扫描的仰角，探测范围是一个 2.5 维的区域（见图 14-11），半径大约是 230 公里，精度是 1 平方公里。新一代天气雷达不仅可以读出降雨强度，而且可以根据多普勒效应直接读出降雨带移动的径向速度（见图 14-12）。

图 14-11　气象雷达探测范围

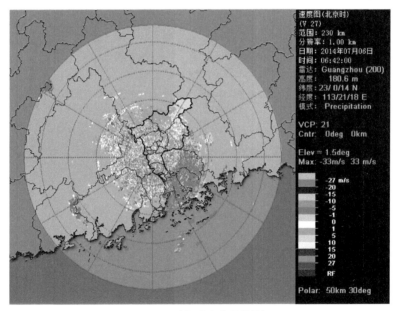

图 14-12　新一代气象雷达数据

　　但公布给公众的扫描结果通常是一个平面图是第一层仰角扫描的结果（见图 14-13），中国天气网公开的数据（2011～2014 年的版本）增加了部分地理位置信息，但仍然显得很专业，很难理解。不过没关系，我们一会儿再来釜底抽薪地解决读图困难的问题。

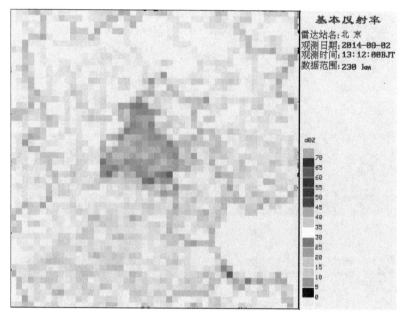

图 14-13　仰角扫描的结果

地面上的雷达站相互拼接起来，就可以形成一幅伟大的全景拼图（图 14-14 是 NOAA 的雷达网高分辨率全景动态拼图[①]）。雷达拼图大约每十分钟更新一次，提供了分钟级别每平方公里的详细降雨情况，是我们进行高精度预报的基础。

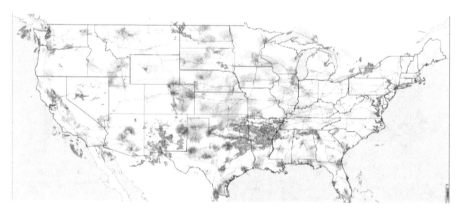

图 14-14　NOAA 雷达全景动态拼图

但是，自己家的位置在这种地图上怎么看得到呢？答案是，自己动手换地图吧。

---

① 全美雷达拼图网址：http://radar.weather.gov/ridge/Conus/full_loop.php。

如图 14-15 所示，从公开的雷达图解析出矩阵，再拼接到正常的互联网地图上，就实现了把家的位置放到雷达图上。

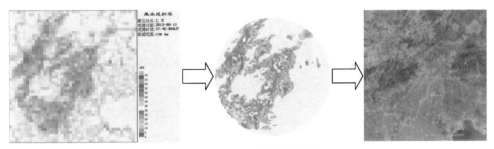

图 14-15　自己动手换地图过程

这样我们可以很直观地看到某个地点在某一时刻下多大的雨（如图 14-16 所示），然后我们假定这些雨带移动速率、强度在短时间内保持一定（这个假定大多数情况下基本成立），这样我们就可以很方便地看出未来几十分钟之内，某个地点是否可能受到雨带的威胁了。

很多人疑惑集智俱乐部作为一个 NGO，如何得到和军方相媲美的高精度雷达图，其实我们就是去把多年来大家都很想做的雷达图和 GIS 的融合给做了，让大家可以很轻松地看懂雷达图。但是获得数据仅仅是万里长征的第一步，因为我们还想让电脑读懂雷达图，让分钟预报做到自动化，所以杂波过滤、风向场计算和预测降雨带的移动等诸多难题还等着我们解决。

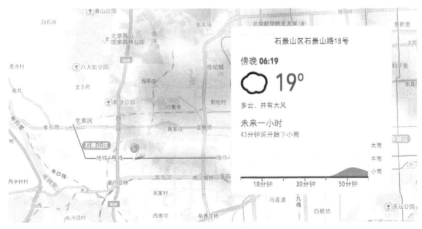

图 14-16　未来一小时内的天气

给计算机一个看懂雷达图的大脑

> "一千多个CPU进入了满负荷，
> 内存里广阔的电子世界中，
> 逻辑的台风在呼啸，
> 数据大洋上浊浪淘天……"
>
> ——刘慈欣，《混沌蝴蝶》

　　要实现雷达回波预测降雨，首先要面对雷达图的一个致命问题：你看到的雷达回波不一定是真实的降雨。地面的高楼、山脉，空气中的水汽折射、二次回波反射等都能造成非降水回波（如图 14-17 所示）。

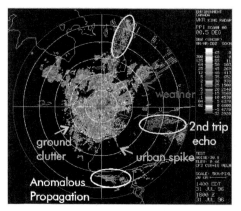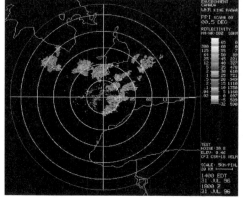

图 14-17　非降水回波（另见彩插）

　　经过观察，容易想到过滤掉回波强度低的那些数据（即去掉蓝色和白色）。美国的@egb13同学做了一个简单的过滤，效果如图 14-18 所示。

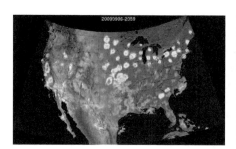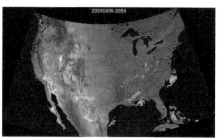

图 14-18　过滤回波强度低的数据（另见彩插）

但是，这样粗暴的方法会过滤掉一些本来是降水的杂波。于是，DarkSky 祭出了第二个杀器——图像分割，如图 14-19 所示。

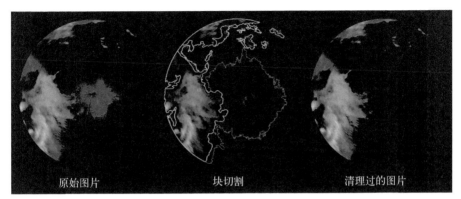

原始图片　　　　　　　　块切割　　　　　　　　清理过的图片

图 14-19　图像分割（另见彩插）

把图像分割成为多个不同的部分，分别人工标记上是否为噪音，构造分类训练数据集，训练出一个神经网络模型，可以成功地对噪音进行处理，如图 14-20 所示。

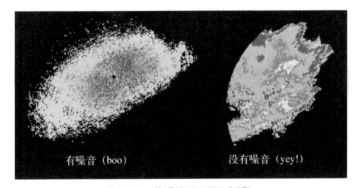

有噪音（boo）　　　　　　没有噪音（yey!）

图 14-20　降噪处理（另见彩插）

我们发现，如果引入更多的特征，包括图像的周围像素的强度，是否是白天和黑夜等因素，而不仅仅是图像分割，就可以得到更好的效果，甚至可以通过图像处理的方法对噪音和数据混杂在一起的情况进行处理，如图 14-21 所示。

有了一个比较准确的雷达图作为基础，我们终于可以面对大 Boss 了，下一个时刻的降雨带会移动到哪里去呢？

去除前	去除后

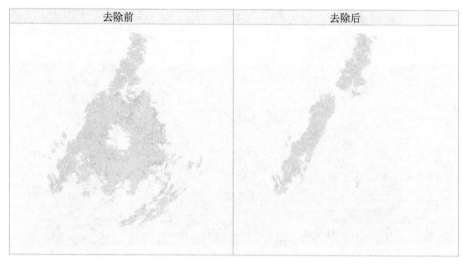

图 14-21   图像处理

　　这个问题问的其实是在一段连续的视频中，如果知道了前面几帧的内容，如何预测后面几帧的内容（如图 14-22 所示）。这可能是新大脑皮层的一个基础功能（霍金斯，《人工智能的未来》），可令人略感意外的是，这个问题似乎不是学术界的热点。Anyway，我们还是要搞定它。

　　　　给定视频的前 m 帧，预测后 n 帧

$$-I_{t-m+1}, \cdots, I_{t-1}, I_t \rightarrow I_{t+1}, I_{t+2}, \cdots, I_{t+n}$$

$$f(\quad,\quad)=\quad$$

图 14-22   根据前几帧内容预测后几帧

　　1998 年，严恩·乐库的研究团队采用了多层卷积神经网络（见图 14-23）在手写数字识别训练集 MNIST 上实现了超过 99.5% 的正确率。2006 年，辛顿的团队利用受限玻尔兹曼机在无监督训练集上自动归类出人脸和眼鼻口等人脸组成部分。到 2013 年，以多层神经网络为基础的深度学习在多个领域获得了飞跃式的进展，甚至在物体识别数据集 Cifar-10 上也获得了 90% 左右的识别准确率。

$(x, y, \text{channel}) \rightarrow (\text{time}, x, y, \text{channel})$

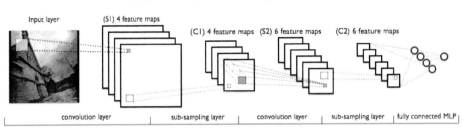

图 14-23 多层卷积神经网络

那么，这么高大上的理论怎么和实际结合呢？我们把自编码器的重建图像改成了预估下一帧（如图 14-24 所示），在原来的程序上增加了时间维度。

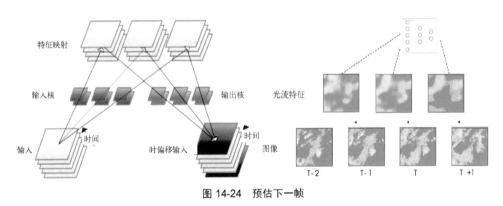

图 14-24 预估下一帧

由于一段时间的降雨量是一个曲线，所以我们把分类的目标函数从 0-1 二值改成了回归计算 MSE。受限于内存，我们默默地把 200 公里半径的数据缩减到 20 公里，再用两次卷积扩展到全图。

我们用了北京 2013 年 8 月的降雨情况做训练集（我们公开了这个训练集，可以在集智百科上下载），20 万的样本，在 GTX780 上训练了 8 个小时。MSE 指标相比传统方法大幅提高。换言之，预报准确度提高了大约 30%。

经过这一年的探索，我们已经取得了很多进展，但这还不够。因为我们的目标是一小时内降雨预报准确率超过 90%，全面超越传统方法，利用人工智能彻底实现精确的短时降雨预报，甚至超过人类值班预报员的预报准确度。

参考文献

[1] 叶泉志. 人人都是气象专家: 亲自预报几点几分下雨，2011.

[2] 多尺度变分光流法，香港天文台，2013.

[3] 多普勒天气雷达原理与业务应用.

[4] Numerical Integration of the Barotropic Vorticity Equation, J. von NEUMANN, 1950.

[5] Noise removal from NOAA weather radar, http://egb13.net/2009/09/noise-removal-from-noaa-weather-radar/.

集智俱乐部的第一个 App——彩云天气在 2014 年 4 月 7 日上线，当日即进入苹果天气类免费排行榜前十。一周后受到苹果新品推荐，连续两周位列第一（见图 14-25）。彩云天气的开放数据接口 API 支持了数十个应用，彩云天气上线以来通过 API 发出预报超过两千万次。上线 4 个月来我们收到了来自全国各地包括微博、电子邮件、网站留言等超过 2500 条的反馈，用户的批评和鼓励都是我们前进的动力。

图 14-25　彩云天气（另见彩插）

2013 年，当我从阿里巴巴辞职的时候，仅仅是想要尝试一下米奇·奥特曼（Mitch Altman）所说的"给自己买一年时间，完全做想做的事，看看能否养活自己"。未来是一条充满未知的道路，在集智读书会和肖达等同伴讨论做天气模型的时候，并不知道最终能否成功。当我和他人交流我的想法的时候，更多的人会说分钟预报这怎么可能，也有人说就算做出精准的短时天气预报也不会有人用。说实话，支持我的人并不多，压力很大，完全是在咬牙坚持。

但怎么能放弃呢？你不去做，就没有清晰明了的雷达回波图；你不去做，中国大陆就没有分钟级针对个人的天气预报；你不去做，就有人会在森林公园散步时被"突降暴雨"袭击；你不去做，就不会推动气象局雷电预警精确到分钟的改革。天气预报不准说了那么多年，你不去做，怎么用人工智能改善人类生活？

"未来一小时不会有雨，放心出门吧！"我是 AI 天气预报员。

关于 AI 天气预报员，集智俱乐部曾举办了线下活动，观看活动视频，请扫左下方二维码。下载彩云天气应用，请扫右下方二维码。

作者简介

袁行远，集智俱乐部核心成员，彩云天气项目发起人，北京彩彻区明科技有限公司 CEO。2009 年山东科技大学数学系毕业。2009~2010 年任普加网搜索与数据挖掘技术经理，2010-2013 年在淘宝网担任数据挖掘与并行计算方向高级算法工程师。2013 年通过竞选成为北京 LEAD 阳光志愿者俱乐部副主席。